KB021314

착각의 과학

뇌에서 벌어지는 생각의 시소 게임

착각의 과학

프리트헬름 슈바르츠 지음 | 김희상 옮김

북스넛
Booksnut

착각의 과학

1판 1쇄 발행 | 2011년 5월 10일
2판 1쇄 발행 | 2016년 7월 20일

지은이 | 프리트헬름 슈바르츠
옮긴이 | 김희상
발행인 | 이현숙
발행처 | 북스넛

등 록 | 제2016-000065호
주 소 | 경기도 고양시 일산동구 호수로 662 삼성라끄빌 442호
전 화 | 02-325-2505
팩 스 | 02-325-2506

ISBN 978-89-91186-68-2 03470

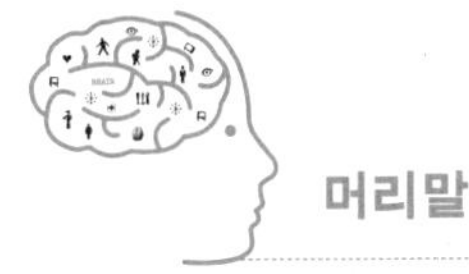

머리말

과학으로 본 생각의 메커니즘

착각은 뇌의 일상적인 활동이다. 착시 현상에서부터 판단의 착오, 잘못된 결정 혹은 세상의 오류에 휘둘리는 것까지도 모두 뇌가 만들어 내는 착각 현상들이다. 우리는 의도하지 않았지만 뇌에게는 지극히 자연스러운 활동이 바로 '착각'이다.

사람들은 자신의 뇌를 스스로 잘 컨트롤할 수 있다고 믿는다. 일어나야 할 시간에 알람을 맞추어 일어날 수 있고, 먹고 싶은 음식을 먹을 수 있으며, 만나고 싶은 사람을 만나고, 하고 싶은 일을 할 수 있다고 믿는다. 그러나 그런 믿음도 알고 보면 한낱 착각일 따름이다.

뇌가 원하는 것과 내가 원하는 것은 근본적으로 다르다. 나는 현재 내가 하고 싶은 것을 원한다. 그러나 뇌는 그간의 기억과 체험을 통해 알고 있는 것만 원한다. 뇌가 원하지 않는 일을 내가 밀어붙이려 들 때 왠지 모를 불안감을 느끼는 것은 그런 이유 때문이다. 신경과학은 이를 무의식과 의식의 차이라고 설명한다. 그리고 심리학은 감성과 이성이라고 바꿔 부른다. 무의식은 그동안 뇌에 쌓여온 기억과 체험으로 만들어진 것이며, 의식은 현재 내가 자각할 수 있는 모든 것이다. 오늘날의 신경과학은 인간의 무의식, 즉 감성은 외부로부터 강력한 영향을 받아 본인은 인식하지 못하는 생각과 결정을 내린다는 사실을 입증했다. 이런 무의식적인 영향력은 우리가 흔히 믿고 있는 것보다 훨씬 더 거센 차원에서 이루어진다. 그만큼 생각의 메커니즘을 연구하려면 뇌에 작용하는 외부의 영향과 다른 사람의 태도를 함께 고려해야만 한다.

인간의 무의식이 얼마나 허술한지에 관한 실험이 있다.

대학생을 두 그룹으로 나누어 어휘력 실험이라며 두 가지 단어 군을 제시했다. 한 그룹에는 젊음과 관계된 단어, 즉 활력, 스포츠, 근육이라는 단어를 제시했고, 다른 한 그룹에는 늙음, 질병, 황혼이라는 단어를 보여주었다. 그리고 그 단어를 이용해 짧은 글을 짓게 한 후, 결과는 일주일 후에 나올 예정이며 이제 실험을 마쳤으니 돌아가도 좋다고 말했다. 참가자들은 실험실에서 나와 계단을 올라 밖으로 나가야 했다.

연구자에게 진짜 실험은 그때부터였다. 젊음과 관계된 단어를 제시받았던 참가자들은 계단을 성큼성큼 뛰어올라 밖으로 빠져나갔다. 반면 늙음과 관계된 단어를 받았던 학생들은 느릿느릿 아주 천천히 계단을 올라 밖으로 나갔다.

실험 참가자들은 자신과 전혀 관련이 없는 단어를 보았는데도 그들의 무의식은 단어들을 자신과 동일한 것으로 받아들이고 있었다.

무의식은 모든 정보와 경험을 여과 없이 받아들여 마음대로 섞고 휘저어 뇌 속에 저장한다. 그리고 본인은 의식하지 못하는 사이에 불현듯 그것을 꺼내어 행동으로 나타낸다. 그래서 보는 것, 읽는 것, 만나는 사람, 생활환경 등의 중요성은 무의식의 원리로 정확히 설명해낼 수 있다.

무의식의 실험은 이밖에도 많다. 여성의 약점을 서술한 글을 읽고 난 여성에게 특정 문제를 풀라고 하면 곤혹스러워했다. 반대로 여성의 강점을 읽은 다음에는 같은 문제를 아주 쉽게 해결했다. 실험 과정에서 정확히 무엇이 어떤 영향을 미치는지 본인은 의식하지 못했다. 물론 실험에 영향을 미칠 거라고 제시한 것도 없었다.

실제 생활에서도 이런 현상은 자주 일어난다. 맛있는 음식 냄새는 배고픔을 상기시켜 운전자에게 가속페달을 밟게 하는 원인으로 작용하고, 향수는 성적 환상을 자극해 운전에 집중하지 못하게 만드는 것으로 나타났다.

한편 의식이 일으키는 착각도 있다.

자신이 지지하는 정치가가 지닌 허물은 대수롭지 않게 보이지만, 상대 후보의 오히려 미약한 허물은 아주 크게 느껴지는 것은 의식적인 열망이 빚어내는 대표적인 착각이다. 경제지표나 주가 예측, 경기의 결과 예상 등도 빗나가기 일쑤인 의식적 착각들이다. 기억과 경험에 의지한 무의식에 묻는다면 달라질 수도 있겠지만, 인간이 의식적으로 자신의 희망을 잔뜩 담아 아직 일어나지 않은 미래의 일을 예측으로 맞춘다는 것은 신경과학적으로 볼 때 거의 무모한 행동에 가깝다. 아무리 그것이 수학적 계산에 근거하더라도 말이다. 그래서 예측의 결과는 항상 우리를 실망시킨다. 요컨대, 착각은 의식과 무의식의 불일치가 가장 큰 원인이다.

한편 뇌의 이러한 허점을 거꾸로 이용하는 사례도 늘고 있다. 대표적인 것은 이른바 최근 등장한 '뉴로마케팅'이라는 것이다. 소비자의 어느 뇌를 자극하면 지갑을 열기가 더 쉽다는 사실을 이용해 마케팅에 활용하는 것이다. 그야말로 본인도 모르는 사이에 뇌가 그 사람을 움직이도록 상황을 인위적으로 연출하는 것이다.

이 책은 인간의 착각을 일으키는 뇌의 메커니즘과 착각의 원인, 그리고 그것을 어떻게 합리적으로 다스릴 수 있는지 등을 짚어보려 한다. 인간에게서 판단의 오류를 일으키는 착각을 완전히 제거해낼 수는 없다. 그러기 위해서는 뇌를 통째로 들어내야 하기 때문이다. 어찌 보면 오히려 착각이 인간을 더 건강하게 살아가도록 지탱하는 것인지도 모른다. 진상을 알고 괴로움에 젖느니 차라리 모르고 넘어가는 것도 때론 정신건강에 도움이 되기 때문이다. 신경과학으로 밝혀야 할 진실들은 아직도 많이 남아 있다. 갈 길이 먼 것이다.

다만, 착각일 수도 있음을 염두에 두는 것과 무조건 확신하는 태도는 크게 다르다. 전자는 마음을 연 협동의 기틀이 되지만, 후자는 독선의 단초로 작용하기 때문이다. 신경과학자로서 바라는 것이라면, 당신과 내가 내리는 결정과 판단이 착각일 수도 있으며, 우리는 다른 가능성의 문도 함께 열어놓아야 현재를 더 사실 그대로 판단할 수 있을 거라는 점이다. 물론 이것도 착각일지도 모를 나의 추측이다.

- 베를린에서, 프리트헬름 슈바르츠

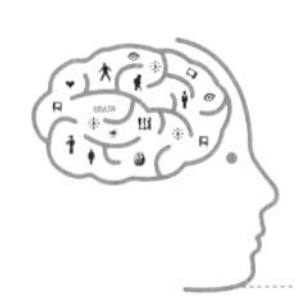

차례

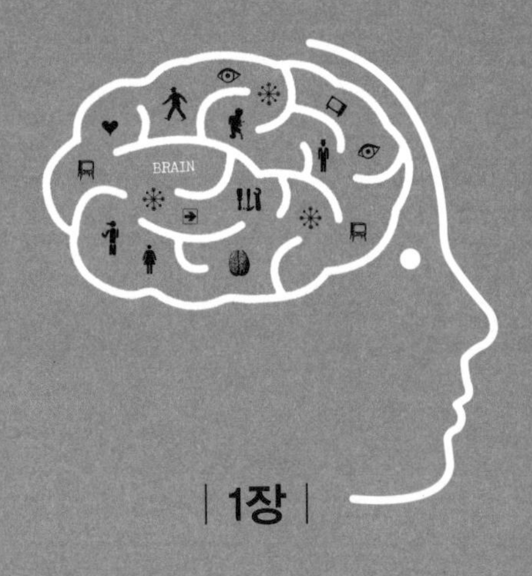

| 1장 |

나의 뇌를 믿을 수 있을까

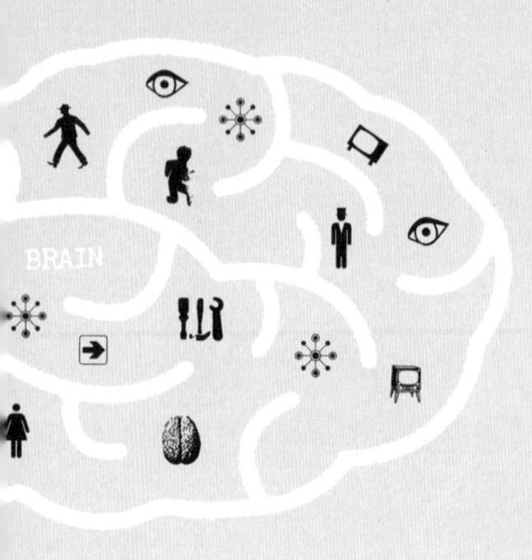

인간이 특정한 목표를 이루기 위해 노력하는 과정에서 뇌는 언제나 내비게이션으로 작용한다. 사생활이든 직장에서 화려한 경력을 쌓는 일이든 뇌의 역할은 늘 분명하다.

계획을 짜고 실천에 옮기면서 우리는 여러 가지 일들을 동시에 처리해야 한다. 계속 나아가야 하는지 아니면 방향을 바꾸는 게 좋은지 상황을 가능한 한 자세히 알고자 애쓴다. 그러나 또 다른 한편으로 이 여행의 목적이 무엇인지 전체를 조망하는 것 역시 중요하다. 어떤 경우에서든 뇌를 내비게이션으로 쓰면서 우리는 지금 쓰고 있는 정보가 어디서 오는지, 그게 정확한 것인지 분명히 알지 못하는 경우가 허다하다. 가까이 다가온 목적지가 원래 가고자 했던 지점이 아니었다는 것을 깨닫고 나서야 뭔가 잘못되었다며 무릎을 치기도 한다.

그런 오류와 착각을 차단하려면 먼저 뇌가 어떻게 기능하는지 알아야 할 것이다. 어떻게 뇌를 더 잘 이해할 수 있을까? 이를 알기 위해서는 보다 높은 차원으로 올라가야 한다. 밑에서는 전모를 드러내지 않던 험산이 정상에 서면 환하게 한눈에 보이는 이치처럼 말이다. 여기서 도움을 주는 것이 바로 신경과학이다.

세상의 오류들

이성적이며 논리적으로 생각해서 행동해도 인생에서 쓰디쓴 실패를 맛보는 건 부지기수다. 어디 인생만 그런가? 경제와 정치 차원으로 올라가면 손실은 더 크고 막대해진다. 신중하게 계획을 짜고 합리적으로 접근했음에도 몇 조 단위의 손실이 발생하며 수많은 일자리가 허공으로 사라지는 경우도 있다. 처음에는 대단히 좋은 대책이라고 받들어지던 것도 몇 년 뒤면 까맣게 잊히기도 한다.

전 세계를 떠들썩하게 했던 다임러크라이슬러*의 합병은 어떤 결과를 낳았는가? 위르겐 슈렘프의 모험에 가까운 선택은 무슨 변화를 가져왔나? 또 벤델린 비데킹Wendelin Wiedeking의 주도 아래 포르쉐Porsche**가 폴크스바겐Volkswagen을 인수했던 일은 어떻게 끝나버렸던가? 백화점 체인 카르슈타트Karstadt와 통신판매업체 크벨레Quelle가 합병해 이뤄진 에센의 아르칸도르Arcandor 기업의 운명은 어찌되었던가? 이들은 모두 실패의 쓰라림만 맛보고 말았다.

정치도 사정은 다르지 않다. 서비스업 고용시장의 혁신을 내걸었던

'하르츠 Ⅳ'[***]나 독일 정부가 명운을 걸겠다던 건강보험 개혁도 원했던 효과는 거두지 못하고 물거품이 되고 말았다. 경제성장을 촉진하겠다며 내건 법안을 두고 전문가들조차 고개를 절레절레 흔들고 있는 판국이다.

이러한 모든 사건은 충분한 숙의를 거쳐 차근차근 각 단계에 따른 결정을 거쳤음에도 의도했던 목표와는 거리가 먼 결과만 낳았다. 저마다 논리도 훌륭했다. 그러나 왜 그토록 성과는 보잘것없었던 것일까? 최근 벌어졌던 금융위기도 그렇다. 결정을 담당했던 사람은 경제와 정치의 초특급 실력자였다. 수십조의 자본을 운용했고 수백만 개에 달하는 일자리의 운명을 주물렀던 책임자가 하루아침에 후안무치한 사기범으로 돌변하고 만 이유는 대체 무엇일까?

이성의 독재

우리는 거듭 잘못된 선택과 결정을 내리는 실수를 범한다. 감정이나 느낌은 그런 선택과 결정을 꺼리더라도, 이성은 우리에게 눈을 부

---

* Daimler-Chrysler: 다임러Daimler는 우리가 흔히 벤츠Benz라고 알고 있는 회사의 정식 명칭이다. 1926년 다임러와 벤츠가 합병해서 생긴 자동차회사이다. 1998년 당시 기업 총수 위르겐 슈렘프Jürgen Schrempp가 미국의 크라이슬러Chrysler를 흡수 통합하여 '다임러크라이슬러'라는 명칭으로 바뀌었다. 당시 전 세계를 떠들썩하게 만든 글로벌 합병 사례로 꼽힌다. 그러나 기대했던 성과가 나오지 않자 2005년 위르겐 슈렘프는 회장 자리에서 물러나고 말았다. 2008년 다시 크라이슬러는 매각되었다.

** 포르쉐는 스포츠자동차로 유명한 브랜드이며, 벤델린 비데킹은 2006년 포르쉐보다 몇 배나 몸집이 큰 폴크스바겐을 인수하는 엄청난 모험을 벌였으나, 결국 실패를 맛보고 2009년 퇴임하고 말았다.

*** Hartz: 독일 정부가 고용 안정과 일자리 창출을 기치로 내건 정책의 이름. 2005년 4차 법안까지 통과되었으나 성과를 거두지 못한 법안이다. 폴크스바겐 출신의 경영인 페터 하르츠Peter Hartz가 제안해 이런 이름이 붙었다.

라리곤 한다.

"밀어붙여, 그래야만 할 충분한 근거는 많아!"

그러나 앞서 살펴보았듯이 결과는 참혹하기만 하다. 도대체 왜 이성은 인간의 삶을 쥐고 흔드는 것일까? 어째서 우리는 모두 '이성적 인간'이 되려고 안간힘을 쓰는가?

이성에게 높은 가치를 부여하는 것은 분명히 서구의 사고방식이다. 모든 초점을 경제에만 들이대는 서구의 사고방식 탓에 이런 일이 벌어진다. 그러면서 우리는 끊임없이 이성적으로 행동하라고 요구받는다. 사회의 모든 문제를 합리적 차원으로 바라보고 이성에 따른 규칙만 받아들이라고 으름장을 놓는다.

그러나 뒤집어보면 이는 곧 정치와 경제를 책임지는 사람의 의견만 따르라는 요구에 지나지 않는다. 지성이니 이성이니 합리성이니 하는 것은 대중을 복종시키려는 도구와 다를 바가 없다. 깊은 내면의 소리에 귀를 기울이며 진정 원하는 것을 추구하는 것을 막으려는 것이다.

어느 모로 보나 우리는 이성의 독재에 너무 익숙해진 나머지 그 이성이라는 게 진짜 무엇인지 물으려 들지 않는다. 하기야 벌써 2백 년이 넘게 이성은 인간을 지배해오지 않았던가?

호모 레시프로칸스

1776년 『국부론』을 펴내면서 애덤 스미스Adam Smith는 새로운 경제의 초석을 놓았을 뿐 아니라, 이성적으로 행동하는 사람, 즉 호모 외코노미쿠스homo oeconomicus라는 인간의 자화상을 완성했다. 모든 정보를 오로지 이익에 맞게끔 평가하며 행동하는 이런 모습은 오늘날까지도 경제학에서 사라지지 않고 있다.

오늘날에도 대부분의 경제, 경영, 리더십 이론은 여전히 애덤 스미스가 세워놓은 전제대로 인간이 생각하고 행동한다는 주장을 편다. 약 1백 년 전 정신분석학이 인간의 행태를 새롭게 해석하기 시작했음에도, 인간이 경제적 이익만을 추구하는 존재라는 굳은 믿음에는 조금도 변화가 없다.

경제학자들은 이러지도 저러지도 못하는 딜레마에 빠져 곤욕만 치렀다. 이들은 합리적 결정이라는 모델이 현실을 올바로 묘사하지 못하는 것이라는 사실을 뼈저리게 깨닫고 있다. 그러나 심리학의 연구와 배치되는 경제 이론을 포기하자니 대안을 찾을 수 없는 것이다. 해결책은 1950년대 중반 경제학자 허버트 알렉산더 사이먼*이 '제한된 합리성bounded rationality'이라는 개념을 도입하면서 찾아졌다.

'제한된 합리성' 개념은 인간의 결정이 이론적으로 이상적인 조건 아래서 이루어지는 것에 비해 결과는 언제나 열악하다는 것을 뜻한다. 인간에게 완전히 이성적인 태도는 불가능하다는 것이다. 현재는 물론이고 미래에 관한 정보가 턱없이 부족하기 때문이다. 그러므로 제한된 합리성에 바탕을 둔 태도는 설혹 더 나은 선택이 가능하더라도 현재에 만족한 해결책을 찾았다면 더 이상 대안을 찾지 않는다.

이후의 많은 경제현상을 '제한된 합리성' 모델은 '호모 외코노미쿠스' 모델보다 더 잘 설명해냈다. 그 덕에 이제 신경경제학Neuroeconomics이라는 새로운 학문까지 등장했다. 신경과학, 경제학, 심리학을 결합한 신경경제학은 제한된 합리성이라는 모델에 인간 내면에서 간접적으로 일어나는 변화까지 덧붙여 연구하는 학문이다.

주요 정보의 부족만으로 의사결정의 태도가 바뀌는 것은 아니다. 결정 과정에는 언제나 비합리적인 요소가 끼어들어 그 결정을 좌지우지한다. 이런 의사결정의 과정은 기능성 자기공명영상(약칭: fMRI)** 으로 뇌가 생각하는 과정을 투사해봄으로써 확인할 수 있다. 이는 어떤 결정을 내리는 데 뇌의 어느 부분이 그 과정에 참여하는지 알아보는 것이다.

한마디로 '호모 외코노미쿠스' 모델은 인간의 행태를 설명하기에 더 이상 적합하지 않게 되었다. 인간은 오로지 자신의 이해를 극대화하려고 합리적으로 행동하는 '호모 외코노미쿠스'가 아닌 것이다. 다른 사람도 모두 이기적이라고 보고 오로지 계산속에 따라 움직이는 게 인간이 아니라는 말이다. 오히려 인간은 다른 사람이 자신을 어떻게 대하는지에 따라 반응하는 '호모 레시프로칸스homo reciprocans'에 가깝다.

'호모 레시프로칸스' 개념은 본Bonn 대학의 신경경제학자 아르민 팔크***가 만들어냈다. 그는 실험을 통해 절대 다수의 참가자들이 '상호적reciprocal'으로 행동한다는 것을 확인했다. 여기서 '상호적'이라는 말

---

* Herbert Alexander Simon: 1916~2001. 미국 출신으로 20세기에서 가장 뛰어난 영향력을 자랑한 사회학자이자 경제학자. 1978년 "경제조직에서 결정을 내리는 과정에 관한 획기적인 연구 성과"를 일구어냈다는 공로를 인정받아 노벨 경제학상을 받았다.

** functional magnetic resonance imaging: 두뇌의 혈류를 직접 촬영하는 장치. 뇌 활동이 어떻게 이루어지는지 영상을 통해 정보를 해석하는 시스템이다.

*** Armin Falk: 1968년에 출생한 독일의 경제학자.

은 상대방의 행동에 따라 반응한다는 뜻이다. 그러니까 인간은 '호모 외코노미쿠스'처럼 자신의 이득에만 집착하는 게 아니라, 상대방에게 어떤 대접을 받는지 항상 함께 고려하며 그에 따라 반응하는 존재라는 것이다.

사회 속에서 살아가는 인간이 이런 기준에 따라 자신의 행동을 결정한다는 사실은 정치와 기업의 미래를 예측하고 계획하는 데 막중한 의미를 지닌다. 투표권자나 고객이 부정적으로 받아들이거나 불공정하다고 느끼는지 일이 무엇인지를 아는 것이 예측의 핵심이기 때문이다.

어느 모로 보나 우리는 오늘날 패러다임이 변화하는 시대를 살고 있는 게 분명하다. 말하자면 새로운 이상적 인간형, 곧 '호모 레시프로칸스'가 모범으로 떠오르고 있는 것이다. 경제에서 몇몇 대기업은 이런 변화를 이미 받아들이고 있다. 네슬레*는 자사의 주주들을 위해서만 주식 가치를 높이려는 단계를 넘어 모든 사회의 전체 구성원, 즉 인류가 함께 나눌 공동의 가치를 창출하는 일에 주력하고 있다. 네슬레는 이를 일러 '쉐어드 밸류 프린시플Shared value principle', 즉 '가치 나눔 원칙'이라고 부른다.

---

* Nestlé: 1866년 스위스 출신의 약사 앙리 네슬레Henry Nestlé가 세운 식품기업. 현재 동종업계 세계 최대 규모를 자랑하는 국제기업이다. 1999년의 매출액만 496억94백만 달러에 이른다.

기억에서 부풀려지는 것들

당신은 자기 자신을, 그리고 남을 이해하는가? 다시 말해 당신의 뇌를 신뢰하는가? 나의 경우 스스로의 행동방식과 결정을 이해하기까지 적지 않은 세월이 걸렸음을 인정할 수밖에 없다. 어떤 사람이 왜 하필 그런 식으로 행동할까 이해하기는 정말 힘들었다. 어떤 상황에서 자발적으로 했던 말과 행동이 나중에 보니 나 자신의 목표를 이루는 데 거의 도움이 되지 않았음을 깨달았던 경우가 한둘이 아니었다. 당시에는 반드시 그래야만 하는 올바른 판단이라고 굳건히 믿었건만, 결과는 생산적이기보다는 심지어 파괴적인 경우도 많았다.

오랫동안 고민하고 심사숙고해서 내린 결정도 마찬가지였다. 일단 저질러진 실수는 뼈아픈 후회를 부르기 마련이다. 그러나 가슴을 치고 반성한들 달라지는 것은 없다. 다른 사람과 나에게 변명과 합리화를 거듭해서 나아지는 것도 없었다. 차라리 어째서 그런 결정을 내리고 행동에 옮겼는지 분석하는 편이 미래에 더 나은 결정을 내리는 법을 배우는 길일 것이다.

분석을 하는 데 뇌 연구 결과를 아는 것은 커다란 도움을 주었다. 전통적 심리학이 제공하는 것과는 전혀 다른 생각의 실마리를 잡을 수 있었기 때문이다. 물론 그렇다고 해서 지금 내가 남과 나 자신을 완전히 이해한다는 말은 아니다.

자신을 깨우치고 인간이 어떤 존재인지 알아간다는 것은 끊임없이 증축과 개축이 이뤄지고 있는 낡은 건물을 한밤중에 작은 손전등 하나에 의지해 유곽을 파악하는 것과 같다. 한동안 손전등을 들고 헤매노라면 복도가 어떻게 구불구불 이어지는지, 어느 계단으로 어떻게 올라가야 하는지 어슴푸레 알 수 있다. 방 안에 뭐가 있는지도 파악할 수 있다. 그러나 묘하게도 이 건물은 해리 포터에 나오는 마법 학교 호그와트Hogwarts와 같아 불현 듯 계단이 사라지는가 하면, 완전히 엉뚱한 방향으로 나아가기도 한다. 분명히 문이 있던 곳인데, 바위처럼 단단한 벽이 나타나 꼼짝도 하지 않는다. 그럼에도 건물의 외관은 거의 변함이 없다.

이렇듯 끊임없이 바뀌고 변하는데도 이상하거나 비정상이라고 느껴지는 것은 하나도 없다. 뇌 속에서는 이런 게 오히려 일상의 진짜 현실이다. 물론 우리 자신은 그런 변화를 거의 혹은 전혀 깨닫지 못한다. 심지어 얼마 전 어떤 생각을 했는지 기억하지 못하는 경우도 허다하다. 뇌는 언제나 눈앞에 닥친 현상에만 몰두할 뿐, 이전에 어떤 뜻을 품고 있었는지에 대한 생각을 끊임없이 복사해내지는 않기 때문이다.

뇌가 끝없는 개조와 변혁의 과정을 치르고 있다는 사실은 신경과학의 실험으로 입증되었을 뿐 아니라, 현미경을 통한 신경세포 및 그 결합의 관찰로도 확인할 수 있다.

어떤 기억을 의식 속으로 불러들일 때마다 기억은 다시금 손질되어 새롭게 저장된다. 그러니까 이런 식으로 기억은 고정된 상태에 있는 게 아니라 끝없는 변화의 과정을 거친다. 어떤 이야기를 거듭 되풀이하다 보면 세세한 부분이 무시되고 더 그럴싸한 것으로 치장되는 일이 종종 벌어지는 까닭이 거기에 있다. 세월과 더불어 이야기는 점차 그만의 독특한 탄력과 동력을 받아 굴러가며 몸집을 부풀리는 통에 원래의 것과는 거의 상관이 없는 것으로 변모하기도 한다.

어찌 보면 '잘못된 기억'이라고 할 수 있는 이런 부풀림과 과장은 어렸을 때 겪은 학대나 성추행 혹은 전쟁 체험 같은 극단적 상황과 관련해서만 나타나는 게 아니다. 지극히 정상적인 일상에서도 이야기의 변형과 왜곡은 쉽게 찾아볼 수 있다.

기억에서 뭐가 덧칠되고 부풀려졌는지는 흔히 그런 과장과 왜곡이 남긴 흔적을 통해 추적할 수 있다. 심지어 인생의 어느 시기에 그런 변화가 찾아왔는지, 무엇이 나중에 덧붙여진 것인지 확인할 수도 있다. 그러나 뇌는 날짜, 주간, 연간 등으로 모든 기억을 깔끔하게 정리해두는 도서관 같은 곳이 아니다. 그래서 변화와 원인을 추적하기가 까다로울 때가 더 많다. 뇌를 믿을 수 있느냐는 질문에 답하기 위해서는 먼저 뇌가 무엇인지를 더 알아봐야 한다.

돌아앉은 감정

지성과 이성은 일상에서 구별되지 않는다. 심지어 동의어로 사용하는 경우도 가끔 있다. 실제로 그 어원을 추적해도 뜻은 서로 유사했음을 알 수 있다. 독일어에서 지성을 뜻하는 '페어슈탄트Verstand'는 '피르스탄firstan'이라는 말이 그 뿌리다. '피르스탄'은 '바로 그 앞에 서 있다'는 뜻이다. 다시 말해 무언가 알기 직전에 있다, 알기 위해 바로 그 면전에 있다는 의미를 갖는다. 이성을 뜻하는 '페어눈프트Vernunft'는 '피르네만firneman'이라는 말로 거슬러 올라간다. 이것 역시 앎과 지각을 뜻하지만, 여기에는 적극적인 파악과 통찰이라는 뜻이 추가된다.

지성과 이성처럼 철학이 상세하게 다루어온 개념도 없다. 이를 다룬 철학 저작만도 헤아릴 수 없이 많다. 두 개념은 심리학과 신경생리학에서 생각, 의식, 지능 및 의지와 같은 개념으로 대체되는 것이었을 따름이다.

단순하게 다음과 같이 말할 수도 있다. 지성이란 "어떤 한 사태가 이루고 있는 연관 및 그 기본 요소들의 결합관계를 깨닫는 능력"이다. 지성을 가짐으로써 인간은 이런 깨달음을 의식적으로 자신의 행동에 맞게 이용할 수 있다. 말하자면 지성은 이성을 이루는 토대와 같은 것이다. 여기서의 이성은 목적에 맞추어 생각하고 실천하는 것을 말하는 개념이다. 이런 개념 정리가 실제로 뇌를 이해하는 데 어떤 도움을 줄까? 지성과 이성이라는 것을 가지고 뇌의 무엇을 알 수 있을까?

우리는 흔히 지성으로서의 뇌를 의도적인 생각의 전체로 체험한다.

다시 말해 무언가 알고 이해하기 위해 벌이는 사고 활동의 종합이 지성인 셈이다. 그런데 종종 지성은 인간의 상상력이 더 이상 미치지 못하는 곳까지 치고 나아간다. 이를테면 많은 이들은 아인슈타인의 '상대성 이론'에서 그런 한계와 부딪친다. 현대 양자물리학에서 말하는 '끈 이론'*에 이르면 이게 대체 무슨 소리일까 곤혹스러운 표정을 짓게 마련이다.

물론 그런 한계는 일상생활에 별로 중요한 게 아니다. 현실적으로 우리를 좌절하게 만드는 것은 상사의 파렴치한 명령이나 동료의 이기적인 행태일 따름이다. 특히 평소 이성적이라고 여겨왔던 사람이 도저히 납득할 수 없는 정치적 주장을 펼 때, 우리는 흥분하고 격분한다. 또 어떤 이들은 돼지 위장 안에 베이컨과 감자를 채운 요리나 생굴을 게걸스럽게 먹는 사람을 보며 고개를 절레절레 흔들기도 한다.

다른 사람을 보며 참으로 이해할 수 없는 심정을 확인하는 데는 오랜 시간이 걸리지 않는다. 또 그 이유도 다양하기만 하다. 더 정확히 말해서 다른 사람이 갖는 느낌과 생각과 행동이 왜 그래야 하는지 도무지 헤아릴 수가 없는 것이다.

이는 무엇보다도 자신을 모든 것의 척도로 삼기 때문에 벌어지는 현상이다. 인간으로서 가질 수밖에 없는 어떤 기본 속성을 문제 삼을 수는 없다. 그랬다가는 이야기가 완전히 공중부양할 가능성이 있기 때문

* String theory: 현대 양자물리학은 세상을 이루는 기본 단위를 점 입자 대신 공간을 점유하는 끈으로 본다. 예를 들어 빛은 파장인 동시에 입자이다. 이를 어떻게 이해해야 좋을까 싶어 오랜 동안 고민을 거듭해 등장한 것이 '끈 이론'이다. 다시 말해서 입자처럼 보이는 것은 사실상 멀리서 바라본 끈이라는 것이다.

이다. 허공을 상대로 시비를 벌여봐야 무슨 소용이 있겠는가? 지성 혹은 지능을 동원하며 상대를 내 취향대로 판단하는 것은 무엇보다도 자신의 정체성을 확인하려는 몸부림에 불과하다.

그래서 지금껏 거의 주목을 받지 못한 개념에 도달해보고자 한다. 새롭게 바라보아야 할 것은 바로 '의식'이다. 지성과 의식은 동일한 것이 아니다. 의식에는 감정도 등장하는데, 감정과 지성 사이에는 현격한 거리가 있음을 확인할 수 있다. 바꿔 말하면 지성은 의식의 한 부분에 지나지 않는다.

무의식 속에 숨은 자아

지금까지 밝혀진 모든 것으로 미루어 볼 때 의식은 세 가지 부분으로 이루어져 있다. 첫 번째가 개인의 인격을 담당하는 부분이다. 이는 자신이 누구인지를 자각하는 부분이다. 내가 누구이며 원하는 대로 살고 싶다는 자존감과 자의식을 결정하는 샘과 같은 곳이 바로 인격을 담당하는 부분이다. 두 번째는 관계를 형성하고 유지하는 부분을 꼽을 수 있다. 관계 의식은 타인과 관계를 이루면서 그 관계가 어떤 것인지 평가하고 원하는 쪽으로 이끌기 위해 노력한다. 마지막 세 번째는 당면한 과제가 무엇인지 살피면서 그 해결책을 선택하는 부분이다. 이 부분은 선택의 근거가 무엇인지 제시하려 노력한다.

나는 누구인가 하는 정체성의 문제에서 의식의 한 부분인 지성은 별로 신통치 않은 대답만 찾아준다. 자의식의 대부분은 무의식 속에 숨어 있기 때문이다. 오히려 지성은 다른 사람과의 관계에서 훨씬 더 잘 작용한다. 물론 여기서 지성은 감성과 협동을 펼치기 때문에 보다 나은 모습을 보여준다.

어떤 문제 해결이 필요할 때 발휘되는 지성의 능력은 그때그때 커다란 편차를 나타낸다. 자신을 너무 과신하는 자만심이 있는가 하면, 지레 주눅부터 드는 열등감이 지식과 지능 못지않게 중요한 역할을 해버리곤 한다.

이처럼 지성은 여러 가지 기능을 떠맡으면서도, 의식의 한 부분으로서 감정 및 무의식적인 요소와 밀접하게 맞물려 돌아가는 고도로 복잡한 양상을 띤다. 그래서 지능, 지성, 의식, 무의식 등 종래 심리학이 쓰던 개념을 버리고, 신경과학이 연구하듯이 간단하게 '생각'이라는 현상에 집중하는 쪽이 훨씬 더 생산적인 접근으로 보인다.

뇌를 어디까지 믿을까

"나의 뇌를 믿을 수 있을까? 사람들의 생각을 어떻게 읽을 수 있을까? 어떻게 다른 사람에게 내가 원하는 것을 하도록 만들까?" 이 세 가지 물음을 만족시킬 답을 찾는다는 것은 예로부터 모든 인간의 염원이자 커다란 숙제였다. 수백 년 동안 다양한 성과를 내놓으며 연구에 매달린 심리학 역시 그 근본 동기는 이 문제들의 답을 제시하는 것이었다. 저 사람은 왜 저런 행동을 하는 것일까? 나의 인생이 순조롭게 풀리려면 어떻게 해야 할까? 시기마다 접근 방식은 달랐어도 인간이 품은 원초적인 문제의식은 이런 것들이었다.

새롭게 등장한 신경과학이라는 학문은 인간이 어떻게 자신을 인식하며 자기 의지를 실현해가고, 다른 사람에게 어떤 영향을 끼치는지, 이전에 알지 못하던 이론과 방법, 실험으로 그 뿌리까지 철저하게 연구하고 있다. 하나의 인격체를 이루는 모든 요소들은, 신경조직을 서로 맞물려 빚어내는 고도로 복잡한 과정의 산물이라고 신경과학은 설명한다. 이런 신경반응 과정을 통해 우리의 머릿속에 세계라는 상이 형성된다. 이런 사실은 불교의 승려들을 대상으로 한 실제 측정을 통해서도 확인할 수 있었다. 여기서 중요한 것은 뇌를 일종의 사회적 기관으로 바라보는 시각이다. 그러니까 인간의 뇌라는 것은 주변 환경과의 맥락 안에서만 기능하는 신체 기관이다. 따라서 사회성을 무시하고 뇌를 하나의 독립체로 바라보는 것은 잘못된 접근이다.

지금까지는 뇌의 작용 방식을 여러 개의 톱니바퀴가 정밀하게 맞물려 돌아가는 시계와 같은 것으로 이해했다. 모든 게 아주 체계적이고 질서 있게 차곡차곡 진행된다는 식으로 말이다. 워낙 여러 개의 톱니바퀴가 정밀하게 맞물려 돌아가는 탓에 아주 작은 톱니 하나 혹은 그 연결 장치가 잘못되어도 '더 이상 제대로 작동하지 않는 시계'가 옛날 사람이 바라본 뇌였다.

오늘날 사람들은 흔히 뇌를 컴퓨터로 간주한다. 이용자는 다양한 프로그램으로 이뤄진 컴퓨터가 정확히 어떻게 작동하는지는 모르지만, 고장이 나지 않는 한 같은 것을 입력하면 언제나 같은 결과를 내놓는다는 것을 의심하지 않는다. 뇌도 이와 똑같다고 여긴다.

그러나 바로 이 점에서 뇌는 컴퓨터와 다르다. 인간은 언제든 자신의 생각을 바꿀 수 있으며, 다양하게 주어진 가능성 가운데 하나를 선택한다. 더 나아가 인간은 안팎으로 다양한 영향을 받는다. 비록 자신은 분명하게 의식하지 못하지만, 이런 무의식적인 영향이 당사자의 생각과 행동을 결정한다. 착각도 바로 무의식에서 비롯된다. 신경과학은 뇌의 이러한 은밀하고도 복잡한 작용 과정을 풀어볼 실마리를 제공하고 있다.

놀랍기 짝이 없는 이야기들

뇌의 복잡함은 그만큼 복합적인 관점으로 접근할 것을 요구한다. 이런 사정은 뇌 연구 성과에 그대로 드러나 있다. 이 분야에 종사하는 연구 인력만 세계적으로 5만여 명에 이른다. 신경과학에는 각기 다른 주제를 갖는 연구 그룹이 활동하며, 서로 협동하는 방식도 헤아릴 수 없을 정도로 다채롭다. 발표되는 논문의 주제와 성과가 지극히 넓은 진폭을 보이는 것은 당연한 일이다. 매년 각종 매체를 통해 10만 건이 넘는 새로운 연구 결과가 발표된다. 저마다 놀랍기 짝이 없는 이야기들이다.

이처럼 많은 연구가 쏟아져 나오다보니 과학에 관심을 갖기는 하지만 전문가는 아닌 일반인의 시각으로 현재 인류의 뇌 연구가 상당히 진척된 것처럼 과대평가하는 일이 심심찮게 벌어진다. 최근 들어 신경과학이 대단한 발전을 이룩한 것은 틀림없다. 그 수준도 상당히 깊어진 것은 부인할 수 없다. 그러나 이는 뇌가 가진 비밀의 지극히 한 부분에 지나지 않는다. 그동안 밝혀낸 세부 정보가 무한한 것처럼 보이지만, 그보다 몇 곱절은 더 큰 미지의 바다가 우리 앞에 놓여 있는 셈이다. 해부학이 뇌 구조를 상당 부분 밝혀낸 것처럼 보이지만, 그것은 대략적으로 그린 스케치에 불과할 따름이다. 뇌의 섬세한 구조는 지금껏 고작 60퍼센트 정도밖에 알아내지 못했다. 심지어 뇌 조직 안에서 분자들이 서로 간섭하며 일으키는 현상은 이제 겨우 3분의 1 정도만 밝혀냈을 뿐이다.

신경과학은 연구 대상을 세 가지 차원으로 분류한다. 먼저 바이러스 같은 세포 이하의 것과 세포로 관찰할 수 있는 것이 첫 번째 차원이다. 중간의 차원은 각 신경세포가 이루고 있는 네트워크, 즉 신경세포 조직망의 차원이다. 그리고 가장 높은 세 번째 차원은 뇌 조직 체계 전체가 어떻게 기능하는지 알아보는 일이다. 최근 신경과학이 이룩한 발전은 주로 첫 번째와 세 번째에 국한한 것이었다. 다시 말해서 신경세포 조직망은 아직 거의 밝혀진 바가 없다.

전체 체계의 기능이라는 상위 차원은 뇌가 벌이는 각종 정신활동을 포괄한다. 말을 이해하고, 그림을 볼 줄 알며, 음을 지각하고, 음악을 감상하거나 직접 연주하며, 행동을 하는 일들이 여기에 속한다. 중요한 점은 기억이라는 활동만으로 이 모든 작업이 이뤄지는 것이 아니라, 여기에는 항상 감정의 체험이 함께 동반하고 있다는 사실이다.

오늘날 신경과학은 첨단기기를 활용하는 몇 안 되는 과학 가운데 하나다. 무엇보다도 'fMRI'의 활용은 확실한 발전을 담보해주고 있다. 여기서 얻어진 뇌 영상은 각종 매체들에 자주 보도되곤 한다.

물론 영상 자체만 가지고 알아낼 수 있는 것은 많지 않다. 관찰한 신경조직의 활동과 현상에 어떤 의미를 부여하기 위해서는 정확하고도 구체적인 문제 제기가 반드시 필요하다. 특히 경제활동과 관련해서는 특별한 경험과 기대를 갖는 경제학자의 시각에서 살펴봐야만 그 영상의 해석이 가능하다.

이렇게 뇌를 관찰해본 결과, 실험 대상이 어떤 보상을 기대하느냐, 아니면 그런 보상을 실제로 얻었느냐에 따라 뇌의 모습에는 확연한 차이가 나타났다. 비슷한 차이는 실험 대상이 어떤 위험을 선택하는가에 따라서도 확인할 수 있었다. 실제로 위험을 감수하는 모험까지 마다하지 않는 경우에 뇌 활동은 평소와 엄청나게 달라지는 변화를 보였다.

신경조직의 하부 차원, 곧 세포 이하와 세포 차원에서도 최신 기기가 새로운 연구 성과를 끌어내는 데 결정적인 역할을 한다. 그럼에도 여전히 하부 차원과 높은 차원 사이에는 아직 그 연관을 설명하지 못하는 커다란 틈새가 벌어져 있다. 바로 그런 이유로 오늘날 각 신경세포가 어떤 코드로 서로 소통을 하는지의 문제를 둘러싸고 추측이 난무하는 실정이다. 더욱이 수억 개, 심지어는 수십억 개에 달하는 신경세포가 서로 소통하는 방식은 완전히 알려지지 않은 그야말로 전인미답의 영역이다.

뇌가 실제로 어떻게 기능하는지, 어떤 원인으로 질병이 일어나는지, 뇌는 각종 스트레스를 어떻게 소화하고 스스로 '회복'하는지 하는 물음들을 자세히 밝혀내려면 아직도 수십 년에 걸친 연구가 필요하다고 전문가들은 입을 모은다. 그만큼 복잡해서 이해하기가 까다롭다는 뜻이다. 그렇지만 오늘날 건강하고 행복한 인생을 원하는 사람에게 신경과학의 연구 성과들이 적지 않은 도움을 주는 것은 분명한 사실이다.

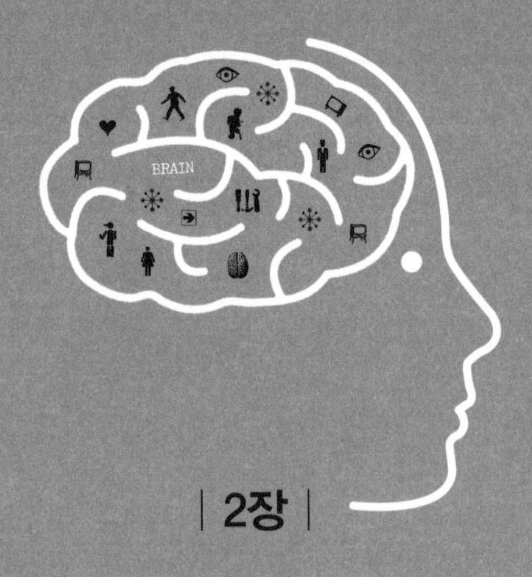

| 2장 |

생각이라는 거짓말쟁이

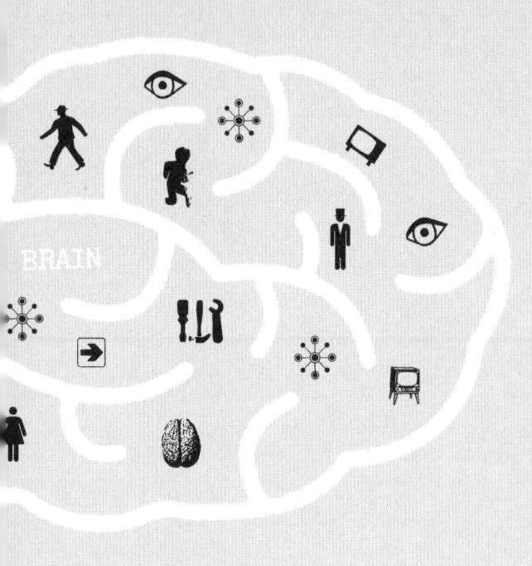

생각을 할 때 어떤 느낌이 드는지 우리는 스스로 잘 알고 있다고 믿는다. 그런데 그 생각이 무엇인지 설명해보라면 간단치가 않다. 물론 생각을 하면서 어떤 단계를 거쳐왔는지, 결정에 이르기까지 어떤 과정이 있었는지 말로 표현할 수는 있다. 하지만 왜 하필이면 다른 단계를 거치지 않고 바로 그 과정을 통과해야 했는지 그 이유는 본인에게도 아리송할 따름이다. 또한 지금 무슨 생각을 하는지 말해주기는 언제나 쉽다. 그러나 정확히 1시간 뒤에 무슨 생각을 할지는 누구도 자신 있게 말할 수 없다.

흔한 착각 가운데 하나는 자신의 생각을 스스로 좌우할 수 있다는 믿음이다. 그러나 꿈을 예로 들어보더라도 그것이 얼마나 어려운 일인지 잘 알 수 있다. 잠에서 깨어나 잊어버리기 전에 꿈의 내용을 떠올려본 사람이라면 누구든 같은 경험을 했을 것이다. 참으로 놀라운 온갖 이야기가 서로 뒤엉켜 펼쳐지는 게 꿈이다. 이게 다 우리의 머리가 빚어낸 것이라는 점을 알면 어안이 벙벙할 따름이다. 생각이라는 것은 그만큼 놀라운 현상이다. 뇌 연구가 생각의 비밀을 덮은 휘장을 벗겨버리고 이를 추적하기 위해 안간힘을 써야 하는 이유도 여기에 있다.

무의식의 속임수

우리는 자신이 원하는 것을 생각하지 못한다. 오히려 우리는 자신이 생각하는 것을 원한다. 생각은 거의 대부분 의식적으로 이뤄지지 않는다. 생각은 무의식이 주도하는 현상이다. 물론 이 무의식을 이끄는 것은 유전자이기도 하고 사회이기도 하다. 다시 말해서 인간은 그 주변 환경과 따로 떼어서 볼 수 없는 존재다. 환경은 인간의 머릿속에 끊임없이 이러저러한 행동의 모범을 만들어낸다. 더 나아가 먼저 주도적으로 행동하기에 앞서 상황에 반응하도록 요구한다.

태어날 때 인간의 뇌는 약 4백 그램이다. 인생의 첫 두 해 동안 무게는 1킬로그램으로 늘어나며, 18살을 맞을 때까지 평균적으로 1.5킬로그램으로 성장한다. 남자의 뇌 무게는 여자의 것에 비해 약간 더 무겁다.

과거 뇌의 무게는 남성이 여성보다 우월하다는 증거로 내세워지곤 했다. 그러나 연구 결과, 뇌 무게는 그리 중요하지 않은 것으로 밝혀졌다. 여성의 뇌 신경세포의 밀도가 남성보다 높은 것으로 확인된 것이다. 게다가 신경세포의 수는 거의 비슷하다는 점을 고려하면, 밀도가 높은 쪽이 더 우수할 수 있다.

약 3만여 개의 유전자로 이뤄진 인간 게놈* 염기서열은 거의 3백만 개에 육박한다. 이 가운데 거의 50퍼센트를 뇌가 사용한다. 이는 뇌 조직과 기능이 얼마나 복잡한지 잘 보여주는 증거이다. 그러나 뇌의 활동은 유전자에 의해서도 강력한 영향을 받는 것으로 밝혀졌다.

뇌는 인체 무게의 평균 2퍼센트에 지나지 않지만, 전체 에너지의 20퍼센트를 소비한다. '중노동자'라 불러도 손색이 없다. 어떤 생각을 의도적이고 의식적으로 할 때에는 특히 다량의 에너지가 필요하다. 물론 대부분의 생각은 무의식 상태에서 이루어진다. 말하자면 뇌는 '절전 모드'에서 주로 활동하는 셈이다.

뇌가 한정된 역량을 가졌다는 것은 인정해야만 한다. 바꿔 말하면 우리가 분명히 의식하면서 할 수 있는 생각은 오로지 하나일 뿐이다. 동시에 여러 가지 생각을 의도적으로 실행하는 일은 불가능하다. 그런데 놀랍게도 무의식은 다양한 문제를 동시다발적으로 처리하며, 돌연 해결책을 제시한다. 문득 좋은 아이디어가 떠오른다는 것은 언제나 무의식의 솜씨 때문이다.

의식적인 사고는 무의식적인 것에 비해 훨씬 많은 에너지를 필요로 하며 속도도 무척 더디다. 알고 보면 우리는 일상에서 처리해야 하는 많은 일을 무의식에 맡겨둔다. 그 좋은 예가 운전이다. 숙련된 운전자는 언제 제동을 걸고 기어를 바꿔야 하는지 거의 자동적으로 물 흐르듯 반응한다. 어떤 결정을 내릴 때 오래 고민할 것 없이 가장 단순한 유형에 따라도 좋은 이유가 바로 그 때문이다. 그래야 에너지도 효율적으로 쓸 수 있다. 그러나 아쉽게도 결과는 언제나 긍정적이지만은 않다. 그것이 바로 무의식적인 습관이 갖는 위험성이다.

뇌는 고도의 조직망을 갖춘 체계다. 1조 단위를 훌쩍 넘기는 신경세포를 상상할 수 있는가? 1조 개의 신경세포 각각은 다른 세포와 결합되는 '시냅스'** 를 갖고 있는데, 그 수는 1만5천 개가 넘는다. 상상의 한계를 초월하는 숫자지만, 그만큼 뇌의 복잡함을 명료하게 보여주는 증거이기도 하다. 이처럼 수많은 세포와 그 결합으로 뇌는 정보를 처리하고 저장하며 서로 결합해 새로운 정보를 생산한다. 이 덕에 우리는 '나'라는 말을 하고, 자신에게 정체성을 부여하는 것이다.

신경세포를 오가는 신호는 전자의 성격을 가지고 있다. 굳이 말하자면 모스 부호와 같은 것이다. 한꺼번에 몰려드는 정보들을 처리하기 위해 뇌는 일종의 제어장치를 운용한다. 전달이 되는 각 단계마다 억제와 자극이라는 상반된 처리로 정보의 중요성을 판단하는 것이다. 자극의 정도가 일정 수준을 넘어서게 되면, 신호는 일종의 직렬 형태인 종속 접속 원리를 통해 계속 전달된다.

---

* Genom: 낱낱의 생물체 또는 하나의 세포가 지닌 생명 현상을 유지하는 데 필요한 유전자의 총량. 사람과 같은 진핵생물의 경우 반수(n)의 염색체에 있는 유전자의 총량. 우리말로는 '유전체'라고 하나, 원래 독일어 게놈을 학술용어로 쓰는 탓에 그대로 원어를 밝혀둔다.

** Synapse: 신경 세포의 신경 돌기 말단이 다른 신경 세포와 접합되는 부위. 이곳에서 한 신경 세포에 있는 흥분이 다음 신경 세포로 전달된다.

만족을 모르는 뇌

뇌는 한시도 쉬지 않고 활동한다. 감각을 통해 받아들여진 자극을 처리하고 정보를 생산하는 것이다. 이런 활동은 잠을 자는 동안에도 계속된다. 뇌가 정보 처리를 하지 않는다면, 아침에 알람을 설정해두어도 우리는 잠에서 깨어날 수 없다. 뇌사 상태, 즉 뇌의 모든 영역이 활동을 중단한 경우에만 생각은 멈춰진다.

정신이 말짱하게 깨어 있을 때에도 우리는 의식이 받아들이는 것의 지극히 일부만 떠올린다. 생각이란 일차적으로 무의식으로 진행되는 과정이기 때문이다. 그리고 생각이 떠맡는 주요 역할은 어떤 정보가 중요하고 무엇이 그렇지 않은지 판단하는 일이다.

중요한 것으로 가늠된 정보는 무의식에서 의식의 차원으로 떠오른다. 물론 이 정보는 오로지 사실만을 취급하지는 않는다. 여러 가지가 동시에 뒤엉켜 있는 무의식이 모든 정보를 언제나 지능이 처리할 수 있는 사실로만 취급하지는 않기 때문이다. 정보는 얼마든지 느낌의 형태도 취한다.

무의식적인 생각이든 의식적인 생각이든, 일차적인 임무는 무엇이 중요하고 무엇이 사소한지 결정하는 일이다. 어떤 것이 옳으며, 뭐가 틀렸을까? 어떤 의미를 갖거나 혹은 가져야만 하는 개별적인 생각은 그런 결정이 숱하게 내려진 끝자락에서 생겨난다.

이 글을 쓰고 있는 동안에도 나는 의식적이든 무의식적이든 무수한 결정을 내려야만 한다. "무슨 말을 할까?" 혹은 "어떻게 말할까?" 하는 문제만이 아니라, "어떤 단어를 쓸까?" 그리고 "내가 뜻하는 바를 정확히 전달하려면 이 단어들을 어떤 순서로 배열할까?"까지, 나는 끊임없는 결정을 내린다.

바로 그런 이유에서 생각은 '지금 무엇이 있는지' 판단하는 일이다. 어떤 감각이 중요하고 무엇은 중요하지 않은지 판단을 통해 우리는 '현실'이라 이름 붙인 것을 꾸며낸다. 더 나아가 이런 꾸밈을 토대로 이러저러했으면 좋겠다고 생각하는, 그러니까 '뭐가 있어야 하는지' 결정도 내린다. 다시 말해서 '현재 있는 것'에 반응하며 다음 단계의 '있어야 할 것'을 현실로 구성하는 셈이다. 우리가 어떤 주어진 정보에서 이끌어내는 결론은 곧 새로운 현실을 만들어내는 결정 과정이다.

그러나 뇌는 그것만으로 만족하지 않는다. 뇌는 무엇이 있어야 할지 결정할 뿐만 아니라, 더 나아가 끊임없이 결단과 행동의 결과를 예측하려고 시도한다. 그런 방식으로 행동을 조종하고 필요할 경우에는 수정과 교정을 감행한다. 예측 없이 우리는 아무것도 결정할 수 없다. 그 예측이 옳은지 그른지, 근거가 있는지 그렇지 않은지는 전혀 중요하지 않다.

유인원의 뇌를 인간과 비교해보면, 무엇보다도 뇌의 앞부분인 전두엽에서 두드러진 차이를 보인다. 인간의 전두엽이 훨씬 크다. 이 차이는 인간과 원숭이의 행동방식과 행위 능력에 그대로 반영된다.

감각 지각과 운동만 놓고 본다면 원숭이는 인간보다 확연히 뛰어난 능력을 자랑한다. 원숭이와 동일한 속도로 나무에 오르거나 이 나무에서 저 나무로 자유롭게 건너뛸 수 있는 인간은 없다. 그 대신 인간은 목적에 맞게 행동하는 능력이 뛰어나다. 결정을 내리고 반성을 하며 같은 류의 다른 존재, 즉 타인과 의사를 소통하고 조율하는 능력은 인간이 가장 탁월하다.

이로 미루어볼 때 인간의 고도로 복잡한 두뇌 작용은 전두엽에서 일어난다는 결론을 내릴 수 있다. 전두엽이 바로 정보를 저장하는 곳이며, 결정을 내리는 본부라 하겠다. '나'라는 자아의식이 생겨나는 곳도 전두엽이다. 소통 능력의 핵심, 곧 언어 능력도 전두엽이 관장하는 것으로 알려져 있다. 또 사건의 감정적 처리도 여기에서 일어난다. 감정을 주관하는 뇌의 다른 센터와 결합해 희로애락의 반응을 보이는 것이다.

신경과학은 인간이 태어나 맞는 첫 몇 년 동안 전두엽에 고도의 네트워크가 구축된다고 보고 있다. 이런 네트워크가 인간의 사회적 행동을 주관한다. 두 살이 되기 전에 이 네트워크가 부상을 입어 손상되면, 인간은 말 그대로 '반사회적 행태'를 보인다. 규칙을 지키기는커녕, 더불어 살려면 그런 규칙이 반드시 필요하다는 것조차 깨닫지 못한다. 그런 부상이 두 살에서 다섯 살 사이에 일어나면, 규칙을 배우고 또 그 필요성을 깨닫지만 지키는 것은 힘겨워하는 현상이 벌어진다.

수술을 하려고 인간의 두개골을 열어보면, 얼핏 보기에 모든 뇌는 같은 모양을 하고 있는 것처럼 보인다. 아주 비정상이 아니라면 말이다. 그러나 겉보기의 이런 동일함이 뇌 기능에도 그대로 반영되는 것은 아니다. 물론 모든 뇌는 특정한 과정을 수행하는 영역이 정해져 있기는 하다. 그러나 섬세한 뇌 구조처럼 극명한 차이를 보이는 것도 드물다. 각각의 뇌가 갖는 네트워크가 판이하게 다르기 때문이다. 그래서 두 사람이 똑같은 것을 생각할지라도 생각의 방식은 완전히 다르다.

복잡한 차이는 뇌 구조의 결함이 아니다. 오히려 그 덕에 인간은 계속 발전할 수 있었다. 유전자와 사회화로 찾아볼 수 있는 인간 사이의 유사함은 한 사회의 안정을 보장해주는 밑바탕이 된다. 반대로 차이는 변화를 도모하며 발전을 모색하게 하는 동력으로 작용한다.

뇌를 관찰하는 방법들

최신 뇌 연구는 무의식의 영역을 더 넓게 밝혀주고 있다. 뇌 연구가들은 눈으로 관찰할 수 있는 현상을 통해 눈으로 볼 수 없는 현상까지 설명해내는 성과를 올리고 있다. 이런 연구는 특히 뇌에 손상을 입은 환자를 대상으로 이뤄지고 있다. 얻어진 영상 자료는 생각할 때 뇌의 어느 부위가 그 생각에 참여하는지 확인시켜준다. 그리고 지금껏 당연하게 가정해온 것과는 달리, 생각의 실행에는 감정이 더 큰 역할을 하는 것으로 밝혀졌다.

뇌가 생각하는 생생한 현장을 두개골을 열지 않고도 관찰할 수 있게 된 첫 방법은 1930년대에 개발된 뇌전도Electroencephalogram(약칭: EEG)이다. 두피에 부착한 전극으로 대뇌에서 발산되는 뇌파를 측정하는 방식이다. 물론 이 방법으로는 뇌의 심층에서 일어나는 활동을 알 수 없었으며, 뇌의 다양한 영역이 어떻게 서로 영향을 주고받으며 작용하는지도 밝혀낼 수 없었다. EEG로 자료를 얻어낼 수는 있지만 영상은 불가능했다.

자력을 이용해 뇌파를 검사하는 뇌자기도검사Magnetoencephalography(약칭: MEG)는 뇌의 신경세포가 활동하면서 발산하는 전자기파를 측정한다. 최신식 MEG 기기는 머리 전체를 측정하기 위해 약 3백여 개의 전자기 센서가 달린 헬멧 모양의 기구를 쓴다. MEG 역시 영상을 만들어내지는 못하지만, 간질 같은 특수 사례에서 뇌의 어떤 영역이 언제 활동하는지 알 수 있는 주요한 자료를 얻을 수 있게 해준다. 그래서 MEG는 특수 연구 목적을 위해 다른 방법과 병행해 자주 쓰인다.

뇌의 영상을 얻어내기 위해 쓰는 방법으로는 양전자방출 단층촬영Positron Emission Tomography(약칭: PET)이 있다. 여기서는 방사능 표시 물질을 주사해 이것이 방출하는 양전자를 촬영한다. 그러나 이것은 핵의학에서 개발한 것으로 진찰 목적에 주로 사용할 뿐, 뇌 연구에 알맞은 방법은 아니다. 방사능의 위험이 너무 크기 때문이다.

오늘날 뇌 연구에 주로 쓰는 방법은 이른바 기능성 자기공명영상functional Magnetic Resonance Imaging(약칭: fMRI)이다. 자기장과 고주파를 이용해 신체 조직을 촬영하는 MRI에 뇌 촬영을 위한 기능을 부가한 첨단기기다.

fMRI는 1990년대 초에 등장했다. 이는 뇌 혈류를 관찰하면서 그때그때 핏속의 산소 농도를 측정한다. 그러니까 뇌가 활동할 때 각 영역이 소모하는 산소의 양을 재는 것이다. 이름이 말해주듯 생각과 배움이라는 기능에 초점을 맞추어 뇌가 소비하는 산소가 어떻게 달라지는지 측정하는 것이다.

오늘날의 다채로운 뇌 영상은 사진 자체만으로는 해석이 되지 않는다. 뇌가 발산하는 자기공명 신호는 컴퓨터가 그 값을 계산해 색으로 나타낸다. 이렇게 얻어낸 영상이 의미 있는 것으로 해석되기 위해서는 뇌를 아주 특별한 방식으로 자극하고 영향을 주는 심리학 실험이 반드시 필요하다.

0.5초의 차이

착각을 이해하는 첫걸음은 무의식이 인생의 원래 조종사라는 사실을 받아들이는 것이다. 물론 무의식도 외부로부터 영향을 받지 않는 것은 아니다. 무의식에 영향을 끼치는 것으로는 크게 세 가지가 있다.

1. 첫 번째는 그 토대를 이루며 변화를 지휘하는 '유전자'를 꼽을 수 있다.

2. 두 번째로 중요한 요소는 '다른 사람의 태도'로 말미암아 일어나는 우리 '생각의 변화'다. 이 신호는 아주 미묘한 것으로서 의식의 수면 위로 떠오르는 경우가 거의 없다.

3. 세 번째 요소는 태어나면서부터 맞이해야 하는 '생활 환경'이다. 특히 어린 시절 아직 인격이 확립되지 못했을 때 겪는 체험은 평생을 따라다니는 긍정적이거나 부정적인 족쇄가 된다.

자신의 뇌를 더 잘 이해하기 위해 필요한 것은 너무도 많다. 예상하지 못한 가운데 돌연히 나타나는 생각은 그와 결부된 무수한 경험과 맞물린다. 이런 모든 것을 종합적으로 고려할 때에만 뇌의 구체적이고 전반적인 판단능력이 강화된다. 경험이 어느 정도 축적되는 나이에 이르러서야 스스로에 대해 의미 있는 진단을 내릴 수 있는 것도 그 때문이다. 많은 사람이 40세 이후에 완전히 새로운 일을 시작하는 것도 우연이 아닌 이유가 여기에 있다. 지금껏 해온 생각과 행동이 타고난 본성과는 거리가 먼 착각이었음을 깨닫는 것이다. 자신의 내면을 경청하는 일은 엄청난 혼란을 야기하기도 한다. 그렇지만 지금까지 당연한 것으로 여겨온 자신의 사고습관을 거듭 곱씹게 되는 것은 피할 수 없는 노릇이다.

무의식이 먼저 작동한다

사람들은 말로 꾸밀 수 있는 것만 의식적으로 생각한다. 마땅한 개념이 없는 감정을 표현하기 위해 비유를 써서 그림을 그리듯 묘사하는 것은 전혀 놀라운 일이 아니다. 그만큼 무의식 속에 숨어 있는 감정을 표현하는 일은 어렵다. 오죽하면 사랑이라는 이루 형언하기 힘든 감정을 가슴 속에 나비가 날아다닌다고 묘사하겠는가.

어떤 문제를 놓고 골똘히 고민하는 경우, 의식은 그것과 비교할 수 있는 것이 무엇인지 기억의 창고를 뒤지게 마련이다. 뭔가 있을 것만 같은데 잘 떠오르지 않는 그런 경험은 누구나 갖고 있다. 뇌는 그동안 배운 것, 겪은 것, 과거의 경험 등을 낱낱이 떠올려가며 어떤 모범을 따라야 좋을지 찾아본다. 적어도 이 순간만큼은 머릿속에 분명한 의식이라는 것 외에 더 많은 게 숨어 있음을 우리는 자각할 수 있다. 평소 전혀 의식하지 못했지만 틀림없이 내 머릿속 어딘가에 있는 것, 그게 바로 무의식이다.

우리가 의식과 무의식 사이를 오가고 있다는 것은 일상에서 흔히 겪는 경험이다. 실제 사건이 어떻게 진행되든 상관없이 우리의 생각은 의식과 무의식 사이를 넘나든다. 이는 샌프란시스코 캘리포니아 대학의 신경생리학 교수 벤저민 리벳*의 실험으로 입증된 사실이다. 리벳은 어떤 행동을 하고 싶다는 의식은 뇌가 그런 행동을 해도 좋을지 결정을 내리기도 전에 이미 시작된다는 것을 보여줬다. 다시 말해서 어떤 행동을 할 것인지 말 것인지는 무의식에서 벌써 선택을 한다. 뇌가 고민을 시작한 지 채 0.5초도 지나지 않아 이미 몸은 특정 행동을 하려고 움직이고 있더라는 것이다.

이 실험을 통해 리벳이 내린 결론은 이랬다. 그러니까 우리가 분명하게 의식하는 생각은 이미 준비된 행동을 제지할 일종의 거부권만 가질 뿐, 이런 행동을 주도하지 못한다. 순서를 정리해본다면, 의식적으로 원하는 행위에는 언제나 무의식의 결정 과정이 선행된다. 즉 모든 의식적인 생각에는 무의식의 선택 과정이 이미 앞서 존재하고 있다.

의식 이전에 무의식이 앞서 결정한다. 이런 앞서 있음이 리벳의 실험처럼 정확히 0.5초가 걸리는지, 심지어 이런 무의식이 독자적인 생명력을 가지고 따로 움직이는 것인지, 그때그때 의식의 수면으로 떠오르기까지 정확히 얼마나 시간이 걸리는지 등의 물음은 아직 해결되지 않았다.

알버트라즐로 바라바시[**]는 자신의 책 『링크: 네트워크의 신과학 Linked: the new science of networks』에서 이른바 멀티태스킹Multi-tasking이 무엇인지 설명한다. 여러 개의 과제를 동시에 해결하는 멀티태스킹을 실험한 연구에서 인간은 육체노동을 할 때 컴퓨터와 비슷한 반응을 보였다. 주어진 여러 과제를 이리저리 오가는 바람에 일을 처리하는 능력이 20에서 40퍼센트 정도 줄어든 것이다.

물론 바라바시는 인간의 뇌와 같은 정교하고 복잡한 체계는 아무런 문제없이 수천의 과제를 동시에 해결할 수 있다고 진단한다. 실험을 통한 그의 결론은 이렇다. 무의식이 현재라는 시점에서 어떤 문제를 처리하는지, 그래서 그 결과를 어떻게 의식에 떠오르게 만드는지 우리는 전혀 모른다는 것이다.

---

* Benjamin Libet: 1916~2007. 미국의 신경생리학 전문가이자 심리학자로, 이른바 '자유의지'라는 것이 존재하지 않는다는 사실을 실험을 통해 증명해냈다.

** Albert-Lászlo Barabási: 1967년생으로 21세기 신 개념 과학인 '복잡계 네트워크 이론'의 창시자이자 세계적인 권위자이다. '척도 없는 네트워크(scale-free network)'라는 혁신적인 개념을 제시하며 경제학, 사회학, 인문학, 의학, 공학 등에 걸쳐 일대 바람을 일으켰다. 헝가리 출신으로 노트르담 대학 물리학과 종신교수이며 미국 보스턴의 노스이스턴 대학 물리학 교수로 재직 중이다.

판단의 토대

유전자에 선천적인 바탕을 둔 뇌는 그 안팎의 영향에 따른 후천적인 변화를 겪으며 신경세포의 네트워크를 형성한다. 바로 이 네트워크가 생각이 일어나는 현장이자 토대이다. 영상 포착 도구를 통해 우리는 뇌가 생각을 실행하는 현장을 관찰할 수 있으며, 그때 뇌의 어떤 영역이 함께 활동하는지 알 수 있다. 생각이 어디서 시작되는지 눈으로 볼 수 있게 된 것이다. 하지만 인간이 무엇을 생각하는지는 알 수 없다. 또 뇌의 어떤 활동이 의식의 차원에서 이루어지고 어떤 것은 무의식의 차원에서 일어나는지, 두 차원은 서로 어떻게 결합하는지도 아직 밝혀지지 않았다.

뇌는 네트워크로 조직되어 있으며 네트워크에 적용되는 규칙과 모범을 따른다. 뇌의 이런 자기 조직은 외부의 자극과 정보를 개인적으로 처리하는 테두리 안에서 일어난다. 다시 말해서 인간은 누구나 저마다 들어오는 정보를 다르게 평가하고 처리하며, 저장해두는 네트워크의 영역도 각기 다르다. 어떤 이에게는 더 할 수 없는 난리법석이 다른 사람에게는 얼마든지 심드렁한 일이 될 수 있는 것이다.

생각의 바탕을 이루는 가치 체계는 선천적으로 타고나는 게 분명해 보인다. 사람은 어떤 문화권에 사느냐에 따라 비슷한 행동 양식을 보여주기 때문이다. 그리고 이런 유사함은 유아기부터 나타난다. 생후 6개월이 된 젖먹이가 다른 젖먹이를 보고 질투하는 모습을 보면 그 증거를 찾을 수 있다. 그리고 해당 사회가 요구하는 가치관은 이후 커가면서 형성되어 간다.

인간의 행동과, 그 바탕이 되는 생각에 영향을 미치는 것이 무엇인가라는 의문에서 출발해보면 세 가지 기준을 확인할 수 있다.

1. "옳은가, 틀린가?"
2. "할 수 있나, 없나?"
3. "내가 원하는 것인가, 아닌가?"

이 기본 틀에 따라 우리는 결정을 내린다. 뭐가 옳은 것인지, 할 수 있는 것인지, 내가 정말 원하는 것인지로 말이다. 이처럼 생각은 언제나 어느 한 쪽을 선택하는 결단이다. 그러한 결단을 내리는 과정이 바로 무의식 차원에서 이루어진다. 의식보다 무의식이 뇌 안에서 훨씬 더 큰 공간을 차지한다는 사실은 인정해야만 한다. 무의식이 인생을 이끄는 선장인 셈이다.

이런 기본 틀을 만들어내고 그 변화를 지휘하는 것은 유전자다. 아울러 생각은 다른 사람의 태도에도 영향을 받는다. 이는 물론 의식하지 못하는 가운데 보내는 신호이며, 받아들이는 쪽에서도 무의식적으로 감지한다. 마찬가지로 삶을 둘러싼 생활환경도 적지 않은 영향을 미친다. 특히 유아기와 청소년 시절의 경험은 인생 전체의 뼈대를 이룬다. 이처럼 한 개인의 개성과 재능은 유전자와 사회 사이의 상호작용으로 형성된다.

생각의 대다수는 외부의 자극을 받아 촉발된다. 이른바 '거울 신경세포'*는 다른 사람이 보내는 무의식의 신호를 받아들일 뿐 아니라, 이쪽에서도 무의식의 신호를 발신하는 아주 특별한 능력을 가진 신경세포다. 다른 사람의 행동만 우리에게 영향을 주는 것은 아니다. 개인에 따라 정도의 차이는 있지만 주변에서 일어나는 아주 작은 변화도 무의식은 놓치지 않고 관찰하면서 거기에 어떻게 대응해야 할지 평가한다. 그리고 그것은 아주 드물게만 의식의 수면 위로 떠오른다.

군중 심리가 인간에게 종종 격한 감정을 불러일으키는 이유 가운데 하나가 이런 '거울 신경세포'의 작용 때문이다. 다른 사람의 행동을 주시하고 있다가, 그런 생각과 행동을 따르는 사람의 수가 어느 정도 늘어나면 자신도 거기에 합류하는 것이다.

무의식의 차원에서 주고받는 추상적인 정보는 이른바 '밈Meme'에 의해 전달된다. '밈'은 진화생물학자 리처드 도킨스**가 '메모리Memory(기억)'와 '진Gene(유전자)'을 합성해 만들어낸 조어다. '밈' 역시 인간의 생각과 행동에 영향을 미친다. 이를테면 시대를 대표하는 사상이나 유행 혹은 음악처럼 그 내용이 명확히 정리된 지식을 저장하고 전달할 때 우리는 '밈'을 말할 수 있다. 여기서 주목해야 할 점은 겉보기에는 고도로 추상적이고 딱딱한 지식일지라도 다른 생각과 마찬가지로 감정이 중요한 역할을 한다는 사실이다.

생각의 틀은 기억과 감정으로 이루어진다. 여기에는 네트워크에 결합된 정보와 지식이 총체적으로 작용한다. 현재 뭐가 있는지, 무엇이 있어야 할지, 앞으로 뭐가 있게 될지 판단하고 결정하는 것이다. 이 결정은 인생을 사는 동안 커다란 진폭을 보여주며 변화한다. 바로 그래서 생각이 자라나고 변화하는 데 나이가 결정적인 역할을 한다.

* Mirror neuron: 동물이 특정 움직임을 행하거나 다른 개체의 특정 움직임을 관찰할 때 활동하는 신경세포이다. 다른 동물의 행동을 "거울처럼 반영한다"는 뜻에서 이런 이름이 붙었다. 그러니까 남의 행동을 보며 마치 자신이 움직이는 것처럼 느끼며, 자신의 행동을 남도 따라 해줬으면 하는 뜻을 무의식적으로 주고받는 신경세포다. 언어를 배우는 데 아주 중요한 역할을 하는 것으로 알려져 있다.

** Richard Dawkins: 1941년에 출생한 영국의 진화생물학자이자 대중과학 저술가로 유명한 인물. 도킨스는 진화를 유전자 중심의 관점으로 쉽게 풀면서 '밈'이라는 용어를 도입해 1976년 『이기적 유전자The Selfish Gene』라는 책을 써서 대중의 큰 호응을 받았다.

생각을 읽어주는 '협상 게임'들

생각을 알아보는 실험은 이른바 '협상 게임'이라는 것이다. 이들 게임은 심리학은 물론이고 행동경제학*과 신경경제학에서도 자주 쓰는 방법이다. 여기서는 인간의 행동을 관찰하고 그 특이점을 묘사할 수 있는 상황을 만들어낸다. 앞으로 그가 어떤 행동을 취할 것인지 예측 가능한 법칙을 이끌어내는 것이다.

심리학은 어떤 원인으로 그런 행동을 했는지 가설과 이론을 만들어 예측을 도출한다. 심리학은 유전적인 성격 특징과 학습으로 배운 행동 방식을 갖는 인격체를 주로 다룬다. 그러나 인간 행동의 원인을 알아보기 위해 상황에 따른 태도를 주목하는 것도 갈수록 의미가 커지고 있다.

한편 신경경제학이 협상 게임을 이용하는 이유는 간단하다. 어떤 특정한 결정과 행동을 선호하는 근거를 신경생리학의 관점에서 접근해 뇌의 여러 영역에서 일어나는 활동을 분석함으로써 뇌가 어떤 원리로 작용하는지 알아보는 것이다. 예를 들면 어떤 행동을 할 때, 무슨 감정이 주를 이루나 물음을 던진다.

협상 게임은 심리학과 행동경제학적 지식을 토대로 개인의 개별적 요소를 넘어서는 행동의 보편적 원인을 알아내려는 것이다.

fMRI는 뇌의 신경세포가 벌이는 활동을 아주 잘 판별해 게임의 승패에 따라 뇌의 정확히 어떤 부위가 반응하는지 정리해낸다. 여기에서 인간은 경제적 이득이 기대될 때 '측좌핵'** 이 왕성하게 활동한다는 것이 밝혀졌다. 실험대상이 된 인물은 기분 좋은 흥분을 느꼈으며, 이는 분명하게 알아볼 수 있는 몸의 반응도 수반했다. 이득의 기대치가 커질수록 측좌핵의 활동은 활발해졌으며 그만큼 좋은 기분은 강해졌다. 그리고 마침내 실제로 이득을 손에 쥐었을 경우, 작동하는 두뇌 영역은 '전전두피질'*** 의 중간 부위였다.

이득이나 승리가 가능할 것 같다는 예측만으로도 이미 측좌핵은 움직이기 시작한다. 이런 예상치가 실현되지 않는다거나 기대했던 것보다 낮을 경우, 다시금 전전두피질의 중간 부위가 그 실망감을 소화한다.

'편도체'**** 는 게임에서 허풍을 떨고 허세를 부리다가 발각되어 패할 위험이 클 때, 특히 활발한 활동을 보였다. 허세를 부리다가 들통이

* Behavioral economics: 우리의 일상생활과 투자 행태를 성찰하는 경제학.

** Nucleus accumbens: '측중격핵'이라고도 옮긴다. 전뇌 아래쪽의 핵을 이루는 부위이다. 핵심을 뜻하는 라틴어 '누클레우스nucleus'에 자리를 차지한다는 의미의 '아큼벤스accumbens'가 합쳐져 이루어진 조어이다. 뇌의 보상체계에서 핵심적인 역할을 하는 부위로, 중독 현상을 설명할 수 있는 실마리를 제공한다고 알려져 있다.

*** Prefrontal cortex: 전두엽에서도 앞쪽을 차지하는 부위. 전두피질의 앞부분이라고 해서 '전전두피질'이라고 옮긴다.

**** Amygdala: 대뇌변연계에 있는 아몬드 모양의 뇌 부위. 감정을 조절하고 공포의 학습과 기억에서 중요한 역할을 하는 것으로 알려졌다.

나 게임에 패할 때 상실감은 극에 달했다.

실험 대상자가 허세를 부리면서 거짓 꼼수를 쓰는 게 좋을지, 아니면 원칙대로 정직하게 할지 결정을 내려야 하는 순간, 편도체는 어느 쪽을 택했느냐에 따라 활동 정도의 차이가 분명했다. 규칙대로 공정하게 게임에 임할 때 편도체의 활동은 가장 적었다. 꼼수를 쓰는 게임 참가자는 발각이 될까 두려움에 떨었으며, 이로 말미암아 패배하는 게 아닐까 더욱 무서워했다. 각각의 게임들은 인간의 감춰진 생각의 세계를 아주 잘 드러내준다.

독재자 게임

협상 게임의 가장 간단한 형태는 '독재자 게임'이다. 독재자 게임에서 참가자 A는 일정액의 돈을 갖는다. 그가 할 일은 돈을 참가자 B와 나누어 갖는 것이다. B에게 얼마나 줄지는 전적으로 A의 마음에 달렸다. 그러니까 A가 독재자의 역할을 맡는 게임이다.

A가 순전히 계산적으로만 생각해서 자신의 이익을 극대화하는 쪽으로 판단을 내린다면, B에게 단 한 푼도 주지 않고 돈을 독차지할 것이다.

그러나 여러 차례 실험을 거듭한 결과, 한결같이 A는 B에게 일정액의 돈을 나누어주는 것으로 나타났다. 평균적으로 10에서 25퍼센트에 해당하는 금액을 B에게 나누어주었다. 원칙적으로 불가사의한 이런 태도는 인간이 타고나기를 이타적이라고 설명하거나, 사람마다 정도의 차이가 있기는 하지만 상대방의 기분을 헤아릴 줄 아는 감정이입의 능력 때문인 것으로 학자들은 풀이하고 있다.

다른 사람의 입장이 되어 그의 눈으로 자신의 행동을 바라보기 때문에 공평하지 못한 행동을 포기한다는 것이다. 여기서 등장하는 게 바로 '거울 신경세포'다. 다시 말해서 자신의 행동을 거울처럼 비춰주는 신경세포가 있어서 남의 기분을 자기 것처럼 체험하고, 그에 맞춰 행동한다는 것이다. 거울 신경세포의 도움을 받아 타인의 내면을 내 것처럼 그려보면서 그 결과를 미리 예측하는 탓에 남이 왜 저런 행동을 하는지 이해한다는 주장이다.

자신의 이익만 생각하는 불공정한 태도를 겪을 때 인간의 머리에서 어떤 일이 일어나는지 상당히 정확하게 알게 된 것이다. fMRI 촬영 결과, 각 행위에 따른 뇌 영역 활동을 확인할 수 있었다. 그러나 대체 왜 '독재자'가 부분적으로나마 자신의 이득을 포기하고 남에게 나누어주는지 그 이유는 아직도 정확히 밝혀지지 않았다.

그러나 '순차적인 독재자 게임'에 들어가면 사정은 완전히 달라진다. A와 B가 서로 역할을 바꾸어가며 몇 차례에 걸쳐 게임을 하는 것이다. 이번에 독재자의 역할을 맡은 사람은 다음번에 상대방이 독재자를 맡을 때 어떻게 할까 예상하고 행동한다. 만약 자신이 공정하지 않게 처신했다가 다음번에 그대로 앙갚음을 당할까 걱정한 나머지, '순차적인 독재자 게임'의 결과는 '최후통첩 게임'과 상당히 비슷해진다.

최후통첩 게임

'최후통첩 게임'이란 두 참가자가 각자 선택을 하고 결정을 내린다. 게임의 원리는 독재자 게임을 확장한 것이다. 여기서도 문제의 핵심은 돈이다. 돈의 일부를 A는 B에게 나누어주어야 한다. 물론 B는 자신에게 제시된 금액을 받을지 거부할지 선택할 권리를 갖는다.

B가 A의 제안에 동의한다면, 두 사람은 약속한 만큼 돈을 나눠 갖는다. 그러나 B가 거부하면 두 사람 모두 단 한 푼도 가질 수 없다.

인간이 계산적이고 이기적이라고 본다면, A는 될 수 있는 한 많은 돈을 차지하려 들 것이다. 또 B는 전혀 얻지 못하는 것보다 조금이라도 받는 쪽을 택할 게 분명하다.

그러나 실험은 정반대의 결과를 보여줬다. B의 입장에 선 참가자는 자신이 기대했던 것보다 액수가 적으면, 아예 돈을 포기하는 경우가 잦았다. A가 제안한 액수를 상대가 불공평하다고 여기고 거부하면, A 역시 돈을 획득하지 못한다. A가 B에게 제시하는 액수가 전체 금액의 20퍼센트에 미치지 못할 때 거부하는 확률은 50퍼센트에 이르렀다. 물론 A의 입장에 선 사람은 이런 문제를 충분히 의식하고 B에게 전체 금액의 40에서 50퍼센트 사이의 돈을 제시했다.

사람들이 왜 이렇게 행동하는지, 그 이유는 정확히 밝혀지지 않았다. 공평하게 나누는 게 좋다는 생각이 배후에 숨어 있을 수도 있고, 아니면 B가 거부할까 두려웠을 수도 있다. 그러니까 서로 기분 상하지 않고 이득을 최대화하려는 전략적 결정이 액수의 40에서 50퍼센트 사이를 제공하게 만든 모양이다.

신뢰 게임

신뢰 게임은 A와 B가 일종의 거래를 합의하고 벌이는 게임이다. A가 약속된 임무를 완수하면 B가 그 대가를 치러주는 형식이다.

A가 B를 믿지 못한다면 거래는 성사되지 않는다. 그러나 A가 B를 믿고 약속된 과제를 수행하면 B는 자신을 믿어준 대가를 치러주거나, 성과만 갈취하고 지불을 거부할 수 있다.

B가 A의 신뢰에 상응하는 보수를 지불하면, 두 사람이 얻는 것은 똑같다. 한 쪽은 원하는 돈을 가졌으며, 다른 쪽은 바랐던 성과를 얻었기 때문이다. 물론 B가 가장 큰 이득을 보는 것은 A의 봉사만 받고 지불을 거부하는 경우다. 이 게임은 어떤 법적인 처벌도 받지 않으며, 게임을 처음부터 다시 되풀이하는 일도 없다는 것을 전제로 깔고 이루어진다.

무수히 실험해본 결과, 대개의 경우 B는 자신을 믿어준 상대방에게 합당한 대가를 치렀다. 다시 말해서 누구나 거래의 의무를 지키는 쪽을 택한 것이다.

서로 믿을 수 있다는 감정은 아주 강렬한 느낌을 주는 것으로 무척 긍정적인 효과를 불러일으킨다. 사람들은 이 감정을 좀처럼 포기하지 못한다. 반대로 서로 믿지 못하고 통제하려 드는 것은 마음의 평안을 무너뜨리고 불쾌한 감정을 갖게 만든다. 심지어 최악의 경우에는 통제하려는 사람에게 적의까지 품게 만든다. 이처럼 신뢰란 우리가 생각하는 사회 체계를 떠받드는 중요한 기둥이며, 반대로 불신과 통제는 경계 체계의 핵심이다. 두 체계는 서로 경쟁적인 관계에 있으며, 둘을 조화롭게 만든다는 것은 아주 어려운 일이다.

죄수들의 딜레마

'죄수들의 딜레마'는 개인적으로 유리한 선택이 전체에게는 항상 나쁜 결과를 낳는다는 것을 보여주는 게임 이론이다.

두 명의 용의자가 공모해서 범죄를 저질렀다는 혐의를 받는다. 해당 범죄의 최고형은 5년이다. 만약 두 사람 모두 침묵을 지킨다면, 증거 부족으로 각각 2년형을 선고받는 데 그친다. 그러나 두 사람 가운데 어느 한 쪽이나 둘 모두 범행을 자백하면, 각각 4년형을 선고받는다. 이런 조건이라면 두 사람 모두 침묵하는 게 논리적으로 옳은 선택이다.

그런데 형사는 자백을 얻어내기 위해 두 용의자 모두에게 거래를 제안한다. 한 쪽이 자백을 하고 상대방의 죄를 입증해주는 경우, 자백을 한 사람은 아무런 처벌도 가하지 않기로 한다. 대신 배신을 당한 쪽은 최고형인 5년을 감옥에서 보내야 한다. 이런 거래를 두 사람 모두에게 똑같이 제안한다. 두 용의자는 각자 다른 방에 갇혀 취조를 받으며, 서로 의견을 조정할 수는 없다.

만약 A가 침묵하고(곧 B에게 유리한 쪽으로 행동하는 것) B는 자백을 한다면(A를 배신한 것), A는 5년형을 살아야만 하고 B는 자유의 몸으로 풀려난다. A가 자백을 하고(B를 배신한 것), B가 침묵을 한다면(A

에게 유리한 쪽을 선택한 것), 상황은 거꾸로 된다. 즉, B는 5년형을 살고 A는 풀려난다.

그러니까 어느 쪽이든 상대방을 생각해서 침묵하면, 두 사람 모두 2년형만 살면 그만이다. 반대로 일방적으로 배신하고 자백하면, 자유의 몸으로 풀려난다. 서로 배신을 주고받을 경우에는, 두 사람 모두 4년형을 살아야만 한다. 상대방을 믿고 끝까지 침묵을 했지만 배신을 당할 경우에는, 최고형인 5년을 감옥에서 썩어야 한다.

이 상황이 딜레마인 것은 상대방이 어떤 결정을 내릴지 알 수 없기 때문이다. 전체적으로 볼 때 가장 좋은 것은 두 사람이 서로를 믿고 침묵하는 것이다. 그래야 형량이 가장 적으며, 서로 신뢰도 지킬 수 있다. 그러나 철저히 개인적으로만 본다면, 자백을 하는 쪽이 유리하다. 다행히 상대는 침묵했다면, 자신은 자유의 몸으로 풀려날 수 있기 때문이다. 그러나 상대가 침묵하리라는 것을 어찌 알겠는가?

한 쪽이 자백을 해서 상대를 배신한다면, 상대가 침묵했을 때에만 처벌을 받지 않는다. 만약 상대방도 자백을 한다면, 두 사람 모두 4년형을 살아야만 한다. 최고형인 5년에서 고작 1년이 줄어드는 것이다.

죄수들의 딜레마는 이처럼 전체적으로 볼 때와 개인의 입장에서 볼 때, 서로 충돌하는 선택을 할 수밖에 없다는 데서 성립한다. 더욱이 한 쪽은 다른 쪽이 어떤 선택을 할지 전혀 알 수 없으며, 또 아무런 영향도 끼칠 수 없다.

두 사람 모두에게 가장 좋은 것은 서로 믿고 협력하는 것이다. 이는 게임 참가자가 서로 자유롭게 소통할 수 있을 때에만 가능한 선택이다. 아니면 배신을 처벌하기로 한다면, 어느 쪽도 자백을 하지는 않을 것이다. 다만 게임 규칙은 이런 소통이나 처벌을 전혀 고려하지 않은 것이다. 그러나 게임이 횟수를 더해갈수록 참가자는 앞서 상대방이 어떤 선택을 했었는지 염두에 두면서 자신의 결정을 내린다. 다시 말해서 앞서 협력했으면 자신도 협력하는 쪽을, 앞서 배신당했으면 자신도 배신하는 쪽을 택하는 것이다.

죄수들의 딜레마는 소통이 얼마나 중요한 것인지, 현실에서 서로 협의를 한다는 게 어떤 의미를 갖는지 명확하게 보여주는 게임 이론이다. 이는 곧 상대방을 배신하고 함정에 빠뜨리려는 시도를 해서는 안 된다는 경고이기도 하다. 오래 가지 않아 고스란히 앙갚음을 받기 때문이다. 속이면 당신 역시 속임을 당할 것이라는 경고 말이다.

이들 게임 실험을 통해 인간이 지닌 승리의 기대와 패배의 두려움은 뇌의 각각 다른 영역에서 처리된다는 것이 밝혀졌다. 이처럼 부위가 다른 까닭에 한 쪽의 감정은 다른 쪽을 간단하게 억누르지 못한다. 인간의 두려움과 희망은 서로 짝이 맞지 않는 신발이 나란히 서 있는 모양새를 취한다. 상반된 감정이 서로 마주하고 있는 탓에 우리는 희망에 부풀어서도 두려움에 떨며, 공포로 괴로워하면서 희망의 끈을 놓지 않는 것이다.

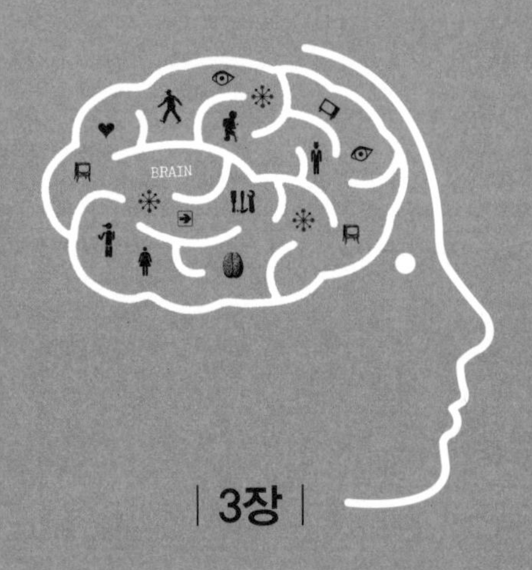

3장

판단을 조종하는 4가지 체계

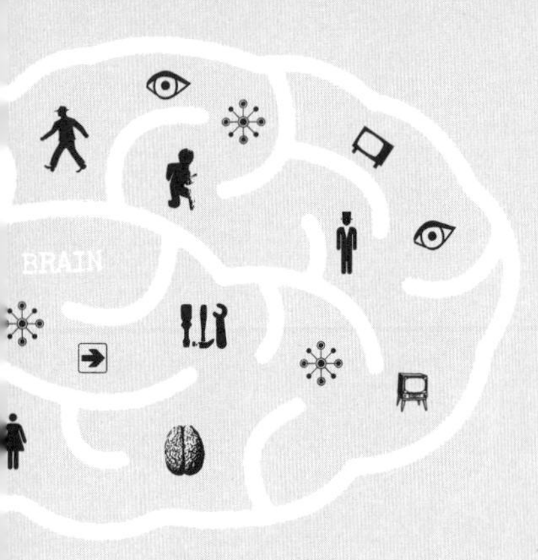

행동과 결정에 의미를 갖는 뇌 체계는 네 가지다. 보상과 감정, 기억, 결정 체계가 그것이다.

보상 체계는 일종의 고집불통 소년이다. 갖고 싶은 것이면 뭐든 곧장 가져야만 직성이 풀리며, 얻지 못할 때는 울고불고 난리를 친다. 말하자면 어떻게든 의지를 관철시키고자 하는 게 보상 체계다.

감정 체계는 인간에게 다양한 여성성을 부여한다. 많은 사람들은 여기서 사랑, 동정심, 기쁨과 같은 긍정적인 것만 떠올린다. 그러나 사실 감정 체계는 양면성을 지닌다. 감정에 휘둘린 나머지 분노로 도자기를 박살내기도 하는 폭군이 감정 체계의 또 다른 면모이다.

반대로 기억 체계는 일종의 다중인격자이다. 때로는 꾸미고 부풀려가며 옛날이야기를 들려주는 삼촌처럼 굴다가도, 사실이 무엇인지 꼬치꼬치 따지는 관리자처럼 까탈을 부린다.

마지막은 결정 체계, 곧 우리 머릿속의 정치가이다. 결정 체계는 어떻게든 의견을 자기편으로 끌어들이려 안간힘을 쓰며 반대편을 설득하려든다. 그러나 일단 결정이 내려지면 행동의 선두에 서며, 원하는 목표를 정당화하려 노력한다. 어떤 특정한 의견만 고집하는 경우는 드물며, 오히려 예외적인 상황에 속한다.

네 가지 서로 다른 체계가 어떻게 맞물려 기능하면서 우리의 생각을 조종하는지 이제부터 알아보기로 하자.

보상 체계

| 무엇으로 가장 만족을 느낄까 |

마지막으로 정말 만족스럽고 행복했던 때가 언제인가? 홈쇼핑에서 특별 할인가로 게임기를 손에 넣었을 때? 복잡하기만 한 레시피의 요리가 성공해 기가 막힌 맛이 났을 때? 아니면 당신의 펀드가 예상보다 높은 수익을 올렸을 때? 로또에서 숫자 세 개를 맞추었을 때? 새로 사귄 애인과 첫 여행을 갔을 때? 혹은 여름에 오랜만에 다시 바다에서 수영을 즐기고 나서?

그게 어떤 경우가 되었든 여기에는 뇌의 보상 체계가 활약한 것이다. 보상 체계가 작동하는 기회는 널려있다. 보상 체계는 단순히 희망이 채워지기만 바라는 게 아니라, 이를 위해 적극적으로 뭔가 실행하도록 충동질한다. 이는 새롭고 좋은 것을 보면 즐거워한다. 하지만 이런 만족감과 행복이 얼마나 오래 가던가?

행복하고 만족스러웠던 순간을 다시금 떠올리기는 하지만, 당시처럼 그 감정이 생생하고 강한 적은 결코 없다. 대신 보상 체계는 똑같은 것을 다시 한 번 체험하도록 자극할 뿐만 아니라, 더욱 강하고 보다 더 자주 그런 맛을 보라고 몰아세운다. 다시 말해 보상 체계는 무언가 가지라고 부추기는 데 그치지 않고, 좋은 기분을 누릴 수 있게 적극적으로 무엇이든 하라고 보챈다.

두 명의 과학자 제임스 올즈와 피터 밀너는 1950년대에 동물의 뇌에 전극을 심어 전기 자극으로 감정을 불러일으킬 수 있는지 실험했다.* 그렇게 하려고 정확히 의도한 것은 아니었지만, 이때 전극 하나가 오늘날 우리가 보상 체계라고 부르는 뇌의 영역에 심어졌다. 두 과학자는 이 영역을 전기 충동으로 자극함에 따라 동물이 무척 좋은 기분을 갖는다는 것을 확인했다. 심지어 실험동물은 끊임없이 그런 자극을 받으며 즐기려 하더라는 것이다.

이처럼 인공적으로 만들어낸 좋은 기분은 워낙 강렬해서 오늘날까지도 학자들은 예를 들어 성적 흥분이나 굶주림 뒤의 포만감, 혹은 그와 유사한 기본 욕구와는 완전히 다른 것이라고 추정하고 있다. 뇌에 이런 전극이 심어진 모든 실험동물은 주변을 완벽하게 잊어버릴 정도로 기쁨에 젖었다.

수컷은 암컷에게 눈길 한번 주지 않았으며, 먹이와 물에도 관심을 보이지 않았다. 이 모든 것은 원래 살아남기 위해 반드시 필요한 것들이다. 만약 전극을 멈추지 않았더라면 실험동물은 굶어 죽었을지도 모른다. 아무튼 전기 자극으로 뇌의 보상 체계를 활성화하는 것은 생존을 위해 필요로 하는 모든 다른 자극을 능가하는 듯하다. 물론 이런 실

* James Olds: 1922~1976. 미국의 심리학자. 두뇌의 보상 체계를 처음으로 알아냄으로써 현대 신경과학을 창시한 인물 가운데 한 명으로 꼽히는 과학자이다. 피터 밀너Peter Milner는 올즈의 동료이다.

험을 인간을 상대로 실시할 수는 없다.

보상 체계에 전극을 심든 아니든 뇌에는 원칙적으로 아무런 차이가 없다. 아주 복잡한 방법으로 자극을 주든, 뇌의 신경 전달 체계에 이런 자극을 더 오래 혹은 더욱 잘 전달되게 만들어주는 알약을 먹든 보상 체계에서 일어나는 현상은 똑같다.

결과적으로 거의 같거나 적어도 매우 비슷한 효과가 일어나는 것이다. 곧 좋은 기분을 가누지 못해 어쩔 줄을 모른다. 만약 이런 좋은 기분이 코카인으로 야기된 것이라면, 이는 장기적으로 볼 때 당연히 부정적인 결과를 낳는다. 반대로 운동을 열심히 해서 훌륭한 성적을 거둔 것이 결정적이라면 그 좋은 효과는 아주 오래 갈 것이다.

도박 역시 보상 체계를 활발하게 움직이게 만든다. 그러나 도박을 실제 벌이고 있을 때일 뿐, 도박 중독자 가운데에는 보상 체계 유전자의 변형이 일어난 사람이 적지 않다. 도박 중독자의 보상 체계의 감각기관은 정상인 다른 사람처럼 잘 작동하지 않는다. 도박 중독자는 노름에서 돈을 땄을 때에만 보상 체계가 기능한다. 그리고 현재의 도박에서 이기지 못했더라도 다음에는 이길 수 있으리라는 희망이 손을 떼지 못하게 만든다. 이런 기대감만으로도 보상 체계는 활발히 활동한다. 그렇지만 결국 잃었을 때의 실망과 환멸은 당사자를 파멸로 몰아가고 만다. 그래도 본인은 그 짜릿함을 잊지 못하고 계속 노름에 매달리는 것이다.

보상 체계의 핵을 이루는 것은 편도체다. 이곳에 유전적 손상을 입은 환자는 마약이나 알코올에 매달리는 중독 환자가 된다. 일상생활에서 부족한 편도체의 활동을 이런 방식으로 벌충하려 드는 것이다.

아주 심각한 우울증을 앓는 환자의 경우, 의사는 편도체에 자극을 주는 처방을 내린다. 여기에 전기 자극을 가함으로써 상태를 호전시키려는 것이다. 물론 지금껏 거의 자극을 받지 못했던 편도체이기에 전기 자극에 의한 기분 전환은 처음으로 겪는 것일 수 있다. 그래서 전기 자극을 이용한 처방은 어느 정도의 선까지만 우울증을 치료할 수 있을 뿐이다.

환자가 언제 다시 우울증을 보이게 될지 아는 사람은 아무도 없다. 만약 다시 우울증이 도진다면 그때도 전기 자극을 이용할 수 있을까? 혹시 이런 처방이 중독 현상을 일으키는 것은 아닐까? 전문가들에 따르면 현재 전 세계적으로 전기 자극으로 치료해야 할 정도로 심각한 우울증을 앓는 환자는 약 15명 정도라고 한다. 그리고 이들의 병은 너무 위중해서 중독 현상을 걱정해야 할 지경과는 거리가 멀다고 한다.

뇌의 심술

보상 체계는 좋은 기분을 느끼려면 반드시 활성화되어야 하는 핵심 부문이다. 지금까지 연구된 활성화 방법은 무수히 많은 가능성이 열려 있음을 암시한다. 다시 말해서 아직 연구가 완결되지 않았다. 현재까지 연구를 보면 다양한 경로로 보상 체계가 활성화되기 시작하면 다른 어떤 것으로도 억누를 수 없다는 사실을 확인했을 따름이다. 그리고 이로 말미암아 인간의 행동과 태도에는 상당한 변화가 일어난다.

예를 들어 단어 암기와 같은 과제를 주면서 미리 보상 체계를 활성화시켜주면 단어를 훨씬 더 잘 외웠다. 동물실험에서도 훈련을 시킨 내용을 써먹을 때 보상 체계를 가동해주면 효과가 상당했다.

인간 역시 배운 것을 써먹을 때 아주 좋은 기분을 느낀다. 이는 실험을 통해서도 잘 입증이 되어 있는 효과다. 누구든 직접 체험해볼 수도 있다. 아이가 학교에서 좋은 성적을 받아오면 반드시 보상을 해주는 식이다. 이는 아주 깊은 만족감을 불러일으키는 동시에 공부에 의욕을 가질 확실한 동기를 부여한다.

다른 사람들과의 관계에서도 보상 체계가 보이는 확실한 반응을 실제로 측정할 수 있다. 예컨대 다른 사람이 나를 칭찬하는 소리를 들으면 나의 보상 체계는 가파른 상승 곡선을 그린다. 사장이 동료들 앞에서 공공연하게 나를 칭찬할 때 기분은 하늘을 찌를 것 같지 않던가. 그러면 기쁜 나머지 더욱 열심히 일하려 든다.

물론 이런 보상 심리는 좋은 쪽으로만 작용하는 것은 아니다. 경우에 따라 남의 실패를 고소해하는 심술을 부리기도 하는 게 보상 체계다. 도로에서 헤드라이트를 번쩍이며 비키라고 강요하는 운전자가 있다면, 나의 보상 체계는 틀림없이 작동하지 않는다. 그럴 때는 비켜주고 나서 현명한 사람이 양보하는 법이라며 자위할 따름이다. 반대로 위협을 가한 운전자는 우물거리는 차량을 따돌렸다며 만족스러운 기분을 느낄 것이다. 그러나 상황은 빠르게 반전될 수 있다. 앞서 달리던 운전자가 과속을 하는 바람에 단속 카메라에 찍히고 나는 정해진 제한속도를 지켰다면, 이제 나의 보상 체계가 가파르게 상승하며 만족감에 젖을 것이다. 나는 올바르게 행동했으며, 까불던 운전자는 이제 적지 않은 대가를 치를 것이라며 복수심에 미소 짓는 것이다. 굳이 드러내지는 않더라도 상대가 과실로 처벌받는 데에 보상 체계는 만족감을 느낀다. 남이 안 된 것을 가지고 고소해할 필요까지는 없지만, 아무튼 기분이 좋은 것만큼은 부정할 수 없다.

다른 사람에 관한 좋은 사전 정보를 가질 때에도 보상 체계는 가동된다. 처음부터 호의적인 태도로 상대를 대하게 되는 것이다. 호감이 가는 얼굴과 이도저도 아닌 중립적인 얼굴, 혹은 도저히 호감을 가질 수 없는 얼굴 등 경우에 따라 보상 체계도 거기에 상응하는 반응을 보인다.

외모 자체, 더욱이 상대방에게 친근한 느낌을 주는 외모는 보상 체계에 아주 특별한 의미를 갖는다. 이른바 '뉴로마케팅'* 의 연구 테두리 안에서 알아낸 이런 사실은 상품을 판매하는 광고에서 적극 활용되고 있다. 백화점이나 대형 할인마트에 두꺼운 패널로 만든 유명 연예인의 등신상이 달리 서 있는 게 아니다. 텔레비전 광고에서 잘생긴 얼굴의 유명 인사가 먹고 마시며 보험을 권하는 것도 모두 보상 체계의 착각을 노린 수법들이다.

사람들과 접촉하는 일이 없이 보상 체계에 발동이 걸리는 경우는 아주 드물다. 그만큼 인간은 서로를 필요로 하는 존재들이다. 특히 유대감을 느끼는 사람과의 접촉은 아주 중요하다. 구체적으로 그런 상대는 가족, 직장 동료 혹은 친구나 친지 등이다. 하루 일과를 끝내고 저녁에 만나 즐기는 교류는 인생을 살아가는 원동력이 된다.

물론 하루 종일 다른 사람을 상대해야만 하는 경우, 홀로 있는 것을 원하는 경우도 있다. 하지만 그것은 사람을 싫어해서가 아니라, 보상 체계가 변화를 원하기 때문이다. 그런 이유 때문에 우리는 적지 않은 비용을 들이더라도 여행을 다니고 싶어 하는 것이다. 주기적으로 환경과 장소를 바꾸는 것은 지친 일상에서 탈피할 기회를 얻는 소중한 경험이다. 그리고 물론 이런 여행은 다시 친숙한 환경으로 돌아올 수 있어야만 즐겁고 만족스러워진다.

* Neuromarketing: 정보를 전달하는 뇌 신경세포 '뉴런Neuron'과 마케팅을 결합한 새로운 마케팅 학문을 말하는 단어. 심리학과 신경과학 그리고 마케팅이 어우러지는 통섭 학문이다.

감정 체계

| 언제 마음을 열고 닫는가 |

감정은 아주 중요하게 여겨지는 인간의 가치다. 특히 다른 사람과 더불어 체험되고 발산되는 감정은 커다란 의미를 갖는다. 감정이 이처럼 주목받는 게 언제나 그랬던 것은 아니다. 50년 전만 해도 대다수의 사람들은 텔레비전 앞에 앉아 당시로선 최신 매체의 시청자로서 단지 수동적으로만 사회의 대소사를 체험했을 뿐이다. 그런데 오늘날의 사람들은 적극적인 참여를 무척 좋아한다. 특정한 계기로 광장이나 거리로 몰려나온 군중 사이에 끼지 못했던 사람은 뭔가 중요한 것을 놓쳤다는 심정으로 안타까워한다. 예전의 수동적인 소비 행태는 이른바 '라이브 이벤트'에 자리를 내어준 지 이미 오래다. 자신의 조용한 방 안에서 기뻐하거나 감격의 눈물을 쏟는 일은 이제 기행으로 취급받을 정도다.

감정은 '라이브 이벤트'에 의해 비로소 특별한 주목을 끌게 되었다. 월드컵 축구 중계도 공공장소에 설치된 대형화면을 통해 함께 즐겨야 더 흥분을 느낀다. 2005년 교황이 쾰른을 방문했을 때 수십만의 인파가 거리를 가득 메웠으며, 영국의 다이애나 왕세자비 혹은 마이클 잭슨이나 독일 축구 국가대표팀 골키퍼였던 로베르트 엔케*의 죽음에도 사람들은 함께 모여 슬퍼하며 애도했다.

사람들은 분노도 함께 모여 분출해야 직성이 풀린다. 회사가 돌연 문을 닫아 일자리를 잃었다거나, 환경정책이 원하는 대로 나아가지 못했을 때, 혹은 좋아하는 축구클럽이 게임에서 졌다고 거리로 뛰쳐나와 난동을 부린다. 심지어 자기 자신이 미워서, 몸담고 있는 사회가 증오스러워서, 인생 자체가 짜증이 난다고 '묻지 마 살인'을 택하는 감정의 폭발도 심심찮게 일어난다. 감정을 발산하는 데에 구체적인 계기가 필요한 것도 아니다. 최근 베를린이나 함부르크에서 벌어진 폭동은 딱히 그 원인을 찾을 수 없었다.

더욱이 '공공의 감정'이라는 것도 등장했다. 예를 들어 천정부지로 치솟은 입장권 가격에도 팝 콘서트를 찾아 광란의 춤판을 벌이다가 고꾸라져야만 후련해하는 젊은이들이 날로 늘어나고 있는 것이다. 이미 오래 전부터 이벤트는 우연의 산물이 아니게 되었다. 전문가에 의해 세세한 차원까지 철저하게 기획되고 연출되는 게 오늘날의 이벤트다. 이 전문가는 어떻게 해야 인간의 흥분을 최고조로 끌어올리는지, 무엇을 해야 사람이 극도로 감동을 받아 움직이는지 낱낱이 꿰고 있다. 행사의 규모가 크면 클수록 그 경제적 이득도 좋아진다. 가장 강력한 감정은 다른 사람과 함께 분출해야 하는 것이기 때문이다.

---

* Robert Enke : 1977~2009. 독일 출신의 프로축구선수. 골키퍼로 한창 활약하던 시절, 돌연 선로에서 자살을 감행했다. 두 살 된 딸이 심장마비로 죽은 것을 괴로워하던 나머지 심각한 우울증을 앓았다고 한다.

그러면 대체 감정이라는 건 무엇일까?

감정과 느낌의 차이

감정이라는 개념은 라틴어의 'emotio'에서 유래한 것으로 '격렬한 분출'을 의미하는 'emovere'의 변화형에서 보듯 '속에서 끓어오르는 것을 발산한다'는 뜻을 갖는다. 그러니까 감정이라는 개념은 원래 바깥으로 향해진 것을 나타내는 말이었다.

반대로 느낌은 개인의 주관적인 심리 상태를 가리킨다. 이는 생리적인 형태로나 태도로 표현될 수 있다. 타인의 행동을 보거나 자기 자신의 감정에 의해 촉발되는 것이기도 하며, 종종 감정으로 표출된다. 이처럼 '감정'과 '느낌'의 차이를 정확히 표현하는 일은 상당히 까다롭다.

단순한 느낌이 있는가 하면, 여러 가지가 함께 얽힌 복잡한 느낌도 있다. 단순한 느낌은 이를테면 불쾌한 냄새 같은 감각 지각으로 촉발되거나, 오랫동안 불편한 의자에 앉아 있은 탓에 허리가 아파 생겨나기도 한다. 일에 지나치게 몰두하다보니 뭐라 말로 표현하기 힘든 느낌 때문에 괴로운 경우도 있고, 배고픔 같이 아주 구체적으로 자각할 수 있는 느낌도 있다.

복잡한 느낌으로는 모든 형태의 상상이나 사회생활로 빚어지는 태도를 꼽을 수 있다. 그것은 가슴 설레는 기대일 수도 있고, 실패를 하는 것은 아닐까 하는 두려움일 수도 있다. 견딜 수 없을 정도로 부끄럽다거나 심한 죄책감 같은 자기 평가 역시 복잡한 느낌 가운데 하나다. 사회생활로 빚어지는 태도, 이를테면 호감이나 사회 전반의 가치관 같은 것 역시 복잡한 느낌을 이루는 요소들이다.

과학에서는, 내적이나 외적인 요소로 인간을 자극하며 직접 자신의 의지로 영향을 줄 수 없는 것을 감정이라고 정의한다. 우리는 느낌의 형태로 의식될 때 비로소 그것이 감정이라고 깨닫는다.

원초적인 감정은 타고난, 이른바 '선천적'인 기본 느낌, 곧 걱정, 기쁨, 슬픔, 욕지기, 화 등에 기초를 둔다. 반대로 더 나아간 2차적 감정 체계, 곧 과학이 '인지적으로 기능하는 감정 체계'라고 부르는 것은 기본 느낌이 그동안 학습된 특별한 정보, 곧 자신의 인생 경력을 통해 뇌에 일화처럼 기억된 정보와 함께 어우러지는 형태로 작용한다. 여기에는 해당 사회의 문화적 배경도 중요한 역할을 한다.

간단하게 말해서 어떤 특정 문화권에서는 분노를 일으킬 수 있는 행동이 다른 문화권에서는 아무런 반응도 이끌어내지 못하는 것은 얼마든지 가능하다. 예를 들어 아랍 세계에서 깨끗하지 않은 손으로 음식을 조리하는 냄비를 만졌다가는 주인으로부터 단단히 혼이 날 각오를 해야 한다. 욕지기와 짜증은 물론이고 심하면 분노의 폭발과 더불어 경멸까지 당할 수 있다. 그러나 유럽 사람은 '냄비 만지는 것을 가지고 뭘 그러지?' 하며 의아한 표정만 을 것이다.

대체 무엇이 원래 모든 감정을 불러일으키는 것일까 하는 물음은 쉽게 답할 수 없다. 가장 간단한 방법은 다른 사람이 갖는 감정을 관찰하면서 거울 신경세포의 도움을 받아 그 감정을 직접 자기 것으로 받아들여 자신의 느낌으로 바꾸어보는 것이다. 그러나 감정은 단순하게 인간들 사이에서 교환되는 차원에 그치지 않는다. 그만큼 감정이 생겨나는 방식은 다양하기만 하다.

주차장에 들어갔는데 내 주차 자리에 다른 사람이 차를 대놓았다면 순간적으로 화가 치민다. 집의 진입로 앞에 떡 하니 주차해놓은 차량을 보아도 마찬가지다. 더욱 분통 터질 노릇은 운전자가 연락처조차 남겨놓지 않았을 경우이다.

화 혹은 분노는 아주 빠른 속도로 엄청난 폭발력을 보일 수 있는 감정이다. 보통 어떤 막다른 상황에 내몰린 나머지 어찌할 바를 모를 때 터져 나온다. 또는 정부의 어떤 결정을 보고 화가 날 수도 있다. 너무 화가 치민 끝에 아무 상관이 없는 엉뚱한 사람을 상대로 분풀이를 하기도 한다.

감정적으로 처리되는 것은 사건이나 뉴스만이 아니다. 홀로 앉아 생각을 하면서 희죽 웃거나 분통을 터뜨리는 일도 흔히 있다. 이때 우리는 어떤 감정이 이렇게 표출되는 것인지 의식조차 하지 못할 때가 왕왕 있다.

감정은 어떻게 표출될까? 감정은 우리의 의식과 무의식이 서로 소통하는 것의 일부분이다. 다시 말해서 뇌가 사회를 상대로 반응하고 활동하는 하나의 형식이 감정이다. 감정은 흔히 표정과 말투, 그리고 행동에 그대로 배어나온다.

표정, 몸짓과 음성으로 드러나는 감정

"얼굴은 마음의 창이다."

미국의 심리학자 폴 에크먼*의 말이다. 현재 70살을 훨씬 넘긴 이 고령의 심리학자는 평생 인간의 감정과 표정이 갖는 비밀을 연구했다.

에크먼은 1960년대에 우연한 기회로 파푸아뉴기니에서 연구를 시작했다. 그의 관심은 문명사회와 전혀 접촉이 없었던 그곳 원주민의 표정이 서구문명 사람들의 그것과 어떤 차이가 있는지 알아보는 것이었다. 이때 그는 놀랍게도 인간의 표정은 보편적이라는 사실을 밝혀냈다. 에크먼에 따르면 인간이 감정을 담아 짓는 얼굴 표정에는 약 3천여 가지가 있다.

에크먼의 연구 덕분에 오늘날 우리는 인간의 얼굴은 언제나 어떤 기분인지 드러내고 있음을 알게 되었다. 이른바 '마이크로 표현'이라 불리는 얼굴의 아주 미세한 떨림조차 상대방에게 분명한 뜻을 담아 보내는 신호라는 것이다. 그러나 상대방은 이 신호를 무의식으로만 받아들인다. 훈련을 받은 전문가만이 이 신호를 의식해서 지각할 수 있으며, 이를 해석해 그 뜻을 가려볼 수 있다. 심지어 전문가는 그럴싸하게 꾸며진 감정과 진짜 감정을 구별할 수도 있다. 이는 훈련 받지 않은 일반인은 가지고 있지 않은 능력이다.

얼굴만 감정을 드러내고 전달하는 게 아니다. 별것 아닌 것처럼 보

* Paul Ekman : 1934년 출생한 미국의 인류학자이자 심리학자. 이른바 '비언어적 의사소통'의 연구로 유명해졌다.

이는 작은 몸짓에도 신호는 분명히 담겨 있다. 이런 몸짓은 주기적으로 반복되는 특징을 갖는다. 컴퓨터 업계의 거물 마이크로소프트는 폴 에크먼에게 약 4백여 장의 연습용 CD를 주문했다. 그것으로 자사의 경영진에게 협상 상대방이 은연중에 내비치는 속내를 더욱 잘 해석하도록 훈련시켰다.

상대의 감정을 알아내는 일에서 가장 큰 역할을 하는 것은 물론 표정이다. 무대 위에서 조명을 받으며 연기나 연설을 하는 사람, 혹은 집단토론에 참여한 사람은 청중에게 말보다도 표정과 몸짓으로 더욱 많은 것을 전달한다. 그리고 어떤 경우에도 이러한 전달은 말로 하는 것보다 더 솔직하며 진실에 가깝다. 당사자가 철저한 훈련을 거친 악질적인 거짓말쟁이가 아니라면 말이다. 설혹 그런 거짓말쟁일지라도 거짓말은 뇌에 상당한 부담을 준다. 진실을 말하는 것보다 몇 곱절 더 힘이 들기 때문에, 여차하면 긴장을 이기지 못하고 들통이 나고 만다.

에크먼은 연구로 많은 것을 알아냈다. 특히 인간은 어떤 감정 상태를 드러내면서 자신이 어떤 모습으로 비춰질지는 신경 쓰지 않는다는 것도 밝혀졌다. 내 음성이 어떻게 들리는 게 좋을지 의식적으로 꾸미는 경우도 없으며, 어떤 말을 하고 무슨 행동을 해야 좋을지 결정하는 일도 없다고 한다. 마찬가지로 상대의 말과 행동에 어떤 반응을 보일지 의식적으로 결정하지도 않는다. 다시 말해서 인간의 무의식은 자신이 느끼고 지각하는 것을 꾸밈없이 그대로 드러내려고 한다. 그러나 이를 통해 우리는 다른 사람과 상대하는 일에서 감정을 드러내는 게 불리할 경우, 자제하는 법을 배울 수 있다. 마찬가지로 무뚝뚝한 성격일지라도 자신의 감정을 적절하게 드러내는 법도 익힐 수 있다.

사람이라면 대개 상대방에게 영향을 주고자 하는 욕구를 갖게 마련이다. 말하자면 자신이 생각하는 이상에 맞게끔 상대를 설득하고 유도해서 행동하도록 만들고 싶어 한다. 그런데 문제는 상대방을 내 마음대로 조종하려고만 할 뿐, 상대로부터 주어지는 이른바 '피드백'은 받지 않으려 한다는 데 있다. 다시 말해서 영향을 주려고만 하지, 받으려고 하지는 않는 기묘한 상황이 연출되는 것이다. 상대의 피드백을 올바로 다루지 못하는 탓에 쌍방이 아닌 일방통행이라는 소통의 막힘이 벌어진다.

책임 있는 위치에 오른 정상급 정치가를 보면 그런 자리에 오른 분명한 이유가 있다는 것을 느끼게 해주는 인물이 참 많다. 그들은 산전수전 겪으면서 상황에 알맞은 감정을 표현한다는 게 얼마나 중요한 일인지 철저히 배운 듯하다. 옛날에는 텔레비전에 나온 정치가가 카메라 앞에서 포커페이스를 하고 있는 경우가 많았다. 예상치 못한 환경 재해를 안타까워하든, 협상의 성공적 마무리를 발표하든 표정은 똑같았다. 그러나 오늘날에는 다르다. 정치가의 표정을 보고 있노라면 그가 슬퍼하는지 아니면 기뻐하는지 분명히 알아볼 수 있다. 노골적으로 드러내지는 않더라도 최소한 자신의 감정을 적절하게 조절해 전달한다.

아무런 변화가 없고 딱딱하기만 한 얼굴은 다른 사람의 주목을 별로 끌지 못한다. 감정이 없는 얼굴이 매력을 발산하지 못한다는 것은 당연한 일일 것이다. 대중의 인기가 곧 생명줄인 정치가는 이를 잘 알고 있다. 반대로 경제계의 지도자는 아직 이런 사실을 깨닫지 못하고 있는 것 같다.

주름살이 못내 걸린 나머지 젊어 보이려고 '보톡스' 주사를 맞는 사람이 늘어나고 있다. 그러나 그것이 얼굴 근육을 부분적으로 마비시켜 돌과 같이 굳어진 인상을 주기 쉽다는 사실을 아는 사람은 많지 않다. 얼굴 피부는 매끈할지 몰라도 적절한 표정을 짓기가 어려워 외려 더 늙은 인상을 주는 것이다. 중요한 것은 적절한 감정 표현이다. 다른 사람의 마음을 사로잡을 수만 있다면, 그깟 주름살 몇 개가 대수겠는가.

상대방이 발산하는 감정 신호는 대개 그의 말과 행동을 해석할 실마리를 제공한다. 이 실마리를 잡는 방법은 의외로 간단하다. 상대방에게 내가 어떤 반응을 보였는지 살펴보는 것이다. 무의식적으로 반응한 것을 곱씹어보면 상대는 물론이고 나 자신의 감정을 조절하고 통제하는 게 가능해진다.

얼굴이 드러내는 감정들

폴 에크먼은 그때그때 특징적인 얼굴 표정을 수반하는 기본 감정을 일곱 가지로 정리했다. 슬픔, 분노, 두려움, 불쾌감, 경멸, 놀라움 그리고 기쁨이 그것이다. 각각의 감정은 그 하위에 비슷한 감정 가족 군을 거느린다.

이들은 대부분 부정적인 분위기를 갖는 감정들이다. 놀라움은 긍정적 의미를 가질 수도 있지만, 부정의 것으로도 볼 수 있어 애매하다. 유일하게 긍정적으로 받아들일 수 있는 것은 기쁨이지만, 이 감정 역시 모호하기는 마찬가지다. 그리고 기쁨을 표현하는 표정은 거의 일정하다. 일반적으로 볼 때 기쁨은 미소나 웃음으로 표출되기 때문이다.

긍정적인 감정을 보여주는 원초적인 신호는 표정이 아니라 음성이다. 그런데 목소리로 감정을 설득력 있게 전달하는 일은 아주 어려워서 상당한 연습을 필요로 한다. 목소리가 솔직하기는 해도 그것만으로 상대의 기분을 알아채기에는 좀 부정확하기 때문이다. 사람들은 목소리를 통해 대상이 그림처럼 떠올라야 가장 잘 이해한다. 연기자가 발성법부터 배우는 이유도 여기에 있다.

예를 들어 연기에 익숙지 않은 사람이 무대에 설 때, 기쁜 감정을 표현하려면 과거에 겪었던 행복한 일을 떠올리는 게 가장 좋다. 그러면 표정뿐 아니라 목소리를 통해서도 관객에게 행복의 신호가 전해진다.

폴 에크먼에 따르면 가장 간명한 긍정적 감정은 즐거움이다. 즐거움은 살포시 짓는 미소에서 돌연 터지는 폭소에 이르기까지 다양한 모습을 보여준다. 오롯한 즐거움은 눈에 눈물이 그렁거릴 정도로 사람을 웃게 만든다. 반면, 만족감은 안면근육을 통해 확실하게 전달되는 경우가 거의 드물다. 만족감은 음성에서 더 확연히 드러나기 때문이다.

관심의 가장 강력한 형태인 흥분 역시 감정으로 봐야만 할까? 이 문제를 에크먼은 부정적으로 본다. 흥분의 경우, 대뇌와 그 활동이 핵심이기 때문이다. 그리고 종종 흥분은 두려움이라는 것과 밀접하게 맞물려 돌아간다.

기쁨이 거느리는 감정 군 가운데에는 안도감도 있다. 부정적인 사건을 예상하고 한껏 긴장했다가 정작 사건이 일어나지 않으면 긴장이 급

속하게 풀어지며 맛보는 게 안도감이다. 이 감정은 우리를 놀라울 정도로 강하게 사로잡는다. 주로 왜 그런 일이 일어나야 하는지 도무지 알 수가 없는 경우에 안도감은 더욱 강력하다. 또 자신이 일궈낸 성과가 자랑스러운 자부심도 긍정적 감정 가운데 하나다.

그러나 인간이 느끼는 모든 게 감정이라는 범주에 속하는 것은 아니다. 우리 인생을 이끄는 것에는 다른 본능도 있음을 유념해야 한다고 에크먼은 지적한다. 이를테면 사람은 그저 웃고 즐기기 위해 다양한 종류의 오락을 찾는다. 이럴 때 좋은 기분은 감정으로 표출되기도 하지만, 이는 주로 분위기를 이룬다.

감정의 열 가지 특징

에크먼은 감정의 특징으로 다음과 같은 것을 꼽았다.

1. 우리를 단번에 사로잡으며 분명하게 의식되는 감정은 아주 다양하다.

2. 감정은 대개 짧은 순간만 지속한다. 그저 몇 초면 사그라지는 게 대부분이다. 오래 가는 감정이 없는 것은 아니다. 그러나 몇 시간씩 지속되는 것은 감정이기보다는 분위기다.

3. 감정은 당사자가 중요하게 여기는 것과 관련해 일어난다.

4. 감정을 우리는 그저 일어나는 어떤 것으로 경험한다. 다시 말해서 자신이 선택해서 갖는 게 아니라, 수동적으로 받아들여지는 것처럼

느끼는 것이 감정이다.

5. 인간은 주변의 사물을 끊임없이 감정으로 평가한다. 그리고 이런 평가 과정은 거의 자동으로 이루어진다. 감정적 평가가 지극히 오래 지속되지 않는 한, 인간은 이런 평가를 의식하지는 못한다.

6. 어떤 감정이 표출되기 직전에는 이른바 '불응기不應期'* 가 있다. 자극을 받은 뇌가 기억 속에 저장되어 있는 상응하는 지식과 정보를 걸러내 어떻게 반응하는 게 좋을지 판단하느라 숨을 고르는 시간이다. 뇌는 여기서 감정을 증폭시킬 수 있는 것만 찾아내려 든다. 이 불응기는 대개 몇 초라는 아주 짧은 시간에 지나지 않지만, 아주 오래 걸리는 경우도 있다.

7. 우리가 감정적으로 반응했다는 사실을 의식하는 것은 이미 앞선 평가 과정을 마치고 상응하는 감정을 표출하고 난 다음이다. 그리고 감정을 스스로 다스렸다는 것을 의식하는 순간, 우리는 상황을 새롭게 평가한다.

8. 감정에는 인류가 걸어온 진화의 역사를 고스란히 반영하는 보편성이 적지 않다. 또 각 문화권에 따른 변형체도 많으며, 개인의 경험에 의해 생겨난 것도 있다. 바꿔 말해서 우리는 선조가 중요하게 여겼던 감정을 고스란히 물려받는다. 더 나아가 자신이 인생을 살면서 소중하게 여긴 탓에 생겨나는 감정도 있다.

9. 행동의 대부분은 감정이 요구하는 대로 동기부여를 받지만, 감정

* Refractory period: 신경세포가 자극에 반응한 후, 다음 자극에 반응할 수 없는 짧은 기간.

으로부터 도망가고 싶은 생각에 따른 행동도 무시할 수 없다.

10. 분명하고 신속하며 보편성을 갖는 감정의 신호는 상대방에게 자신의 상태를 효과적으로 알려주는 수단이다.

무엇이 감정을 불러일으키는지, 또 어떻게 우리는 감정을 드러내는지 알았으므로 이제 우리에게 필요한 물음은 감정이 어떻게 작용하는가 하는 점이다.

두려움은 뇌의 능력을 떨어뜨린다

하나의 조직 안에서 감정은 구성원의 행동에 동기를 부여하는 핵심적인 역할을 맡는다. 행동이 연속적으로 이뤄지려면 인간에게는 선택이 필요하다. 매 순간 결정을 내리기 위해 선택은 피할 수 없다. 이런 과정을 거쳐 우리는 특정 목표를 이루기 위해 나아간다. 또 서로 다른 목표들 사이에서 어느 하나를 선택해야 한다. 상황이 바뀌면 우리의 행동도 빠르게 다른 것을 취해야 한다. 이런 과정을 일일이 인식한 후에 선택하는 행동으로는 필요한 속도를 낼 수 없다. 그래서 감정이 요구되는 것이다.

미국의 뇌 연구가 조지프 레둑스*는 이렇게 말한다.

"감정은 장차 벌어질 행동의 강력한 동기부여자다. 한 순간에서 다

* Joseph LeDoux: 1949년에 출생한 미국의 신경과학자. 뉴욕대학교의 심리학과 신경과학 교수로 활동하고 있다.

른 순간으로 이어지는 행동의 코스를 결정하는 감정은 장기적인 목표를 이루기 위해 올리는 돛과 같은 것이다."

감정은 개인들이 의사소통을 나누는 데에도 중요한 역할을 한다. 감정은 상대가 어떤 상태에 있는지 알려주는 지표와 같기 때문이다. 물론 상대가 의도적으로 감정을 억누르거나, 자신의 계획이나 알고 있는 것을 누설하지 않으려고 애를 쓰지 않는 한 말이다. 그러나 감정의 이런 의도적인 조작은 항상 성공하는 게 아니다.

감정과 느낌이 서로 얼마나 복잡하게 얽혀 있는지 잘 보여주는 실험은, 예를 들어 남자들에게 여성의 사진을 보여주고 남자들의 맥박을 재보는 것이다. 그리고 돌연 어떤 특정한 사진이 나왔을 때, 실험 대상자에게 맥박이 빠르게 뛴다고 거짓 정보를 알려준다. 그러자 사진의 여자가 그리 예쁘지 않음에도 남자는 매력을 느낀다고 말했다.

특정 감정이 생겨나는 데 결정적인 역할을 하는 것은 생리적인 자극이 아니다. 정확한 사정을 알아보고 해석한 다음 감정이 생겨나지도 않는다. 신경과학은 감정을 자극하고 영향을 주는 게 무의식이라는 사실을 입증해냈다. 그러니까 실험 참가자가 의식적으로 어떤 판단과 평가를 내리든 감정과는 상관이 없었던 것이다. 결론적으로 감정이 생겨나는 데 논리적 분석을 통한 인식 과정은 하등의 역할을 하지 않는다. 다시 말해서 감정싸움을 하는 데 논리를 들이대는 것만큼 우스운 일도 없는 것이다.

그런 차원에서 우리는 어떤 행동을 하도록 마음먹는 동기 부여의 일차적 요인이 바로 감정이라는 결론을 내릴 수 있다. 생각을 하게 만들고 인식 과정이 일어나도록 부추기는 것이 감정이다. 쉽게 말해서 감정은 자극과 반응 사이를 중개해주는 무의식의 산물이다. 유전자에 집적된 정보와 개인적으로 다져 놓은 생활습관 등이 먼저 상황을 평가하고 판단해 감정을 일으키는 것이며, 이런 과정은 자동으로 이루어진다. 그런데 놀라운 것은 다른 사람의 심리 상태는 아주 잘 알아보면서도, 정작 본인이 어떤 감정을 가졌는지 설명해보라면 어려워한다는 사실이다.

이처럼 감정과 인식은 서로 분리되어 일어나는 현상이다. 따로 떨어져 있기는 하지만 서로 관계하는 것도 분명하다. 그리고 그 관계는 어느 한 쪽의 일방적인 게 아니라 상호작용이다. 상호작용이 일어나면서 지각이 외부에서 주어진 자극을 완전히 해석하고 분석하기도 전에 감정은 이미 상황 판단을 내리는 것이다. 심지어 우리 뇌는 정확히 뭐가 문제인지 알아차리기도 전에 좋다거나 나쁘다는 것을 벌써 안다.

여기서는 물론 기억이 커다란 역할을 한다. 여러 다양한 실험에서 확인되었듯이, 건강한 실험 참가자는 자신이 어떻게 그런 결정을 내리는지 전혀 의식하지 못하면서도 매번 올바른 결정을 내렸다. 신경경제학은 특히 이런 사실에 주목하고 있다. 어느 모로 보나 여기서 우리를 조종하는 것은 감정이다. 턱 보면 척 하고 아는 직관적 판단을 감정이 이끌어내는 것이다. 그런데 '전두엽 증후군'* 을 앓는 사람은 이런 실험

* Frontal lobe syndrome: 전두엽에 외상이나 질병을 앓아 성격과 행동에 변화가 오는 증후군. 경미한 경우에는 멍함이나 순간적인 의식상실 등의 증상을 보이며, 심한 경우에는 발작, 마비, 발성장애, 집중력 저하 등을 일으킨다.

에서 늘 잘못된 판단을 내리는 실수를 저지른다. 이런 감정으로 가장 잘 연구된 것으로는 걱정과 두려움을 꼽을 수 있다. 걱정이나 두려움은 반응속도를 높이고 주의력을 끌어올림으로써 도망가야 할 순간을 판단하는 결정적인 감정이다. 사냥을 하고 채집을 해서 먹고 살던 시절, 인간은 주변의 위협에 그대로 노출되어 있었다. 그런 상황에서 살아남으려면 위험을 빨리 알아차리고 순식간에 몸을 피하는 판단이 무엇보다 중요했다. 아울러 걱정과 두려움은 몸을 사려야 할 때를 정확히 가려내는 아주 유용한 감정이다.

그러나 두려움은 뇌의 능력을 저하시킨다. 두려움을 불러일으키는 상황을 해결하는 데만 집중하느라 다른 차원들을 제쳐두기 때문이다. 이렇게 볼 때 두려움은 상당히 문제가 많은 착각의 감정이다. 과제를 합리적으로 풀 수 없게 만들고, 적절한 결정을 내리지 못하게 한다. 심지어 시간적 압박도 뇌에게 능력을 발휘하지 못하게 만든다.

잘못된 결정을 내리는 것은 아닐까 두려워하는 사람은 실제로 잘못 결정할 확률이 크다. 겁 없이 접근하는 사람이 더 많은 성과를 올리는 것도 그런 이유 때문이다. 그렇지만 두려움을 떨친다는 것은 간단치가 않다. 두려움에는 합리적으로 조종하고 다스릴 수 없는 학습과정이 바탕에 깔려 있기 때문이다.

극심한 공포는 홀로 버려져 있다는 무력감으로 빚어지는 반응이다. 공포심을 갖는 사람은 그 상황에서 다른 사람의 도움 없이는 빠져나오지 못하는 경우가 많다.

뇌가 감정을 처리하는 방식

아주 강한 감정, 예컨대 결혼이나 죽음 같은 격심한 감정을 수반하는 사건은 별 감흥이 없는 사건에 비해 뇌에 더 깊게 뿌리내린다. 이를 극명하게 보여주는 예가 이른바 '극한 상황'이다.

케네디가 암살될 당시 성장기를 보낸 미국 시민에게 설문조사를 한 결과, 아주 오랜 세월이 흐른 지금도 50퍼센트가 넘는 미국인이 당시 케네디 암살 소식을 들은 장소를 정확하게 기억했다.

인간의 뇌에는 이른바 '원초적 감각 영역'이라는 곳이 있다. 보고 듣고 맛보고 냄새 맡고 만져보는 감각의 활동과 관계하는 영역이다. 이런 원초적 감각 영역은 지각한 느낌을 지극히 중립적으로만 묘사한다. 이를테면 아무리 황홀한 일몰 장면을 보았을지라도 인간은 시각만으로 열광하지는 않는다. 여기에 뇌의 다른 영역이 함께 작용하게 만드는 어떤 특별한 사건이나 체험이 더해질 때 비로소 뇌는 황홀함에 젖는다. 사랑하는 애인과 함께 본 일몰이 더 멋진 이유가 그것이다.

이런 감각 영역과 맞닿아 있는 것은 보통 연상 작용을 일으키는 영역이다. 말하자면 보고 듣고 맛보고 냄새 맡고 만져본 감각을 처음으로 다른 것과 연결하거나 해석하는 곳이 연상 영역이다. 똑같은 접촉일지라도 어떤 것은 애인의 손길처럼 짜릿함을 불러일으키며, 어떤 것은 등에 커다란 거미가 기어가는 것처럼 소름끼치게 만든다. 시각의 경우도 처음으로 보는 특별한 물건에는 눈이 화등잔처럼 커지지 않던가. 감각을 통해 받아들인 중립적 정보가 뇌에 저장된 어떤 기억과 연상 작용을 일으킬 때, 마침내 뇌는 활발히 활동하며 특별한 경험을 만들어낸다.

뇌에는 서로 다른 작용을 하는 많은 영역이 존재한다. 그 가운데에는 오로지 체험한 것을 더욱 부풀리거나 보다 의미심장하게 만드는 영역도 있다. 냄새나 소리 같은 순전한 지각은 오히려 중요하지 않다. 걸출한 교향곡처럼 특정 배경과 지식이 따라붙을 때 인간은 그에 열광하게 되는 것이다.

뇌에서 감정을 처리하는 가장 잘 알려진 기관은 편도체다. 왼쪽과 오른쪽에 각각 하나씩 쌍으로 있는 편도체에 심각한 손상을 입으면 감정은 확연히 줄어든다. 더 이상 깊은 감흥을 느끼지도 못한다.

편도체는 뇌의 다른 영역과 섬세하게 맞물려 있다. 다른 영역과의 이런 결합은 신경 신호 전달물질을 더욱 많이 분비하게 만들 뿐 아니라 전체 호르몬 체계, 이른바 '시상하부-뇌하수체 축'을 작동하도록 만든다.

뇌의 이런 원리에 따라 스트레스를 받는 상황에서는 스트레스 호르몬이 분비되며, 기분이 좋을 때면 프로락틴*이나 신뢰감을 형성하는 데 도움을 주는 옥시토신**이 나오게 된다. 이런 모든 자극이 한데 얽혀 작용할 때 별것 아닌 단순한 물건이나 그림, 혹은 음악 따위를 보고 들을 때에도 돌연 황홀한 체험이 되는 것이다.

---

* Prolactin: 포유동물의 젖 분비를 조절하는 호르몬.

** Oxytocin: 자궁 수축 호르몬이라고도 한다. 뇌하수체 후엽에서 분비되는 호르몬으로 자궁을 수축시켜 젖의 분비를 돕는 호르몬이다. 엄마와 아기 사이의 믿음을 이루는 바탕이 되는 호르몬으로 알려져 있다.

기억체계

| 무엇을 남기고 무엇을 지우나 |

살아가면서 겪은 모든 것을 하나도 빼놓지 않고 손쉽게 기억할 수 있다면 얼마나 좋을까? 참 기적과도 같은 일이 아닐까? 미국의 질 프라이스*는 실제로 그런 기억력을 자랑한다. 어린 시절의 일은 많은 것을, 아홉 살 때부터 15살 때까지는 거의 대부분을, 그리고 그 이후에는 하나도 빼놓지 않고 모든 것을 기억한다. 2010년 현재, 질 프라이스는 마흔 살을 넘긴 중년 여성이다.

질 프라이스는 자신이 그동안 살아온 길을 끊임없이 현재처럼 기억하는 극소수의 인물 가운데 한 사람이다. 그녀는 항상 현재를 통해 과거를 떠올린다. 인생을 살아오며 겪은 멋지고 아름다운 일이나 가슴이 미어지는 슬픔만 기억하는 게 아니다. 지극히 사소한 것까지 하나도 빼놓지 않고 그녀는 정확히 꿰고 있다.

레스토랑에서 구운 생선 냄새가 나면 질 프라이스는 즉시 언제 어떤 시기에 그런 냄새를 처음으로 맡았으며, 당시 누가 함께 있었고, 그날 날씨는 어땠으며, 무슨 옷을 입고 있었는지 모든 것을 기억해낸다.

그리고 레스토랑 종업원이 후식으로 아이스크림을 내오면 그녀는 곧장 언제 아이스크림을 새로 산 반짝이는 구두코에 떨어뜨렸으며, 어느 때 아이스크림을 너무 많이 먹어 복통을 앓았는지, 20살에 함께 해변으로 놀러간 친구에게 무슨 아이스크림을 추천했는지까지 일일이 떠올려냈다.

이런 총체적인 기억력은 그녀의 머릿속을 지난날의 온갖 사건들로 들끓게 만들어 일상생활에 적응하기가 무척 힘들다고 한다. 워낙 뒤죽박죽인 탓에 신경을 극도로 곤두세워야만 통제가 가능하다는 것이다. 질 프라이스가 가진 기억력은 오로지 개인적인 체험에만 국한된 것일 뿐, 이른바 '사실 지식'은 보통의 정상인에 비해 뛰어나지도 못하지도 않다고 한다. 바로 그래서 그녀는 학교 다닐 때 성적도 학급 평균에 조금 못 미칠 정도였다.

그러니까 질 프라이스는 과학에서 말하는 '섬 재능'을 가진 것은 아니다. 수백 권의 책을 단어 하나 틀리지 않고 외운다는 '서번트 증후군'** 환자는 아닌 것이다. 주로 자폐증이나 지적 장애를 가진 환자에게서 볼 수 있는 '서번트 증후군'은 책을 그저 들춰보거나 도시 지도를 쓱 한 번 훑어보고도 세세한 것까지 하나도 놓치지 않는 기억력을 과시한다. 질 프라이스는 피아노를 칠 줄 알면서도, 한 번 들은 곡을 완

* Jill Price: 1965년 미국의 뉴저지에서 출생한 여인으로 이른바 '과잉기억증후군Hyperthymesia'의 대표적 사례로 알려진 인물이다. 다섯 살 때부터 비상한 기억력을 자랑했으며 15살 이후의 일은 하나도 빼놓지 않고 기억한다고 한다. "1980년 2월 5일부터 저는 모든 게 생생하게 기억이 나요. 그날은 화요일이었죠." 본인의 술회이다. 그녀의 뇌는 동년배 여성에 비해 세 배가 크다고 한다.

** Savant syndrome: '이디엇 서번트Idiot savant'(백치천재)라고도 한다. 자폐증이나 지적장애를 앓는 사람이 특정 분야에서 천재적 재능을 보이는 현상이다. '섬 재능'이라는 표현은 특정 분야를 염두에 둔 것이다.

벽하게 연주할 정도는 아니었다.

반대로 치매를 앓는 노인처럼 아무것도 기억할 수 없다면 어떨까? 오로지 지금 현재에서만 산다는 것은 어떤 느낌일까? 방 안에 홀로 우두커니 앉아 아침에 무슨 일이 있었는지 기억하지 못한다면 이 무슨 황당한 일인가? 한 시간 전에 누가 당신의 방을 찾아왔는지, 누구와 무엇을 두고 이야기를 나누었으며, 아침식사로 뭘 먹었는지 기억할 수 없다면, 그도 참 환장할 노릇이다.

물론 아침은 먹었다. 당신이 멍청한 사람도 아니다. 아침이면 조반을 먹고, 점심에는 오찬을 즐기며, 저녁에는 만찬을 누린 끝에 밤이면 잠자리에 드는 것을 정확히 알고 있다. 지금 어디에 있으며, 십 년 전에 어디 살았는지도 정확히 안다. 그런데 언제 어떻게 지금 이 방으로 들어왔는지 모른다면?

오랜만에 보는 상쾌한 날씨라 신선한 공기를 즐길 생각으로 산책을 할 마음을 먹었는데, 여전히 당신은 소파에서 일어설 줄을 모른다. 일어서는 것을 잊어버렸기 때문이다. 그래서 산책을 하겠다던 생각도 까맣게 잊어먹었다.

건강한 사람은 자신이 무얼 잊어버렸는지 안다. 예를 들어 가족의 생일이나 기념일 따위를 잊어버렸을 때, 아 내가 그걸 잊어버렸구나 하고 무릎을 친다. 그러나 건망증을 앓는 사람은 모른다. 자신이 뭘 잊어버렸는지 기억할 수 없기 때문이다. 그저 지금 이 순간에서 살 뿐이다. 물론 희망도, 뭘 어떻게 하겠다는 의지도 가지고 있다. 그러나 실현될 수가 없다. 곧장 다시 잊어버리기 때문이다.

신문 기사를 몇 줄 읽어내려 갔는데 서두에 뭐라고 했는지 알 수가 없다. 텔레비전을 시청하며 지금 보는 화면이 무슨 내용인지는 설명할 수 있으나, 전체 줄거리는 캄캄하기만 하다. 건망증에 걸린 것이다.

대화 상대방이 턱이 떨어지기라도 할 것처럼 놀라는 표정을 보는 것은 어떤 기분일까? 당신이 이렇게 물었던 것이다. "내 아내가 어디 갔지? 조금 전에 여기 있었는데……." 상대방은 놀라움을 감추지 못하고 대꾸한다. "지금 병원에 있잖아. 그것도 일주일 전부터! 아니, 벌써 몇 차례나 같은 얘기를 해주었는데 아직도 몰라?"

기억이 허물어지듯 뭉텅뭉텅 잊힌다는 것은 상상만 해도 버거운 일이다. 최소한 자신에게 중요한 일은 기억을 해야 한다는 것은 당연한 이야기처럼 들린다. '언제', '어디서' 정도의 시간과 공간 감각을 갖는 것만큼이나 말이다.

자신의 기억이 갈수록 가물가물해져 간다는 것을 느끼는 사람은 자꾸 핑계와 변명, 혹은 다른 기억을 가지고 그 결함을 메우려 드는 경향이 있다. 그러나 건망증 환자만 사건의 연속성을 꾸미거나 특정 현상을 설득력 있게 만들기 위해 이야기를 꾸며내는 것은 아니다. 건강한 사람도 변명과 핑계를 입에 달고 사는 경우를 흔히 볼 수 있다. 우리는 모두 자기 자신에게 편안한 상황을 만들거나, 다른 사람에게 그럴싸하게 보이기 위해 기억을 가지고 얼기설기 이야기를 지어낸다.

약속시간에 늦게 온 사람은 애먼 도로 타령을 한다. 꼼지락거리다가 늦었다는 이야기는 죽어도 하고 싶지 않은 것이다. 이처럼 인간은 창피를 당하느니 거짓 변명과 핑계를 늘어놓는다. 다시 말해서 우리 뇌는 잘못이나 실수로 부담을 지는 것을 싫어하는 것이다. 차라리 기억을 조작하고 매끈하게 마사지하는 쪽을 택한다. 이런 태도는 자신의 잘못을 인정하고 개선하는 대신, 도리어 잘못을 제거하지 못하는 상황에 빠뜨린다.

기억 체계들은 어떻게 함께 작용하는가

기억 체계는 크게 세 부분으로 나뉜다. 아주 짧은 순간만 기억을 유지하는 초단기기억과 작용기억, 그리고 장기기억이 그것이다.

초단기기억Ultra-short-term memory은 감각의 모든 지각을 의식하지 않고 처리하는 기억이다. 감각 지각은 이 단계에서 그 의미를 평가받으며, 중요한 것으로 여겨지면 작용기억으로 넘어간다. 대부분의 감각 지각은 0.2에서 0.5초 이후 중요하지 않은 것으로 간주되어 지워진다. 만약 모든 감각 지각을 계속 다른 부분으로 넘겼다가는 뇌는 정보 과잉으로 마비되어 더 이상 아무 생각을 할 수 없는 지경에 빠지고 만다.

작용기억Working memory은 한정된 용량만 가지고 있으며, 거기에 도달한 정보를 단 몇 분 동안만 저장한다. 그런 다음 그 정보 역시 지워지거나 장기기억Long-term memory으로 넘어간다. 치매환자의 경우 아마도 이 지움의 과정이 제대로 작동하지 않는 것으로 보인다. 그래서 정보의 과잉 상태가 일어나는 것이다. 이는 결국 기억 자체를 마비시키는 결과를 낳는다.

작용기억은 대화를 나누거나 영화를 감상하기 위해 필요하다. 만약 우리가 멀티태스킹처럼 텔레비전의 드라마를 보면서 컴퓨터 게임을 하고 동시에 신문을 읽으며 전화를 한다면, 곧장 작용기억은 한계 용량을 넘어가버린다. 그래서 나중에 그 어느 것 하나 제대로 기억할 수가 없다.

장기기억의 용량은 실제로 거의 무한하다. 여기에는 의식적인 것이든 무의식적인 것이든 기억할 만한 것으로 관찰한 모든 것이 저장된다. 장기기억은 또 두 부분으로 나뉜다. 하나는 선언적 기억, 곧 설명을 할 수 있는 기억으로 우리는 이것을 '명확한 기억'(의식적 기억)이라고도 부른다. 다른 하나는 절차적 기억, 곧 일을 처리하는 순서를 특별히 기억하는 부분으로, 이는 대개 무의식적으로 이루어진다.

선언적 기억은 다시 자신이 살아온 인생을 기억하는 부분, 곧 이야기 형태의 일화 기억과 의미적인 기억, 곧 내용적 기억으로 나뉜다. 선언적 기억에는 모든 사실, 형식, 법칙, 연관관계 등 우리가 살아가는 세계의 이른바 '배경지식'이 하나의 전체로 저장된다. 의미적인 기억은 우리가 항상 지니고 다니는 사전과 같은 것이다. 뭔가 궁금한 게 있을 때마다 인간은 의미 기억을 뒤적거린다.

반면, 살며 겪은 것을 이야기 형태로 기억하는 일화 기억은 말 그대로 개인의 모든 경험을 축적한 곳이다. 일화 기억은 의미 기억과 반대로 대단히 주관적이다. 파리의 루브르 박물관에 가서 거기 걸린 그림을 놓고 다른 사람과 흥미롭고 진지한 대화를 나눌 수 있는 것은 의미 기억 덕분이다. 그러나 파리로 여행을 간 것이 기분 좋은 추억인지, 아니면 최악의 고생이었는지를 결정하는 것은 일화 기억이다.

루브르 박물관을 멋지게 관람하고 나서 레스토랑에 들어가 생굴을 주문했더니 너무 오래되어 불쾌한 것이 나왔다면, 일화 기억은 파리를 지옥으로 낙인찍는다. 지하철에서 지갑을 소매치기 당했다면 더 말할 나위가 없다.

절차 기억은 특정 과제를 처리하는 능력과 관계된다. 이를테면 기타를 연주하거나 자전거를 타는 것, 또는 일터에서 기계를 다루는 것 따위가 여기에 해당한다. 울리는 전화벨에 반응하는 것도 절차 기억에 저장된 능력이다. 이런 운동 능력은 뇌의 어떤 대단한 기능을 필요로 하는 게 아니다. 일단 익히고 나면 무의식적으로 이뤄지는 것이 이런 달인의 솜씨다.

물론 이런 자동화를 위해서는 연습과 시간이 필요하다. 예를 들어 클라리넷으로 특정 음들의 연속을 일정한 속도로 연주하려면 고된 연습을 해야만 한다. 의식적으로 생각한다고 해서 이런 연주를 할 수는 없다. 이를 위해서는 확실하게 저장된 동작의 매트릭스, 곧 행렬이 반드시 필요하다.

절차 기억에 저장된 운동 절차는 뇌에 상당히 안정적으로 뿌리를 내리며, 일단 저장된 것을 바꾸기란 무척 어렵다. 예컨대 여비서에게 지금껏 쓰던 것과는 자판 배열이 다른 컴퓨터 키보드를 선물한다면, 거기에 익숙해지기까지는 상당한 시간이 걸린다. 이처럼 기계적으로 처리할 수 있는 숙련도를 관장하는 것이 곧 절차 기억이다. 운전을 하면서 언제 방향등을 켜고 제동을 걸며 기어는 어떻게 바꾸는지 자동으로 물 흐르듯 이루어지는 것도 절차 기억의 덕이다.

권위적 태도와 복종은 절차 기억에 저장된다

절차 기억에는 앞서 설명한 숙련도만 저장되는 게 아니다. 사회가 기대하는 행동방식 같은 것도 절차 기억의 소관이다. 이를테면 우리는 어려서부터 어른을 보면 인사를 하라고 배운다. 특히 사회적 지위가 다른 사람에게 깍듯한 예절을 갖추라고 듣는다. 이처럼 주인 노릇을 해야 하는지 아니면 종처럼 굴어야 하는지, 아울러 그런 역할은 어떻게 수행해야 하는지 등의 행동 모범은 절차 기억 안에 자리를 잡는다. 말은 어떻게 해야 하며, 어떤 것이 자신의 위치에 알맞은 태도인지 인간은 절차 기억을 통해 자동으로 반응한다.

권위와 복종은 의식적인 판단을 통해 드러나지 않는다. 여러 차례의 다양한 실험을 통해 확인한 결과 권위적인 태도와 복종의 태도는 절차 기억에 무의식으로 저장되어 있음이 밝혀졌다. 누군가 하얀 가운을 입고 병원 복도를 의사처럼 행세하며 지나간다면, 사람들은 그의 지시를 거의 맹목적으로 따른다는 것이다. 또 이런 실험도 있었다. 누군가 의사를 사칭하고 전화를 걸어 간호사에게 지시를 내렸다. 환자의 건강을 심각하게 위협할 수 있는 약물을 주사하라고 한 것이다. 간호사는 조금도 이상히 여기지 않고 곧장 환자에게 다가가 주사를 놓으려 했다. 옆에 있던 사람이 그런 주사를 놓아서는 안 된다고 아무리 설득해도 말을 들으려 하지 않았다. 의사 선생님이 말씀하신 것을 거역할 수는 없다면서 말이다.

제복과 같은 특정 의상이 그것을 입은 사람에게 권위를 덧씌워주는 이유도 마찬가지다. 전화를 걸어 그럴싸하게 성대모사를 하는 것만으로 충분한 경우도 종종 있다. 뇌가 지닌 권위에 반응하는 이런 속성을 이용해 사기를 치는 것도 흔히 보는 사례들이다. 특히 노인이 이런 사기행각에 희생을 당하는 이유는 어렸을 때뿐 아니라 평생 복종에 익숙해져 있었기 때문이다.

오랜 세월 동안 서슬이 퍼런 위계질서를 자랑해온 사회에서 복종을 미덕으로 여기는 태도는 아마도 인생살이를 편안하게 만들어주는 요령이었을 것이다. 그러나 기회의 평등과 신분의 수직상승을 전통 가치보다 훨씬 중요하게 여기는 오늘날의 사회에서 권위에 맹종하는 굴종은 출세를 가로막는 장애물일 따름이다. 그처럼 굳어진 태도를 나중에 버리거나 바꿀 수 있는지, 또 바꾼다면 그 방법은 무엇인지 앞으로 더 자세히 다룰 것이다.

즐거움은 학습효과를 증가시킨다

기억이 생겨날 수 있는 전제 조건은 정보를 지각하고 이를 뇌라는 신경 조직에 저장하는 일이다. 이런 저장 행위를 우리는 학습이라고 부른다. 물론 학습에는 다양한 형식이 있다.

정보의 저장 행위 자체는 뇌가 말랑말랑해야만, 다시 말해서 유연해서 왕성하게 활동할 때 가장 잘 이루어진다. 신경세포의 다발을 현미경으로 관찰해 그들이 서로 어떻게 결합하고 그 결합이 다시 어떻게 풀리는지 알아볼 수는 있다. 다시 말해서 학습과 망각의 과정을 실제로 관찰하는 것은 얼마든지 가능하다. 그러나 신경과학은 그 엄청난 양의 정보가 어떻게 뇌에 저장되며, 얼마나 오래 기억되는지는 정확히 밝혀내지 못하고 있다.

학습의 바탕은 신경세포 사이의 결합이 강화되면서 시냅스를 통한 신호 전달이 활발하게 일어나는 데 있다. 이런 학습 과정을 실험실이라는 환경에서 관찰하는 것은 얼마든지 가능하다. 그러나 정확히 무엇을 배웠는지 그 내용은 아무것도 말해줄 수 없는 게 현실이다.

배움이란 어디까지나 지극히 개인적인 현상이다. 학교라는 교육 현장에서는 다수의 학생들을 상대로 수업을 하지만, 개인이 갖는 특성을 고려하지 않는 교육은 소기의 성과를 내기 어렵다. 물론 집단적인 교육의 효과가 없는 것은 아니다. 예를 들어 다른 사람들과 함께 노래를 부르면 홀로 방 안에서 악보만 볼 때보다 훨씬 더 가사를 잘 외울 수 있다. 아무래도 뇌의 여러 영역이 함께 어울리는 덕에 가사가 더 잘 외워진다. 거울 신경세포가 다른 사람이 노래를 부르는 모습을 보고 반응하는 탓에 뇌의 보상 체계와 감정 체계가 더욱 효과적으로 어울리면서 가사 또한 저장이 잘 되는 것이다.

이처럼 감정은 학습 과정에 커다란 영향을 미친다. 좋은 기분과 감정으로 배운 정보는 그만큼 확실히 뇌리에 새겨진다. 아무리 딱딱한 사실일지라도 배움의 과정만 즐겁다면, 얼마든지 즐겁게 익힐 수 있는 것이다. 처음에 이런 정보는 그 배움의 조건, 즉 학교와 동급생 등의 환경과 맞물려 저장된다. 그러나 나중에는 이런 맥락이 없이도 지식으로 활용될 수 있다.

배움의 형태

사람들은 대개 학습을 단순한 지식의 저장으로 이해한다. 예를 들어 철자법을 배우는 것처럼 무조건 외워야 하는 것으로 말이다. 그러나 외우는 것 외에도 학습에는 다양한 형태가 있다. 지속적인 자극을 주어 익숙하게 만드는 것 역시 학습의 한 가지 형태임에는 틀림이 없다. 그러나 꾸짖고 매를 때리며 가르치는 것은 지극히 부정적인 자극 학습에 해당한다. 부정적인 자극을 통해 반응을 일으키는 것은 그 효과가 장기적으로 오래 가지 않기 때문이다.

어떤 기업이 매년 정례 모임을 가지면서 직원들을 늘 같은 말로 몰아세운다거나, 똑같은 요구를 되풀이하고 심지어 문구까지 판에 박은 위협을 늘어놓으며 성과를 재촉한다면 직원들에게 그 어떤 동기도 심어줄 수 없을 것이다. 직원은 이미 그런 판에 박은 요구에 익숙해졌기 때문이다. 또 똑같은 소리구나 하고 조금도 두려워하지 않으며, 그렇다고 어떤 새로운 희망을 품지도 않는다. 이처럼 부정적 학습의 효과는 보잘 게 없다.

이와 전혀 다른 학습 형태에는 감도를 높여주는 방식이 있다. 늘 되풀이되는 똑같은 문제일지라도 항상 다른 각도에서 바라보도록 유도하고, 자극을 주더라도 상대의 인격을 충분히 존중하는 중립적인 태도를 취하는 게 중요하다. 다시 말해서 같은 상황일지라도 언제나 새로운 경각심을 갖도록 적절하게 위기의식을 불어넣는 것이다. 말하자면 경각심을 키워주며 민감하게 만들기다. 이렇게 하면 가능한 위험에 능동적으로 대처할 수 있다. 예를 들어 시장에 새로운 경쟁자가 출현했을 때, 적극적이고 자발적으로 문제해결의 실마리를 풀어가게 된다는 뜻이다. 감도를 높여 신경을 민감하게 만드는 방식은 습관적 적응보다 훨씬 복잡하기는 하지만, 태도를 적극적으로 바꾸게 만드는 상당한 긍정적 효과를 내는 방법이다.

조건반사를 이용하는 학습법도 고전적인 방식 가운데 하나다. 여기서는 동기부여와 보상심리의 만족이라는 두 가지 자극을 동시에 준다. "좋은 성적을 받아오면 평소 갖고 싶었던 것을 선물해줄 게!" 바로 조건반사를 이용한 학습법이다.

도구를 이용한 학습도 학교 교육의 핵심이다. 이를테면 협상 훈련 세미나를 통해 어떤 태도가 긍정적이며 무엇이 부정적인지 몸소 체험하게 만드는 것이다. 이렇게 훈련된 태도는 능숙하게 구사되며 목표를 쉽게 이루도록 돕는다.

학교 교육에서 모방학습의 비중도 무시할 수 없다. 선생님이나 트레이너 혹은 모범이 되는 학생을 그대로 본받게 하는 것이다. 여기서는 어떤 태도나 방법이 좋다는 다수의 의견을 빨리 이끌어내는 게 효과적이다. 그러면 부정적인 소수의 의견은 쉽사리 바뀔 수 있기 때문이다.

이른바 '인지 학습'이라는 것은 말 그대로 배움의 왕도다. 단순히 암기를 하는 게 아니라, 어떤 원리와 법칙으로 그렇게 되는지 전체의 연관성을 떠올려가며 이치를 따져 배우는 것이 '인지 학습'이다. 스스로 생각을 통해 원리를 깨우치는 터라 학습과정이 아주 즐겁고 보람이 있다. 이렇게 원리를 깨달아 얻은 지식은 좀체 잊히지 않는다. 물론 여기서도 배운 것을 자꾸 연습해보는 게 중요하다. 그래야 확실히 터득할 수 있기 때문이다.

'인지 학습'에서는 권위도 단단히 한몫을 한다. 배우는 내용이 절차 기억을 통해 권위를 부여받은 사람, 예를 들어 교사, 강사, 교수 혹은 해당 분야의 최고 전문가와 같은 사람에 의해 가르쳐질 때, 이렇게 배운 것은 훨씬 더 잘 의미 기억에 저장되기 때문이다. 자기 분야에서 최고의 실력을 가꾼 사람의 말은 별 의심 없이 수용된다.

물론 이런 권위가 이데올로기에 이르면 문제가 심각할 수 있다. 이데올로기는 사실에 특정 기대를 덧칠한 것이 대부분이기 때문이다. 다시 말해서 주어진 사실 그 이상을 주장하는 게 이데올로기다. 예컨대 "오데르 강에서 라인 강에 이르는 땅은 언젠가는 공산주의의 차지가 될 거야!"라든가 "사회주의는 황소도 당나귀도 떠받들 수 없어!"라는 주장 따위가 권위와 맞물리면 사실과 배치되는 왜곡이 일어난다. 이처럼 의미 기억에 저장된 내용은 흔히 각자의 인생 경력과 뒤섞이기 때문에, 그게 잘못된 것인 줄 번연히 알면서도 놓지 못할 때가 많다.

노인의 경험은 젊은이의 학습력을 앞지른다

오늘날 경험은 그다지 중요한 것으로 취급받지 못한다. 인터넷도 노트북도 휴대폰도 없던 시절에나 직접 찾아가 보고 경험하는 일이 중요했지, 오늘날처럼 한 번의 클릭이면 무한히 많은 것을 알 수 있는 세상에 뭐 하러 힘들여 직접 경험하느냐는 것이다. 그러나 경험을 이렇게 바라보는 것은 완전히 잘못된 관점이다.

경험은 깨달음을 얻는 아주 소중한 방식이다. 경험은 사실과 자료만 챙기는 기억의 형태만 이용하는 게 아니라, 뇌의 여러 부분을 서로 효과적으로 결합해주는 종합적 훈련을 하게 만든다.

기업들은 나이가 많은 직원은 뽑지 않으려는 경향을 갖고 있다. 나이가 많으면 봉급을 더 줘야 할 뿐만 아니라, 연장자들은 매일 직면하는 새로운 지식을 충분히 소화할 수 없다는 편견이 작용한 탓이다. 그러나 뇌 연구가로서 분명히 말해두지만 이는 완전히 잘못된 생각이다. 나이를 먹은 뇌는 우리가 짐작하는 것 이상으로 뛰어난 능력을 자랑한다. 이런 능력은 그 활용 방법만 찾는다면, 젊은 감각만으로 해결할 수 없는 관록을 발휘할 때가 많다.

사실 나이가 많은 사람의 기억력은 젊은이의 그것에 못지않다는 사실이 많은 실험으로 밝혀졌다. 다만 접근하는 방식이 다를 뿐이다. fMRI를 이용해 뇌가 기억을 어떻게 처리하는지 연구해본 결과, 25세 이하의 젊은이는 주로 측두엽*을 이용한 반복 훈련을 통해 암기를 하는 것으로 밝혀졌다.

철자법 배우기 같은 실험에서 나이 먹은 사람은 젊은이에 비해 단어를 잘 외우지 못하는 것은 사실이다. 그럼에도 노인은 어학 공부를 하는 데 젊은이 못지않은 실력을 과시했다. 어떻게 이럴 수 있을까? 노인은 어학실습실 같은 시설을 보다 더 효율적으로 사용했다.

---

* Temporal lobe: 관자엽이라고도 한다. 대뇌반구의 양쪽 가장자리에 자리한 부분으로 청각정보의 처리를 담당한다.

50세 이상이 된 사람은 전략을 쓸 줄 알았다. 무턱대고 외우지 않았으며, 기억을 되살리는 여러 가지 요령을 구사했다. 이는 전략적 사고를 담당하는 전두엽의 중간 부위를 활용할 줄 아는 슬기로움 덕이다. 한 번만 쓱 훑어보기만 해도 줄줄 외우는 암기 전문가가 쓰는 기술이 바로 이 전두엽 중간 부위를 활용해 연상 기억을 하는 것이다. 이렇게 하면 기억력은 엄청나게 높아진다. 늙었다고 기억력이 나빠지는 것이 아니다. 오히려 학습 방법만 적절히 개선해주면 노인이 훨씬 더 뛰어난 실력을 자랑한다. 이는 모두 풍부한 경험의 덕분이다.

허드슨 강의 기적

풍부한 경험을 과소평가하면 곤란하다. 뇌가 오랜 세월 동안 정보로 저장해놓은 것이 바로 풍부한 경험이지 않은가. 파푸아뉴기니의 원주민을 연구한 결과는 경험의 중요성을 웅변한다. 노인 사냥꾼은 시력도 떨어지고 잘 듣지도 못 할 뿐 아니라 지구력도 형편없었지만, 몸 상태가 상당히 좋은 젊은 사냥꾼보다 네 배 더 많은 짐승을 포획하는 실력을 과시했다. 잡아온 짐승의 무게가 그 사실을 입증했다.

경험은 신체적 열세를 충분히 만회할 뿐 아니라, 상당히 구체적인 강점을 가지고 있다. 혹자는 그런 게 사냥이나 채집을 하던 사회에는 적용될지 모르나 현대사회에서는 어림도 없는 소리라고 주장할지 모른다. 그럼 비행기 조종사를 대상으로 한 실험 결과는 어떻게 볼 것인가?

대형여객기 조종은 고도의 책임감을 요구하는 직업으로서, 몇 초라는 짧은 시간 안에 여러 가지 복잡한 과제를 수행해야 하는 대단히 까다로운 일이다. 그것이 얼마나 어려운 일인가는 폭풍우를 피해 비상착륙한 여객기들의 숫자로도 충분히 알 수 있다.

조종사는 비행 시뮬레이터로 힘겨운 상황을 다스리는 법을 훈련할 뿐 아니라, 정기적인 간격을 두고 그 실력을 검증받아야 한다. 승객의 생명이 달린 문제인 만큼 철저한 기술 관리를 하는 것이다. 여기서 너무 많은 실수를 저지르거나 상황에 잘못 반응하는 조종사는 더 이상 비행을 할 수 없다. 이런 시뮬레이터에는 인위적으로 각종 어려운 상황을 프로그램 해놓았다. 어렵지만 모두 완벽하게 극복할 수 있는 상황을 담은 프로그램들이다.

물론 이 훈련은 표준화된 훈련이긴 하지만 이들 테스트를 종합적으로 평가해본 결과, 조종사의 나이뿐만 아니라 경험이 그 실력을 판가름하는 결정적 요인으로 밝혀졌다. 나이가 많은 조종사는 비행시간이 평균보다 적어도 뛰어난 실력을 자랑했던 것이다. 젊은 조종사는 비행시간이 같을지라도 나이 많은 조종사에 미치지 못했다. 이는 곧 복잡한 과제를 수행하는 데 나이와 경험이 커다란 비중을 차지한다는 의미였다. 경험의 가치를 그림처럼 확인할 수 있는 사례가 또 한 가지 있다.

2009년 1월 15일. 승객을 가득 태운 에어버스 A320은 노스캐롤라이나의 샬롯테Charlotte를 목적지로 뉴욕의 라구아디아LaGuardia 공항을 이륙했다. 그리고 약 3분 뒤, 승객들은 요란한 폭발음을 들었다. 기러기 떼가 엔진과 충돌한 것이다. 두 개의 엔진이 꺼져버렸고, 하나에는 불이 붙었다.

기장 첼시 설렌버거Chesley B. Sullenberger는 재빨리 세 쪽에 달하는 비상착륙 체크리스트를 훑어보고 허드슨 강에 수상 비상착륙하기로 결정했다. 출발 공항으로 되돌아가려면 너무 오래 걸린다는 생각 때문이었다. 기장은 활강 비행을 하며 고도를 낮췄다. 그리고 승객에게 침착한 목소리로 두 팔로 의자를 꽉 잡으라고 방송했다. 드디어 운명의 순간, 거대한 동체의 에어버스는 뉴욕 한복판의 허드슨 강에 멋지게 안착했다. 그야말로 대단한 솜씨였다. 에어버스는 엔진은 물론이고 동체에도 전혀 파손을 입지 않았다.

승객은 전원 무사하게 구조되었다. 재빨리 달려온 구명보트로 안전하게 구출된 것이다. 기장 설렌버거는 얼음처럼 찬 물이 무릎까지 차올라왔음에도 두 번씩이나 기내를 돌며 혹시 남아 있는 승객은 없는지 철저히 살폈다. 그리고 자신이 맨 마지막으로 기체를 빠져나왔다.

승객 155명은 한 명도 빠짐없이 무사히 구출되었다. 이른바 '허드슨 강의 기적'이 역사를 장식한 순간이었다. 비행을 하는 동안 조종석의 교신 내용을 분석한 감독당국의 관리는 파일럿이 사건 내내 매우 침착하게 대처했다고 칭찬을 아끼지 않았다. 프로다운 침착하고 효율적인 대응이었으며, 사람들이 기대한 최선을 보여줬다는 것이다.

항공 전문가들은 에어버스가 수면에 착륙하고도 손상을 입지 않은 것을 보고 놀란 입을 다물지 못했다. 지상에 비상착륙하는 것보다 수상에 내려앉는 게 훨씬 더 파괴적이기 때문이다. 엔진과 동체는 수면에 부딪치는 순간 찢겨나갔어야 마땅했다. 또 그랬더라면 순식간에 물이 차올라 승객은 전원이 몰사하는 참사가 빚어졌을 것이다.

이런 대 참변을 막을 수 있었던 것은 틀림없이 조종사의 침착한 대처와 그 조종 솜씨 덕이었다. 그리고 무엇보다도 풍부한 실제 경험이 결정적 역할을 했다. 당시 설렌버거는 57세였으며, 40년이 넘는 비행 경력을 갖고 있었다. 설렌버거는 16세에 비행자격증을 땄으며, 1980년 US에어웨이 항공사의 조종사가 되기까지 미 공군에서 전투기 조종사로 복무했다. 그리고 글라이더 비행을 위한 보충교육까지 섭렵했다.

종합적으로 볼 때 설렌버거는 예상하지 못한 위험한 상황에서 어떻게 대처해야 하는지 아주 잘 알고 있었던 것이다. 그럼에도 만약의 사고를 대비해 항상 행동지침 체크리스트를 품에 지니고 다녔다.

경험은 세 가지 기억 체계와 모두 연결된다

이처럼 경험은 아주 특별한 가치를 갖는다. 경험으로 체득한 정보는 특히 절차 기억, 의미 기억, 인생 기억 모두와 결합해 어떤 상황에서 최적의 해결책을 제시한다. 실제 상황을 통해 얻어낸 경험은 인생에 깊은 뿌리를 내리며 언제든 필요할 때마다 자동적으로 행동이 되어 나타난다. 원시림의 사냥꾼이나 비행기 조종사에게만 경험이 커다란 득이 되는 게 아니다. 지극히 평범한 사람에게도 경험은 더할 수 없이 유용하기만 하다. 짙은 안개가 낀 고속도로에서 안전한 운전을 위해 안개등과 비상등을 켜는 것은 경험이 가르쳐준 지혜들일 것이다.

학습과 기억은 배우고 떠올리는 것 자체가 목적이 아니다. 열심히 익히고 기억하는 것은 앞을 내다보는 예견을 하고, 어떻게 행동해야 할지 알며 실천에 옮기기 위함이다. 직관적 평가를 내리는 것만으로는 턱없이 부족하다. 중요한 것과 그렇지 않은 것을 구별하기 위해서는 경험을 통한 학습이 결정적 역할을 한다.

절차 기억은 우리로 하여금 매번 어떻게 반응하고 무슨 동작을 연결해야 하는지 고민하지 않고도 자동으로 행동할 수 있게 도와준다. 의미 기억은 우리가 세상에서 행로를 잃지 않고 올바른 방향을 잡을 수 있게 부축한다. 살아온 족적을 새기는 인생 기억은 사회적 접속을 다지게 하는 일종의 접착제 역할을 한다. 함께 나눌 수 있는 공동의 기억과 추억으로 타인과의 결속을 강화해주기 때문이다. 여기에 우리는 다른 사람을 어떻게 대해야 하는지 경험을 저장해두며 자신의 정체성이라는 것의 대부분을 새겨둔다.

절차와 의미, 그리고 인생이라는 세 가지 기억이 맞물리면서 뇌는 어느 정도 앞을 내다볼 수 있는 예견 능력을 갖춘다. 그리고 여기서 그치지 않고 어찌 살아야 하는지 뜻을 다지며 이를 실천에 옮긴다. 기억이 소중한 것은 과거를 떠올리기 때문이 아니다. 기억은 미래를 향해 뛰는 도움닫기라서 귀중한 것이다.

뇌에 접수되는 모든 정보는 그동안의 기억과 맞추어보고 대조해보는 과정을 거친다. 비슷한 상황과 관련된 정보가 이미 저장되어 있는지 살펴보는 것이다. 예전 것과 다르다거나 새로운 측면이 덧붙여질 경우 정보는 완전히 새롭게 저장된다. 이렇게 해서 앞으로 어떤 상황이 다가올지, 또는 미래에 무엇이 등장할지 판단을 내릴 수 있게 된다. 뇌는 이처럼 종류에 따라 정보들을 분류해 따로 저장한다. 가지런히 잘 정돈된 창고처럼 필요한 것을 정확히 뽑아보며 비교하고 예측하는 뇌의 능력은 정말 놀랍기만 하다.

그러나 우리가 내리는 결정은 기억 체계 하나만으로, 또는 감정 체계에 의해서만, 혹은 보상 체계가 홀로 만들어내지는 않는다. 그렇다면 이제 뇌의 결정 체계를 알아볼 차례이다.

결정 체계

| 결정의 절대요소는 무엇인가 |

잘 내린 결정은 황금 같은 가치를 지닌다. 학자들도 훌륭한 결정의 중요성을 일찌감치 깨우쳤다. 이미 오래전부터 경제학자, 사회학자, 심리학자들이 달려들어 좋은 결정을 내리는 비결이 무엇인지 알아내려 안간힘을 쓴 이유도 거기에 있다. 물론 뇌를 연구하는 신경과학자 역시 이 문제에 골몰했다. 그 결과 여러 가지 중요한 사실을 알아내기는 했지만, 그래도 여전히 언제 어디서나 써먹을 수 있는 확고한 성과를 끌어내지는 못했다. 그리고 앞으로도 이 비밀은 결코 온전히 밝혀낼 수 있을 것 같지 않다.

'결정'은 인간의 뇌 안에서 일어나는 지극히 복잡한 과정의 산물이다. 인간의 뇌는 서로 비슷한 구조를 가지면서도 세세한 측면에서는 각기 다른 특성을 갖기 때문에 저마다 다른 결정을 내리기 마련이다. 이는 일란성 쌍둥이의 뇌를 fMRI로 촬영해 연구한 실험 결과로도 여실히 확인되는 대목이다.

결정 체계의 핵심

아무튼 우리는 뇌의 특정 영역이 결정을 내리는 데 확연히 두드러진 역할을 한다는 것을 알고 있다. 뇌의 전전두피질*은 이러한 결정 체계의 핵심이다. 이것은 대뇌피질의 전두엽에서도 앞부분에 속한다. 전전두엽이라고도 불리는 이 부위는 뇌의 절반 정도를 차지하는 대뇌피질에서 가장 중요한 역할을 떠맡는 곳이다.

전전두피질은 사회가 요구하는 규범을 저장할 뿐 아니라, 전략과 장기적인 계획도 만들어내는 산실이다. 여기서는 현재 들어오는 따끈한 감각 신호를 처리하는 동시에 감정 체계와 보상 체계의 상태도 함께 고려하면서 기억된 내용과의 결합을 이루어낸다. 다시 말해서 뇌 활동의 전반을 조종하는 센터와 같은 곳이 전전두피질이다.

결정은 무의식에서 이미 준비된다

"결정은 의식으로 떠오르기 훨씬 이전에 이미 무의식의 흐름 안에서 준비된다."

베를린의 〈컴퓨터 신경과학 베른슈타인 센터Bernstein Zentrum für Computational Neuroscience〉의 존딜런 헤인스**의 말이다. 우리가 내리는 모든 결정은 수

* Prefrontal cortex: 전두엽에서도 가장 앞부분에 해당하는 곳이다. 운동 능력과 운동을 하기에 앞서 결정을 내리는 부위로 알려져 있다.

** John-Dylan Haynes: 1971년 영국의 폴크스톤Folkestone에서 태어나 독일에서 활약하고 있는 두뇌 연구가. 〈컴퓨터 신경과학 베른슈타인 센터〉의 소장을 맡고 있다.

천 개의 작은 원인들이 중첩되어 빚어진 것이다. 어린 시절의 경험, 문화의 영향, 각종 사건 사고 등 우리가 알고 있는 모든 정보가 함께 어우러져 작용한 결과가 곧 결정이다.

물론 우리는 이 무의식의 결정 과정을 고스란히 되살려낼 수는 없다. 그저 나중에 이러저런 합리적 근거를 들이대며 그럴싸하게 꾸며댈 따름이다. "우리는 결정 과정에 의미라는 소스를 곁들인다."고 울름의 교수 만프레트 슈피처*는 말한다. 노벨 경제학상을 받은 라인하르트 젤텐**은 이런 표현을 쓰기도 했다. "결정은 내려지는 것이 아니다. 결정은 샘솟듯 끓어오른다."

존딜런 헤인스는 fMRI에 누운 사람들에게 왼손이나 오른손 중 어느 쪽으로 작동 단추를 누를 것인지 결정해보라고 청했다. 그리고 이 결정을 내리는 시점을 주목했다. 컴퓨터 영상으로 확인한 결과, 헤인스는 모든 실험 참가자에게 동일한 형태의 반응이 일어나는 것을 알아냈다. 결정을 내릴 때 뇌의 두 영역이 특히 활발하게 활동하는 것을 관찰한 것이다.

이 결과를 분석해보니 왼쪽이나 오른쪽의 단추를 누르는 결정은 이미 이 결정이 내려지기 10초 전에 상응하는 뇌 부분을 활동하게 만드는 것으로 나타났다. 물론 참가자는 자신이 충분히 의식해서 결정을 내렸다고 믿었다.

이때 확인한 영상으로 헤인스는 심지어 60퍼센트에 이르는 높은 확률로 실험 참가자가 10초 뒤에 어떤 결정을 내릴지 예측할 수 있었다. 물론 그렇다고 해서 생각을 읽을 수 있다는 말은 아니다. 우선 대상으로 삼은 실험이 너무 간단한 결정이며, 두 번째로 여러 명의 실험 참가자가 보여주는 뇌 영상이 상당히 비슷해 순전히 우연하게 선택한 것에 비해 약 10퍼센트 정도 더 높은 예상 적중률을 보였기 때문이다.

더 진전된 연구 결과를 얻어낸 사람은 스탠퍼드 대학의 브라이언 넛슨***이다. 그가 행한 실험은 경제 행위의 결정 과정을 관찰하는 것이었다. 넛슨은 실험 참가자에게 20달러를 쥐어주고 상품 구매 결정을 내리는 과정을 fMRI로 촬영했다. 실험 대상자에게 상품의 사진과 함께 그 가격을 보여주고 살 것인지 말 것인지 결정하게 한 것이다.

상품 사진이 가장 먼저 작동시킨 것은 뇌의 보상 체계였다. 가격을 보고 뇌는 마치 통증을 일으키는 것 같은 반응을 보였다. 이렇게 해서 상품을 보는 기대감과 가격으로 비롯된 아픔이 서로 어느 쪽이 더 큰지 무게를 비교한 끝에 결정이 내려졌다. 이 결정을 맡은 부위는 전전두피질의 결정 체계였다. 다시 말해서 구매 행위를 결정짓는 데에는 뇌의 세 가지 영역이 참여했다. 보상 체계, 감정 체계 그리고 결정 체계가 그것이다. 처음 두 영역의 활동을 읽어보면, 궁극적으로 내려질 결정이 어떤 것인지 예상이 가능했다. 물론 이런 과정을 실험에 참가한 사람은 전혀 의식하지 못했다.

이로써 우리는 결정의 과정이 무의식 속에서 이루어진다는 것, 뇌

---

* Manfred Spitzer: 1958년 독일에서 출생한 정신과 전문의. 울름 대학병원의 원장을 맡았다.

** Reinhard Selten: 1930년에 출생한 독일의 경제학자이자 수학자. 이른바 '게임 이론'을 개발한 공로를 인정받아 1994년 노벨상을 받았다.

*** Brian Knutson: 감정의 신경학적 기초를 연구하는 스탠퍼드 대학의 심리학 교수. 최근에는 신경경제학적 결정 과정을 연구하며 주목받고 있다.

의 어떤 영역이 거기에 개입한다는 것을 알게 되었다. 그리고 이 영역이 모든 결정에 관여하지는 않는다는 사실도 함께 확인되었다. 짐작컨대 여기서는 매우 다양한 기준이 적용되는 것 같다. 이를 자기공명영상으로 판별해낸다는 것은 전혀 불가능하다고는 할 수 없지만 지극히 어려운 게 사실이다.

남편이나 아내와 갈라서겠다는 결정에는 어떤 주식을 살까 하는 결정과는 전혀 다른 기준이 적용되는 게 분명하다. 마찬가지로 응급처치를 맡은 의사가 심장마비를 일으킨 환자를 두고 내리는 결정은 익살을 떨기 위해 무대에 서는 연예인의 그것과 같을 수 없다.

결정은 대개 일정한 규칙이나 조종사가 비상착륙을 위해 살펴본 체크리스트와 같은 것을 확인하듯 몇 단계를 거치는 순서에 따라 이루어진다. 다른 결정, 이를테면 부부관계에 위기가 찾아왔을 때 내리는 결정은 지극히 개인적인 요소가 끼어들게 마련이다. 또 이런 결정은 당사자들에게만 국한된 결과를 빚을 뿐이다. 또 그런 결정을 내린 동기 역시 그 자신만 알 따름이다.

네 개의 뇌 체계는 함께 작업한다

결정 체계는 우리가 어떤 의도를 가져야 하는지, 또 태도는 어떠해야 하는지 최종적으로 조율하고 판단하는 역할을 맡는다. 그러나 다른 세 개의 체계가 없다면, 결정 체계는 실제 무기력하기만 할 것이다. 무얼 원해야 좋은지, 왜 그것을 원해야 하는지, 그에 따른 목표는 어떻게 이룰 것인지 알 수가 없기 때문이다. 바로 그래서 네 개의 뇌 체계가 함께 작용하는 것은 아주 중요한 일이다.

결정 체계의 주된 기능은 우리가 이미 가지고 있는 소망과 희망을 실현해내는 것이다. 예를 들어 타인과 소통을 나누는 것은 어느 한쪽이 원하는 것을 다른 쪽에게 맛깔나게 전달해주어 공감을 이끌어내는 것이며, 왜 이런 희망을 갖는지 그 동기를 설득력 있게 풀어주는 것이다. 그래야 상대가 힘을 보태줄 게 아닌가. 그러니까 무얼 원하는지 그 동기는 처음부터 존재하는 것이 아니라, 우리가 가진 본래 의도를 강조하기 위해 나중에 덧붙여지는 게 대부분이다.

전략적으로 생각하고 그에 맞는 구상과 비전을 꾸며보기 위해 우리는 기존 기억을 가지고 새것을 개발해낼 줄 아는 결정 체계를 이용하는 것이다. 새로운 전략은 새 결정을 필요로 한다. 결정 체계는 우리의 주의력을 조종하며 산만하지 않게 집중하도록 유도한다.

경험과 느낌만 가지고는 내릴 수 없는 결정도 부지기수다. 이럴 때 커다란 도움을 주는 게 보상 체계다. 새로운 길을 찾도록 자극하고 고무하며 성공적인 해결책을 찾아내 스스로 보상을 주며 격려하는 게 보상 체계이기 때문이다.

그러나 결정 체계가 항상 모든 것을 정확하게 처리하는 것은 아니다. 보상 체계와 맞물리다보니 너무 성급한 결정을 내리는 바람에 실수가 빚어지는 경우도 왕왕 있다. 이는 무엇보다도 뇌가 너무 많은 감각 정보를 동시에 처리하고 소화하지 못하는 탓에 충분한 주의력의 발휘가 어렵기 때문이다.

외부의 영향력

그럼에도 뇌는 결정을 내리면서 가능한 한 많은 요소들을 함께 고려하려 노력한다. 경험과 몸에 익힌 자동적 행동방식 등 확실히 아는 지식에만 국한하지 않고 더 확실한 외부로부터의 보충 정보를 알아내려 안간힘을 쓴다.

확인한 바로는 결정을 내려야 할 사안의 본래 성격과는 전혀 관계가 없는 외부 상황도 결정에 커다란 영향을 끼친다. 특히 과거의 경험이 좋든 나쁘든 발목을 잡아채는 경우가 많다. 뭐 그런 것을 가지고 그러나 싶을 정도로 우스꽝스러운 게 무시 못할 영향을 미치는 것이다. 하지만 이런 것을 무시해서는 안 된다는 점은 행동심리학이나 신경경제학의 많은 실험을 통해 확실히 입증되었다.

코네티컷 뉴헤이븐의 예일 대학교 심리학자 존 바지*와 로렌스 윌리엄스는 실험을 통해 손에 뜨거운 커피를 들고 있었는지 혹은 차가운 아이스커피를 들고 있었는지에 따라 상대방을 평가하는 태도가 달라지는 것을 확인을 한 바 있다.

대학생들이 참여한 이 실험은 가상의 인물을 설정해두고 미리 정해둔 기준에 따라 그 가상 인물의 성격을 판단하게 하는 것이었다. 그러나 사실 이 실험의 핵심은 이때 내려지는 평가가 외부의 요인에 어느 정도 영향을 받는지 알아내는 것이었다. 이를테면 이런 식이다. 복도

* John Bargh : 예일 대학교 사회심리학과 교수. 1980년대에 자유의지가 실재하는지 연구를 벌여 유명해졌다.

를 걸어가던 학생이, 한 손에 책과 서류 파일을 한 아름 들고 다른 손에는 커다란 머그잔을 든 조교를 만난다. 조교는 승강기를 타고 가는 동안, 학생에게 머그잔을 좀 들어달라고 부탁한다.

실험 결과 절반 정도의 학생은 뜨거운 커피가 들어 있는 잔을, 나머지 절반은 아이스커피가 든 잔을 부탁받았다. 이어진 평가 테스트에서 학생들은 뜨거운 커피를 건네받은 경우는 조교를 온정적이고 사교성이 좋은 성격으로, 아이스커피를 건네받은 사람은 조교를 차갑고 이기적인 성격으로 각각 평가했다. 물론 이때 조교라는 인물에 관해 학생들에게 나누어준 정보는 똑같았다.

어떻게 해서 이런 착각이 발생하는 것일까? 가장 그럴싸한 설명은 다음과 같다. 뇌는 오래전에 입력된 정보보다는 실제 겪는 상황의 외부 정보를 더 중시한다는 것이다. 그러니까 상대방이 실제 어떤 성격을 갖는지 구체적인 정보로 판단하기보다는 그때그때 어떤 상황에서 만났는지, 그 차이에 따라 평가하는 정도가 달라진다. 이로 미루어 뇌는 지금껏 짐작해온 것보다 훨씬 더 강력한 사회성을 갖는 기관이라는 주장이 설득력을 얻는다.

결과적으로 이른바 '거울 신경세포'의 결합은 다른 생명체의 감정과 행동에 반응할 뿐만 아니라, 공간과 같은 환경에도 영향을 받는다. 추상적인 내용을 갖는 언어를 이해할 수 있는 이유도 '거울 신경세포'의 활약에 있다. 특히 개인적인 관계가 중시되는 경우에는 더욱 그렇다.

이렇게 보면 같은 값이면 이름이 자신과 같거나 비슷하게 들리는 사람에게 물건을 사는 행동은 놀라운 일이 아니다. 상호가 친숙하게 들리는 기업을 선호하는 것도 이유가 비슷하다. 로또 번호를 고를 때도 흔히 생일이나 전화번호를 참작하지 않던가.

미국에서는 심지어 실험을 통해 사회보장 번호의 마지막 두 자릿수가 어떤 결정을 내릴 때 영향을 미친다는 것도 밝혀냈다. 물론 이때 중요한 것은 결정을 내리기 전에 이 두 자릿수를 다시 한 번 의식했다는 점이다.

케임브리지의 매사추세츠 기술 연구소의 댄 에리얼리*는 학생들에게 사회보장 번호의 마지막 두 자릿수를 쪽지에 쓰게 했다. 그런 다음 쪽지에 써진 숫자를 한 병의 와인 값으로 받아들일 수 있냐고 물었다. 그러고는 같은 쪽지에 자신이 마음먹은 값을 쓰게 하는 실험이었다.

결과는 사회보장 번호의 마지막 두 자릿 수가 높을수록 학생이 와인 값으로 치르고자 하는 액수도 올라갔다. 이미 이 숫자를 와인 값으로 생각했던 터라 이 액수가 머릿속에 뿌리박힌 것이다. 대학생은 와인 가격을 정하면서 무의식적으로 머릿속에 새겨진 숫자를 결정에 반영했다.

영국의 실험에서는 300명의 펀드 매니저들을 상대로 자신의 전화번호를 쓰게 하고 런던에 개업하고 있는 의사가 전화번호 뒤의 네 자리 수보다 많은지 물었다. 예를 들어 전화번호가 3549로 끝났다면, 런던의 개업의가 3,549명보다 많은지 물어본 것이다.

실험은 다음과 같은 결과를 보여줬다. 전화번호 뒤의 네 자리 수가 7000보다 높은 수일 경우, 의사는 평균적으로 8,000명이라고 대답했으며, 3000보다 적은 수일 때에는 역시 평균적으로 의사의 수가 4,000

명에 가깝다고 답했다. 전화번호의 숫자가 개업의가 몇 명인지와 아무 상관이 없음에도 평가를 하는 데는 분명한 영향을 준 것이다.

인간은 자신이 알고 있는 것을 모르는 것보다 더 높게 평가하는 경향을 갖는다. 바로 그래서 자신에게 익숙한 것을 선호하며, 보다 더 좋거나 합목적적인 다른 해결책을 무시한다. 우리의 지각이 알고 있는 것에 매달리는 탓에 더욱 의미가 풍부하고 합목적적인 것을 외면하는 일이 벌어지는 것이다.

특정 사물을 그것만 따로 떼어 지각하지 않고, 그 주변 환경과 맞물려 바라보는 것을 일러 '프레이밍 효과'** 라 부른다. 그만큼 특정 정보나 결정이 자리를 잡는 주관의 해석 테두리는 커다란 비중을 차지한다.

사람의 심리에 능통한 상인은 고객에게 보통 세 가지 제안을 한다. 하나는 놀라울 정도로 비싼 것을, 또 다른 하나는 아주 싸지만 별로 볼품이 없는 것으로, 그리고 가격대비 만족도가 알맞은 중간치를 선보이는 것이다. 고객은 당연히 중간치를 선택하는 데 망설임이 없다. 만약 비싼 것과 싼 것을 보여주지 않았더라면, 중간치를 고르기는 쉽지 않을 것이다.

---

* Dan Ariely: 1967년생으로 이스라엘 출신이며 현재 뉴욕 듀크Duke대학교에서 심리학과 행태 경제학을 가르치고 있다.

** Framing-effect: 이스라엘 출신의 심리학자 다니엘 카너먼Daniel Kahneman(1934년생, 2002년 노벨 경제학상 수상)이 만들어낸 개념. 같은 내용의 메시지라도 수신자의 태도에 따라 표현이 달라지는 것을 'Framing-effect'라고 부른다. 우리말에 적당한 게 없어 원어를 그대로 적었다.

중요한 결정에는 시간이 필요하다

모든 것을 종합해볼 때 흔히 말하는 가슴으로 내리는 결정이나 본능적 직관이라는 것을 무조건 믿는 것은 잘못이다. 가슴이나 본능은 그저 좋은 수사일 뿐, 사실 모두 머리가 내리는 결정이다. 훨씬 더 중요한 것은 어떤 커다란 결정을 내릴 때에는 충분한 시간을 가지고 숙고하는 태도이다. 하룻밤 혹은 며칠 밤 그 문제를 끌어안고 잠을 자라! 무의식에게 충분한 준비를 하도록 만든 끝에 결정을 내리는 게 최선이다.

어느 한 결정 대상만 고집하거나 거기에만 골몰하는 것은 좋지 않다. 어떤 차를 사야 할지, 얼마의 돈을 어디에 투자할지, 혹은 여자 친구에게 프러포즈를 하는 게 좋을지 어떨지 등의 문제는 언제나 '메타 차원'*에 올려두고, 보다 커다란 틀에서 바라보는 게 중요하다.

이때 왜 도대체 그런 결정을 내려야 하는지 동기를 캐묻는 자세를 가져야 한다. 결정에 영향을 미치는 요소들이 무엇인지 두루 살피는 태도가 바람직하다. 혹시 지금까지 단 한 번도 고려하지 않은 요소는 없을까? 결정 과정 전체를 반추하면서 혹시 실수를 범인 경우는 없는지 곱씹어보는 것도 좋다. 조급함은 인생을 망치는 주범이라는 사실을 기억할 필요가 있다.

---

* 신경과학에서 Meta는 무의식을 뜻한다.

결정은 조건에 따른다

결정의 유형을 나누는 데는 몇 가지 기준을 생각해볼 수 있다. 먼저 중요한 결정과 중요하지 않은 결정이 있다. 아쉽게도 그 결과는 나중에 가서야 밝혀지곤 한다. 두 번째는, 감정에 따른 결정과 합리적인 결정이다. 그리고 또 하나는 충분히 숙고한 결정과 즉흥적으로 내린 결정을 꼽을 수 있다.

일반적인 인생 경험으로 미루어 볼 때 이런 결정 간의 차이는 서로 아무 상관없이 일어나지 않으며, 그때그때 상황에 따라 전혀 다른 강도를 발휘한다.

고전 경제학은 인간의 행동을 조종하는 일차적인 조건을 외부에서만 찾았다. 특정 물건을 갖고 싶다는 욕구, 그 가격과 품질 및 쓸 수 있는 수입이 인간의 결정을 조종한다는 주장이었다. 그러나 이는 사실이 아니다. 신경경제학은 경제 행위에 영향을 주는 조건을 전혀 다른 곳에서 찾았다.

결정의 힘을 판가름하는 특징이라면 확실하게 알고 내린 결정인지, 불확실한 가운데 내려진 결정인지의 차이일 것이다.

확실한 결정은 사람의 예측이 십중팔구 맞아떨어지는 것을 뜻한다. 앞으로 다가올 상황을 충분히 알고 있는 것이다. 전기 스위치를 켜면 불이 환히 밝혀지며, 자동차 열쇠를 돌리면 시동이 걸린다. 이는 경험이 가르쳐주는 바로서 거의 맞아떨어진다.

원했던 상황이 만들어지지 않거나, 기대가 불발로 끝날 수도 있다.

그러나 우리는 앞으로도 이런 확실한 결정을 내리기 위해 애쓰리라는 것에는 달라지는 바가 없다. 스위치가 망가졌거나 차의 배터리가 방전되었을 수 있지만 그런 상황은 예외에 속한다. 곧 다른 대안을 찾아야 하겠지만, 결정을 내리는 원리에서 변하는 것은 아무것도 없다.

누구나 확실한 결정 내리기를 좋아한다. 절대적인 확실성이란 없겠지만, 경험을 곱씹어 모든 정황을 가능한 한 정확히 알면 최대의 확실성은 이끌어낼 수 있다.

불확실한 결정이란 미래에 어떤 상황이 벌어질지 확실하게 말할 수 없는 경우이다. 주어진 정보가 턱없이 부족하고 과거의 경험을 뒤적여 보아도 믿고 의지할 게 별로 없는 경우이다. 불확실한 결정은 위험을 감수해야 하고 불안감이 따른다.

위험한 결정의 전형적인 예는 룰렛 게임이다. 붉은색이나 검은색 칸에 구슬이 들어가는 쪽에 사람들은 돈을 건다. 구슬이 꽝에 걸리지 않는 한, 이길 확률은 정확히 반반이다. 이기는 경우에는 건 돈의 두 배를 돌려받는다.

룰렛은 복권처럼 이기거나 질 확률이 잘 알려진 게임이다. 49개의 숫자 가운데 여섯 개를 고르고, 여기에 다시 1부터 10중 하나를 맞춰야 하는 독일 복권에서 당첨될 확률은 1억4천만 분의 1이다.

흔히 위험 부담이 있는 결정을 불안한 결정과 혼동하는 경향이 있다. 불안한 결정이라는 것은 어떤 상황이 벌어질지 예측은 할 수 있지만, 그 확률은 모르는 경우에 해당한다.

예를 들어 주식을 사는 경우, 우리는 주식의 시세가 일정하게 유지

될지 아니면 올라가거나 떨어지리라는 것을 알고 있다. 그러나 언제 어떤 상황이 벌어질지 확실한 예측은 불가능하다. 이런 불확실성에도 불구하고 사람들은 주식이 오를 것이라는 기대만으로 결정을 내린다.

사실 대부분의 결정은 불확실한 가운데 내려진다. 이런 불안을 사람들은 마치 위험 부담처럼 착각하는 것이다.

우리는 불확실한 가운데 내려진 경제적 결정에 특정한 실수가 반복되어 빚어지는 상황을 종종 목격했다. 심리학자 다니엘 카너먼과 아모스 트버스키*는 일련의 실험을 토대로 '기대 이론Prospect theory'이라는 것을 만들어 2002년 노벨상을 받았다. 이 이론에 따르면 경제적 결정에는 특정한 기대가 선행하는 탓에 무수한 지각의 오류가 끼어들며 무시할 수 없는 영향을 미친다는 것이다. 이는 비단 경제적 결정에만 국한되는 이야기가 아닐 것이다. 우리가 내리는 모든 결정에는 감각의 혼란이 한몫 단단히 거들고 있다.

착각의 원인들

'기대 이론'의 개념을 자신이 내리는 결정의 토대로 삼는다면 그만큼 올바른 결정을 내리기는 쉬워질지도 모른다. 여기서 '기대 이론'을 지탱하는 착각의 원인들을 살펴보기로 하자.

---

* Amos Tversky: 1937~1996. 이스라엘 출신의 심리학자로 이른바 "인지 심리학"을 개척한 선구자로 불리는 인물이다.

과도한 자신감

자신감과 자부심은 손을 맞잡고 나아가는 감정이다. 둘은 적극적인 보상 체계, 안정적인 감정 체계, 지식, 능력, 좋은 기억 등에 뿌리를 둔다. 자부심이 다른 사람이 나에게 기대하는 것에 초점을 맞추고 있다면, 자신감은 내가 스스로에게 갖는 기대이다. 축복 받는 인생을 살아내기 위해 자신감과 자부심은 높을수록 좋기는 하다. 다만, 현실과 동떨어질 정도로 높으면 곤란하다.

지나친 자신감은 대개 자신의 능력과 지식을 과대평가하는 탓에 빚어진다. 그 좋은 예가 매년 알프스에서 산악 구조대에 의해 구출되는 수많은 등산객들이다. 전문 산악인조차 완전한 장비를 갖추어야만 오르는 험산에 티셔츠 한 장 걸치고 만용을 부리다 화를 당하는 것이다. 고산 지대와 날씨를 얕잡아볼 뿐 아니라, 자신의 체력을 지나치게 과신한 탓이다. 이런 잘못된 결정은 골절상과 동상으로 이어지며, 심지어 죽음으로 끝나는 경우가 많다.

자기 능력을 과신한 탓에 빚어지는 실수는 적지 않다. 취미 삼아 뚝딱거리며 무얼 만들기 좋아하는 남자가 자기 집의 전기회로가 어떻게 이뤄져 있는지 정확히 알아야겠다면서 전기드릴을 잘못 쓰는 바람에 집을 통째 태워먹은 사고도 독일에서 있었다. 지붕에 생긴 조그만 틈새를 수리한다고 나서다가 담벼락과 지붕이 폭삭 주저앉게 만들어 겨울을 나지 못한 일도 있다. 지나친 자신감으로 벌어진 사고의 목록은 다양하고 길기만 하다.

미래의 전망도 부풀리기 일쑤다. 당신의 일자리는 정말 안전한가?

막대한 대출을 받아 집을 장만하는 게 진짜 현명한 선택일까? 차라리 주택 시장의 동향을 좀 더 차분하게 지켜보며 계속 저축을 하는 게 더 낫지는 않을까?

결정을 내리는 데에는 흔히 감정과 희망이 무시할 수 없을 정도로 영향을 끼친다. 합리적으로 따지면 절대로 선택되지 말았어야 할 결정이 내려지는 이유가 거기에 있다. 게다가 여기에는 미신도 한몫 거든다. 미신은 우리가 짐작하는 것 이상으로 널리 퍼져 알게 모르게 발목을 잡는다. 어떤 경제 상황에서든 점쟁이가 호황을 누리는 까닭은 달리 설명할 수가 없다. 그러나 미래를 위한 결정을 미래를 마음대로 쥐락펴락하는 것과 혼동해서는 곤란하다.

잘못된 믿음

본래 우리가 어떤 결정을 내릴 때면 그 근거가 되는 확고한 가치가 있게 마련이다. 이를테면 도덕규범 같은 아주 긍정적인 가치 말이다. 기업이 거래처로부터 새로운 주문을 따내기 위해 접대를 하거나 뇌물을 주어서는 안 된다는 요구는 사회의 건전성을 유지해주는 중요한 가치다. 이런 튼튼한 가치 위에 세워진 사회는 좀체 흔들리는 일이 없을 것이다.

문제는 오랫동안 한 가지 기술에만 매달림으로써 발생하는 치명적 결과다. 시장에서 우위를 갖게 해주는 지금까지의 기술만 붙들고 새 기술의 개발을 등한시하면 경쟁 기업에게 추월당하는 것은 시간문제다. 더 뛰어나고 싼 가격을 자랑하는 신기술의 개발은 그만큼 중요한 문제다. 이는 일관성에 대한 고집이 적지 않은 약점으로 작용하는 경우다. 그 좋은 예가 카메라 제조업체 '라이카'[*]다.

품질에만 주력하는 일관성은 우리가 일상에서 취해야 할 이상이기는 하지만, 다른 사람에게 악용될 위험을 지닌다. 특정 가격에 비행기를 제작, 공급하기로 계약을 맺느라 비행기 제조업체들은 치열한 경쟁을 벌인다. 그러나 막상 계약이 맺어지면 주문자의 태도는 돌변한다. 가격은 고정이 되어 있는데, 에너지 '소비효율이나 더 뛰어난 성능의 엔진 등을 계속 요구하는 것이다. 변하지 않는 유일한 것은 가격이다. 가격만큼은 계약대로 하자면서, 계약 이상의 품질을 요구하고 압박한다. 지금 이런 상황으로 '에어버스'[**]는 곤욕을 치르고 있다.

고집과 일관성은 주식시장에서 더욱 위험하다. 당신이 몇 년 전 특정 가격에 어느 회사의 주식을 구매했는데, 그동안 안정적인 상승곡선을 그리던 주가가 떨어지기 시작했다. 회사가 다른 경쟁업체보다 열악한 경영실적을 보여주고 있기 때문이다. 그럼에도 회사는 조금도 변화할 기색을 보이지 않는다면 당장에라도 이 주식을 팔아야 한다. 처음의 기대에만 매달려 시기를 놓치면 그야말로 최악의 결과가 나올 수 있다.

혹시라도 반등세를 보이는 게 아닐까 기대를 끊지 못하고 매달리는

---

* Leica: 1849년에 카를 켈너Carl Kellner가 설립한 광학연구소를 모태로, 1986년에 에른스트 라이츠Ernst Leitz가 주식회사의 형태로 상장한 카메라 전문제조기업. 내구성이 뛰어나고 탁월한 성능을 자랑하지만, 경쟁기업보다 훨씬 고가에 파는 탓에 몇 차례 위기를 겪은 기업이다.

** Airbus: 항공기 제작산업에서 미국과 경쟁하기 위해 영국, 프랑스, 독일 정부가 합작 출자한 회사. 프랑스의 툴루즈Toulouse에 본사가 있다.

것이야말로 앉아서 화를 부르는 격이다. 물론 주식을 구매할 당시에 투자한 원금을 회수하지 못하는 것은 보통 쓰라린 게 아니다. 그러나 이런 상황에서 원금은 발목을 잡아매는 덫이 될 수 있다.

우리를 잘못된 판단으로 이끄는 흔한 덫에는 이른바 '소비자 권장가격'이 있다. 이는 생산자가 아무런 구속력이 없이 매겨놓은 가격일 뿐이다. 어떤 판매업자가 권장가보다 20퍼센트나 싼 가격에 텔레비전을 판다고 해서 덥석 구매했다가는 낭패를 볼 수 있다. 물론 뇌의 보상 체계는 당장 구매하라고 명령을 내릴 것이다. 그러나 며칠 후 시장을 돌아보면 때는 이미 늦어 쓰라린 가슴을 달래야만 할 수도 있다. 그 어떤 업자도 권장가격을 지키지 않기 때문이다. 똑같은 제품을 30퍼센트 싼 가격에 파는 것을 보는 순간 이미 상황은 종료되었다.

경험에 대한 지나친 의존

과거에 어떤 문제를 아주 성공적으로 해결했다고 해서, 다시금 같은 문제에 직면했을 때 그 경험만 믿었다가는 낭패를 볼 수 있다. 친숙하고 익숙한 경험일수록 시험대가 필요하다.

어떤 상인이 돌연 나타난 경쟁자를 보고 분통이 터진 나머지 가격 인하라는 익숙한 경험을 전가의 보도처럼 휘둘렀다. 그는 다시 돌아오는 고객을 보며 안도의 숨을 내쉬었다. 옛 경험으로 보아 이내 경쟁자는 꼬리를 내릴 터였다. 그때 가서 가격을 다시 올리면 간단하지 않은가. 그러나 경쟁자는 쉽게 포기하지 않고 그도 가격을 내렸다. 본격적인 가격 인하 전쟁이 막을 올린 것이다. 좀 더 이성적인 해결책은 상품 공급처를 새로 찾아본다든지, 보다 더 좋은 품질로 경쟁하는 일이다. 그러나 가격을 낮추니까 통하더라는 과거의 경험으로 밀어붙였다가 진퇴양난에 빠진 쪽은 자신이었다. 파괴적인 가격 인하 전쟁을 버텨낼 수 있는 상인은 없다.

손실에 대한 두려움

혹시 손해를 입을 수도 있다는 두려움은 눈앞에 펼쳐진 이득의 기회를 놓치도록 만든다. 손실을 바라보는 이런 공포를 가장 잘 확인할 수 있는 곳은 주식시장이다.

사람들은 최저가 주식은 사지 않는다. 주가가 상승곡선을 그리고 나서야 조심스레 구매를 저울질한다. 또 주가가 어느 정도 수준에 올라도 팔 생각을 하지 않는다. 더 오르기를 기대할 뿐 팔고 나서 더 오르면 엄청난 손실을 보았다고 생각하기 때문이다.

대다수의 주식 투자자는 보유한 주식이 상종가를 치고 다시 떨어지기 시작한 다음에야 주식을 판다. 더 떨어질까 두려워하는 탓이다. 시세가 오를 때 주식을 샀기 때문에, 현재 시세가 구입 가격보다 떨어지는 일은 쉽게 발생할 수 있다. 그래서 투자자는 가격이 떨어지고 있음에도 계속 주식을 포트폴리오에 잡아두려 한다. 결국 가격이 최저점을 치면, 그때서야 화들짝 놀라 서둘러 주식을 처분한다. 더 떨어지는 게 아닐까 하는 두려움이 다시 가격이 오를 거라는 기대감을 압도하는 것이다.

바로 그래서 주가는 팔고난 직후 다시 오름세를 타는 경우가 흔히 벌어진다. 결국 주식시장의 오랜 지혜가 하나도 틀림이 없는 것이다.

"우왕좌왕이야말로 호주머니를 털어가는 주범이다."

손실을 바라보는 두려움이 어떤 것인지, 그 두려움에서 비롯되는 행동이 구체적으로 무엇인지 보여주기 위해 어떤 대학 교수는 제자들을 상대로 20달러 지폐를 경매에 붙이기로 했다. 물론 경매는 특별한 규칙 아래 이루어졌다. 지폐는 최고 가격을 제안한 학생이 갖지만, 두 번째로 높은 가격을 부른 학생은 실제 그에 해당하는 벌금을 물게 한 것이다.

처음에 경매는 순조롭게 이루어졌다. 한 학생이 호기롭게 1달러를 외치자 이내 2, 3, 4달러로 호가는 높아져 갔다. 그러나 12달러에서부터 상승세에 제동이 걸리더니 서로 눈치를 보아가며 간신히 16달러에 도달했다. 섣불리 가격을 부르다가 추월당하면 얻는 것 하나 없이 생돈을 빼앗기는 참사가 기다리고 있으니 말이다.

결국 두 명의 학생만이 남았다. 이 둘은 어떻게든 손해를 보지 않으려 안간힘을 썼다. 20달러 지폐를 두고 마침내 20달러라는 값을 한 학생이 부르자 19달러를 제안했던 다른 학생은 울며 겨자 먹기로 21달러를 부르지 않을 수 없었다. 여기서 중단했다가는 19달러라는 돈을 고스란히 빼앗기고 말기 때문이다. 1달러를 잃는 게 19달러를 내놓는 것보다는 훨씬 나으니 말이다. 그러나 이런 두려움은 상대도 똑같이 느낄 게 아닌가. 20달러를 잃느니 2달러를 손해 보는 게 낫다고 생각한 것이다.

교수가 20달러 지폐를 경매에 붙여 얻어낸 최고가격은 자그마치

400달러였다. 물론 교수는 이 돈을 자신이 챙기지 않고 자선 목적으로 기부했다.

혹 이를 대학생의 어리석음으로 돌릴까 싶어 똑같은 경매를 경영자 세미나에서도 실험해보았다. 결과는 마찬가지였다. 손실에 관한 한, 재계의 실력자들 역시 조금도 영리하게 굴지 못했다.

사소함의 법칙

'기대 이론'이 결정의 오류를 설명하는 원리 중에 '사소함의 법칙'이라는 것이 있다. 인간은 별 것 아닌 결정을 내리는 데는 어처구니없이 많은 시간을 할애하지만, 정작 중요한 결정은 그 중대성에 비교도 안 될 만큼 적은 시간을 들인다는 역설이다. 사회학자이자 역사학자인 노스코트 파킨슨* 교수는 1980년에 이미 자신의 책 『파킨슨의 새 법칙The new Parkinson's Law』에서 이 '사소함의 법칙'이라는 것을 역설했다. 교수가 말하는 사소함의 법칙은 이렇다.

"회의 안건을 다루는 데 들이는 시간은 그 안건에 소요되는 비용의 크기와 반비례한다."

그 좋은 예로 파킨슨 교수는 어떤 대기업의 임원회의를 들었다. 회장과 열 명의 이사들이 참가한 회의는 1억 파운드**의 비용을 들여 새 공장을 지을 것인지 의결하는 게 주요 안건이었다. 이사들 가운데 네

* Cyril Northcote Parkinson: 1909~1993. 영국 출신의 역사학자이자 사회학자. 본문에서 언급한 책은 1957년에 이미 『파킨슨의 법칙Parkinson's Law』에서 발표되었던 것을 1980년에 개정해 출간한 것으로 보인다.

** 당시의 환율로 약 1,500억 원에 해당하는 액수.

명은 그 공장이 어떻게 기능하는지 전혀 몰랐으며, 심지어 다른 세 명은 왜 그런 공장이 필요한지조차 알지 못했다.

회장과 나머지 세 명의 임원 가운데 공장 건설에 드는 비용이 얼마 정도가 적당한지 아는 사람은 두 명뿐이었다. 이 두 사람 가운데 한 명은 공장 건설보다 친구를 사업에 끌어들이는 게 더 절박한 관심사였다. 애타게 호소를 했지만, 그의 제안은 거절되었다. 마지막으로 남은 한 명은 도대체 왜 그런 공장이 필요한지 다른 임원들에게 설명해줄 기분이 아니었다. 이렇게 해서 공장의 신축은 단지 15분 만에 결정되었다.

다음 안건은 직원들을 위해 본부 건물 앞에 자전거 거치대를 설치할 것인가의 문제였다. 여기에 들어가는 비용은 3천5백 파운드였다. 이 안건을 두고 임원들은 1시간 15분에 걸쳐 격론을 벌인 끝에 결국 다음 회의로 결정을 보류하고 말았다. 임원들은 저마다 자전거라는 게 무엇이고, 그것을 어떻게 보관해야 하는지 자신이 가장 잘 안다고 침을 튀겨댔다.

파킨슨의 이야기가 우습게 들릴지는 모르나, 이게 바로 우리가 일상에서 결정을 내리는 실상이다. 예를 들어 우리는 뭐가 만년필이고, 그게 어떤 모양이어야 하며, 가격은 어느 정도가 적당한지 잘 안다. 그런데도 문구점에 가서 만년필 한 자루 고르는 결정을 내리기는 무척 힘들다. 거꾸로 컴퓨터의 사양이 어떤 게 정확히 업무에 필요한 것인지 대다수의 사람들에게는 도통 이해할 수 없는 수수께끼일 따름이다. 그래서 오래 고민할 것 없이 할인매장으로 달려가 한시적 특별 세일로 나온 제품을 골라버린다. 이 결정을 내리는 데 들인 시간은 대개 만년필을 고르는 데 허비한 시간에 비해 확실히 짧다.

날아간 내 아름다운 돈이여

결정을 잘못 내려 손실을 입은 사람은 보통 오랜 시간에 걸쳐 그 손실을 안타까워한다. 그 아픔을 쉽사리 잊지 못하는 것이다. 그러나 쓰라리지만 어쩔 것인가. 이미 일어난 손실을 만회할 길은 없다. 그럼에도 잘못 내린 결정은 머리에서 쉽사리 지워지지 않는다.

이는 손실을 아파하는 뇌 부위가 보상 체계보다 집요하고 끈질겨서 생겨나는 현상이다. 벌써 오래전부터 보상 체계는 새로운 과제를 찾아 두리번거리고 있는데, 통증을 소화하는 체계는 더 큰 손실을 입어야만 비로소 예전 손실을 잊어버린다. 바로 그래서 인간은 얻어낸 이득보다 잃어버린 손실을 더 안타까워하고 두려워하는 것이다.

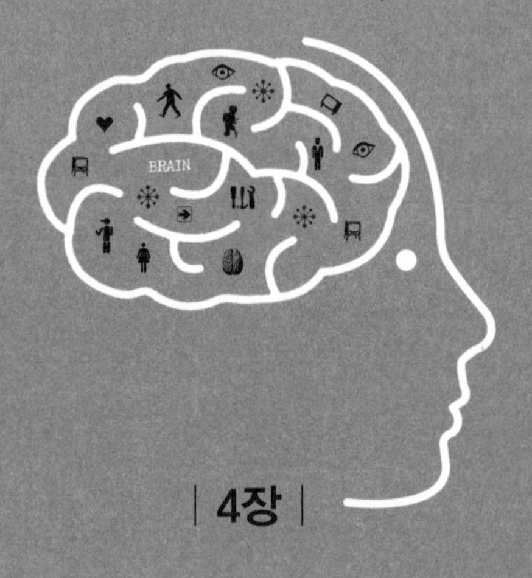

| 4장 |

나와 뇌의 동상이몽

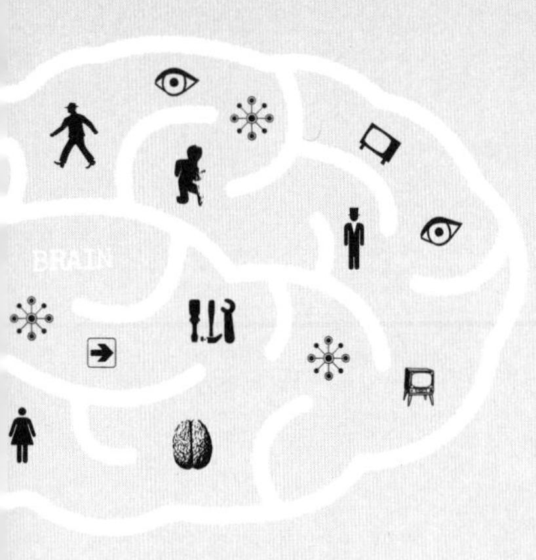

"생각을 하는 것은 나일까, 아니면 뇌일까?"

이런 의문은 자신과 뇌를 구별할 줄 안다는 전제에서 시작된다. 자신의 자아, 곧 정체성을 자신의 뇌와는 다른 어떤 것으로 여긴다는 뜻이기 때문이다. 우리는 종종 뇌를 일종의 도구로 간주한다. 손을 가지고 무언가 붙잡고 움직이는 것처럼 뇌를 가지고 생각을 하며 사물을 파악한다고 여긴다. 자아와 뇌 사이의 이런 구별은 타당한 것일까. 지금부터 그것을 살펴보기로 하자.

뇌 속에는 내가 없다

오늘날 뇌 연구와 관련해 상당히 복잡한 문제들이 격론을 불러일키고 있다. “나는 누구인가?” 하는 것에서 “의식이란 무엇인가?” 혹은 “나는 정말 자유의지를 갖는가?” 하는 물음이 그런 문제의 좋은 예이다. 이런 물음을 놓고 뇌 연구가, 심리학자, 철학자 등은 그 답을 얻기 위해 불꽃 튀는 논쟁을 벌여왔지만, 어느 것 하나 분명한 결론을 이끌어내지 못했다.

자아든 의식이든 또는 자유의지든, 이들은 모두 생각의 다양한 요소가 함께 어울려 빚어진다. 뇌에는 ‘나’라는 의식을 저장하는 고정된 장소가 없다. 의식이라는 현상을 만들어내는 특정 부위가 따로 있지 않으며, 자유의지를 만들어내는 부분을 확인할 수도 없다.

이 모든 것은 뇌의 여러 부분들이 함께 어우러지며 다양한 규칙에 따라 빚어내는 현상이다. 의식이란 불과 몇 초에 지나지 않는 순간의 포착일 따름이다. 바로 지금 내가 생각하는 것, 말하는 것 혹은 쓰거나 기억하는 것 등을 순간적으로 잡아둔 게 의식이다.

마치 어두운 밤에 주변을 돌아보기 위해 비추는 랜턴 불빛 같은 게 의식인 셈이다. 이 빛이 환히 비추는 반경 가운데 들어오는 것을 우리는 명료하고 분명하게 알아차린다. 불빛을 계속 움직이면 새로운 다른 것을 발견하지만, 앞서 보았던 게 무엇인지 잊지 않으며, 더 이상 보지 않을지라도 그것이 여전히 있다는 것을 안다.

자아의 상황도 비슷하다. 나는 지금 현재의 내가 누구인지 알며, 다른 사람을 상대로 내가 누구라고 설명할 수도 있다. 이때 나라는 자아는 지극히 다양한 요소들이 함께 어우러지며 빚어내는 만화경 같은 것이다. 나는 내가 지금 막 느끼며, 이러저러하기를 희망하는 바로 그것이다. '나'에는 몸과 가족 관계, 직업, 정치적 견해, 심지어 집과 자동차와 친구 같이 아주 다양한 요소들이 속한다. 이 다양함이 서로 어울려 나를 이루는 것이다.

더욱이 나의 자아는 나라는 인격체를 넘어서서 밖을 향해 나아가며, 수많은 형용사가 따라붙는 존재이다. 이 많은 형용사 가운데 거의 대부분은 오랫동안 그런 게 있는지조차 의식되지 않는다. 그랬다가 나에 의해 의식의 수면 위로 떠올려지거나, 다른 사람의 지적으로 깨달아지기도 한다. 예를 들어 내가 어떤 것을 좋아하는지 아니면 싫어하는지, 스스로 자문하거나 남에게 질문을 받는 것이다.

나라는 자아를 이루는 핵심은 아마도 불변의 것인 모양이다. 그럼에도 희한한 것은 주변 환경의 변화에 극도로 민감하게 반응한다는 사실이다. 내가 당면한 상황이 어떤 것이냐에 따라, 나라는 자아의 특정 측면이 전면에 나서는 것이다.

새로운 경험으로 말미암아 나라는 자아의 핵심은 변화한다. 그렇지만 이때 인간이 이런 변화를 의식적으로 조종하는 것은 아니며, 또 마음먹은 대로 조종되지도 않는다. 이런 변화는 흔히 다른 사람의 지적으로 깨달아진다. 이처럼 내가 나 자신을 지각하는 데는 일정 정도 거리를 두는 게 필요하다. 바로 그래서 나는 십 년 전이나 3십 년 전의 내가 누구였는지 당시보다 더 잘 알 수 있다. 이처럼 시공간의 간격을 두고 볼 때 나라는 자아는 더욱 잘 이해된다.

타고난 능력이란

유전적으로 타고난 능력은 적절한 환경에서만 그 힘을 발휘한다. 타고난 능력일지라도 장려하고 촉구해야 진정 쓸모 있는 능력으로 발달할 수 있다. 장려와 촉구가 없으면 아무리 뛰어난 재능일지라도 위축되고 졸아들며, 끝내 다른 특성에 자리를 내어주고 만다.

인간이라면 누구나 특정 능력을 타고나며, 이를 발달시키려는 목적을 추구한다는 점은 거의 틀림이 없는 사실이다. 다만 유감스럽게도 이런 능력을 조기에 발견해 집중적으로 장려하기란 결코 간단치 않다. 아이들의 경우, 기본적으로 저마다 자신의 특성에 알맞은 길을 가게 되며, 관심과 애정으로 돌보고 보살펴야 한다.

간혹 부모가 원하는 방향으로 일부러 아이의 적성을 유도하려는 경우를 보는데, 이는 아이 자신에게 전혀 도움이 되지 않는다. 없는 능력이 강제한다고 생겨나는 것은 아니기 때문이다. 또 막대한 상을 주겠다며 달콤한 유혹을 한다고 해서 있지 않은 능력이 돌연 깨어날 리는 만무하다. 이런 태도는 오히려 진짜 타고난 능력이 가로막혀 질식당하는 파괴적 결과를 불러올 수 있다.

음악의 재능을 타고난 아이가 기독교 찬송가를 들으며 자라든 아프리카 밀림의 부족이 부르는 노래를 듣고 자라든 그 음악적 재능에는 아무 상관이 없다. 부모가 청력을 갖지 못했음에도 뛰어난 음악 재능을 가진 아이는 얼마든지 태어날 수 있다. 이런 재능이 발달하는 데 치명적인 것은 오로지 음악을 하지 못하게 금지하는 환경일 따름이다. 부모가 욕심에 눈이 어두워 아이의 타고난 재능을 왜곡하고 짓밟는 것이야말로 아이의 인생을 불행하게 만드는 가장 큰 원인임을 명심해야 한다.

건강한 뇌는 병든 생각을 하지 않는다

정상적으로 기능하는 건강한 뇌는 병적인 생각을 만들어내지 않는다. 적어도 인생을 살아가며 위중한 잘못을 저지르게 만드는 생각은 건강한 뇌라면 스스로 걸러낼 줄 안다. 그래서 말이지만 잘못된 행동을 하는 사람은 아무래도 뇌 기능에 이상이 일어난 것으로 봐야 할 듯하다. 그러나 현재 의료 기술로는 아직 이를 진단해낼 수 없거나, 그 연관관계를 온전히 입증할 수 없을 따름이다.

오늘날 뇌 연구는 성범죄나 살인 같은 중범죄를 저지르는 범인이 정보를 처리하고 결합하는 차원에서 뇌 기능 이상에 초점을 두고 문제에 접근한다. 옛날에는 이런 기능 이상을 방사선 촬영이나 사망자의 뇌를 해부해보는 데 그쳤다. 하지만 영상 활용 기법이 생겨나면서 생동하는 뇌에서 일어나는 활동들을 연구할 길이 열린 것이다.

살인자나 성범죄자의 경우, 사회적 통제 능력을 지닌 전두엽 기능이 정상적이지 않거나 불충분하게 일어나는 것으로 확인되었다. 여기에는 여러 가지 원인을 추정할 수 있다. 어려서 뇌 기능에 손상을 일으키는 부상을 입었거나, 뇌가 정상적으로 작동하지 못하게 만드는 사고를 당했을 수도 있다. 물론 부모로부터 물려받은 유전적 형질도 그 원인 가운데 하나다.

그런 손상의 범위와 영향은 오늘날에도 여전히 정확하게 밝혀지지는 않았다. 그럼에도 질병이라는 개념을 지금껏 관찰할 수 없는 것으로 제외해온 현상에까지 적용할 수 있게 된 것은 아주 중요한 의미를 갖는다. 이런 측면에서 볼 때 자유의지를 둘러싼 논쟁이 다시금 불붙으리라는 것은 피할 수 없는 노릇이다.

결정을 내리는 도구가 의식이라고 여겼던 시절, 의지와 결정의 자유 그리고 행동의 책임은 의식에 자리 잡고 있는 것으로 여겨졌다. 그러나 이제 결정은 무의식의 차원에서, 다시 말해 의식과는 무관하게 내려지는 것으로 밝혀졌다. 결국 의지라는 것은 행동하는 당사자가 관찰도 통제도 할 수 없는 게 되어버리고 만 것이다. 그럼 대체 자유의지라는 것을 어떻게 해석해야 좋을까. 아직 해결의 실마리가 잡히지 않는 아주 까다로운 문제가 아닐 수 없다.

재능과 환경의 어울림

뇌와 정신의 관계는 근육과 운동의 관계와 같다. 근육은 운동으로 만들어지며 운동을 통해 단련된다. 다시 말해서 운동을 해야 근육은 특정 형태로 키워지고 발달한다. 사용하지 않는 근육이 풀어지는 것처럼, 생각하지 않는 뇌는 쇠퇴한다. 이처럼 재능과 환경은 서로 밀접하게 맞물려 있다.

인간이 사회적 존재라는 것은 모두가 지당한 것으로 받아들이는 전제다. 유전자는 남자든 여자든 홀로 험난한 인생을 헤쳐 나가지 않고 함께 만나 번식 행위를 해야 그 생존의 기회를 높인다. 이처럼 인간은 다른 사람과 공동체를 이루고 살아야 하는 존재다. 일단 태어나면 다른 사람과 소통하도록 강제 받는 게 인간인 셈이다.

그러니까 처음부터 인간의 뇌에는 나도 있고 남도 있다는 생각이 당연한 것으로 아로새겨진다. 나와 남 사이에는 누구에게나 똑같이 작용하는 보편적인 행동 원리가 일찌감치 형성되는 것이다. 이는 곧 서로 주고받는다는 상호작용이다. 소통으로도 표현되는 상호작용은 오래 걸리는 지루한 학습과정을 통해 터득되는 게 아니다. 이는 유아의 성장과정을 관찰하는 경험 연구를 통해서도 확인된 사실이다.

뇌는 사회적인 기관인 탓에 자신에 대한 지각은 유일함과 비슷함을 상황에 따라 끊임없이 구별해가며 이루어낸다. 다시 말해서 뇌 속에서는 나와 남을, 나와 너를, 나와 우리를 구별하고 함께 묶는 작업을 부단하게 실행하고 있는 것이다.

나의 뇌는 어떤 지능이 높을까

생각을 통제하고 이끄는 네 가지 뇌 체계 가운데 어째서 지능이 등장하지 않을까 의문이 일 것이다. 신경심리학이 바라보는 지능은 일종의 정보처리과정과 동일하다. 이 정보처리는 주로 대뇌에서 일어난다. 심리학이 말하는 지능은 이른바 '지능 테스트'로 측정이 가능한 것이다. 그리고 일상용어에서 우리는 지능을 두뇌와 같은 것으로 취급한다.

틀림없이 지능은 유전자에 의해서도, 그리고 환경에 의해서도 강화되거나 약화된다. 또 유전자든 환경이든 나면서부터 자신이 원하는 것을 고를 수 있는 사람은 없다. 그러나 뇌가 어떻게 기능하는지 구체적으로 안다면 평생에 걸쳐 자신의 뇌를 발전시켜나갈 수 있을 뿐 아니라, 강점은 키우고 약점은 메우는 시도를 할 수 있다.

지능이란 무엇인가?

지능의 정의에는 여러 가지가 있다. 학자들은 대개 지능을 언어구사력과 문제해결력으로 묘사한다. 언어구사력은 물 흐르듯 유려한 말솜씨, 독해력, 표현력 및 어휘력을 포괄한다. 문제해결력은 문제의 핵심이 무엇인지 파악하고 그것을 풀 최적의 실마리를 찾아내어 좋은 결정을 내리는 능력이다.

새로운 상황에 빠르게 적응하고 변화된 요구를 소화해내는 능력을 갖춘 사람을 지능이 높다고 보는 과학자도 있다. 연습을 최대한 활용해 실제에 대비하며 추상적으로 생각하고 기호와 개념 등을 적절하게 활용할 줄 아는 것을 지능이라고도 한다.

지능을 가장 명쾌하게 정의한 사람은 인지심리학자 하워드 가드너*이다. 그는 인간이 일곱 가지의 서로 다른 지능을 가지고 있으며, 해당 사회와 인격에 따라 이 일곱 가지 지능은 서로 다른 강도로 발전한다고 보았다.

- 논리수학 지능
- 언어 지능
- 음악 지능
- 공간 지능
- 신체운동 지능
- 인간관계 지능

• 자기성찰 지능**

논리수학 지능을 갖춘 사람은 말을 조리 있게 하거나 수와 관련된 문제를 푸는 데 있어 탁월한 능력을 자랑한다. 특히 토론을 논리적으로 이끄는 솜씨가 뛰어나다.

언어 지능의 경우는 소리의 울림과 리듬을 아주 예민하게 구별하며 단어의 의미를 새기는 능력이 뛰어나다. 그밖에 언어의 다양한 뉘앙스를 적절하게 활용할 줄 안다.

음악 지능은 리듬과 음 높이, 그리고 음질을 섬세하게 구분하며 직접 만들어낼 줄도 안다. 음악이 표현하는 형식을 정확하게 이해한다.

공간 지능은 시각으로 공간을 파악하는 능력이다. 그리고 이렇게 파악한 공간을 자신의 뜻에 맞게 쉽사리 변형한다.

신체운동 지능은 뛰어난 운동감각을 말하는 것으로, 물체를 솜씨 있게 다룬다.

인간관계 지능은 이른바 '감성지수'*** 라 불리는 것으로 다른 사람의 기분, 기질, 동기, 희망을 정확히 가려보고 그에 알맞은 반응을 보

---

* Howard Gardner: 1943년생으로 하버드 대학교 심리학과 교수. 보스턴 의대 신경과 객원교수이기도 하다. 인간의 사고 능력 배양과 창의성 개발을 목표로 하는 하버드의 연구 그룹 '프로젝트 제로'의 책임자이며 유명한 '다중지능(MULTIPLE INTELLIGENCE)' 이론의 창시자이기도 하다. 가드너의 지난 3십여 년 간의 연구 성과는 지능과 창의력, 그리고 리더십에 관한 우리의 생각에 혁명을 일으켰으며, 그 탁월한 공로를 인정받아 1981년 맥아더 상, 2000년에는 구겐하임 재단으로부터 특별 공로상을 수상했다. 또한 세계 2십여 개 대학으로부터 명예 박사학위를 받았다.

** "Intra-personal intelligence"를 옮긴 말이다. 이는 자기 자신의 감정이나 공포 혹은 행동의 동기를 이해하는 능력을 가리킨다.

*** EQ: "emotional quotient"를 옮긴 말. 자신의 감정을 다스리고 다른 사람의 감정을 정확히 읽어내는 능력을 수치로 나타낸 것이다. 한마디로 대인관계를 원활히 하는 사회적응 능력을 말한다.

이는 능력이다.

'감성지수' 개념은 심리학자이자 저술가인 대니얼 골먼*에 의해 만들어져 대중에게 널리 알려졌다. 골먼은 감성지수를 자신의 감정을 다스리는 능력이라고 설명한다. 감정에 압도당하는 게 아니라, 자신의 감정을 반성하고 상황에 알맞게 다스리며, 자신과 타인의 감정을 공감함으로써 인간관계를 원활히 이끄는 능력이라는 것이다.

감성지수라는 게 유전적으로 물려받는 것인지, 아니면 개인의 노력으로 획득하고 개선할 수 있는 것인지를 두고 학계는 격론을 벌이고 있다. 전두엽에 손상을 입은 사람을 연구한 결과는 흥미로운 사실을 확인해준다. 이런 사람은 오로지 계산적이고 이성적으로만 행동하는 바람에, 감정을 적절히 활용할 줄 아는 일반인에 비해 사회생활을 원만하게 하지 못하더라는 것이다.

자기성찰 지능은 자신의 감정을 솔직하게 드러내며, 이 감정을 섬세하게 구별하면서 행동을 계획하는 데 활용할 줄 아는 능력이다. 자신의 강점이 무엇이며, 약점에는 어떤 게 있는지, 무얼 희망하며 어떤 능력을 가졌는지 아는 게 곧 자기성찰 지능이다.

* Daniel Goleman: 1946년에 출생한 미국의 심리학자. 하버드 대학에서 임상심리학을 가르쳤으며, 과학을 일반대중에게 쉽게 풀어주는 책을 많이 썼다.

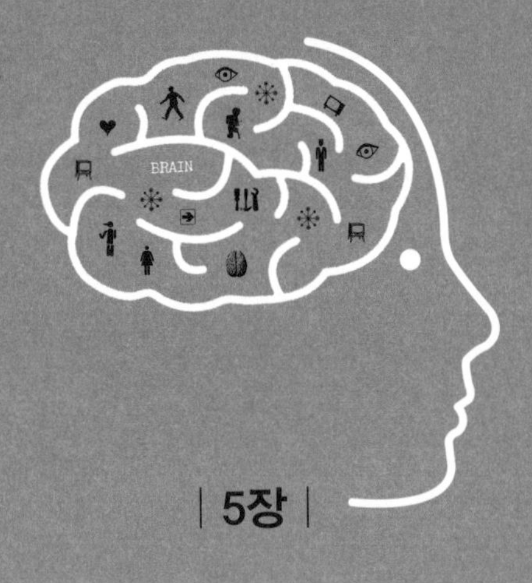

| 5장 |

이기주의냐 이타주의냐

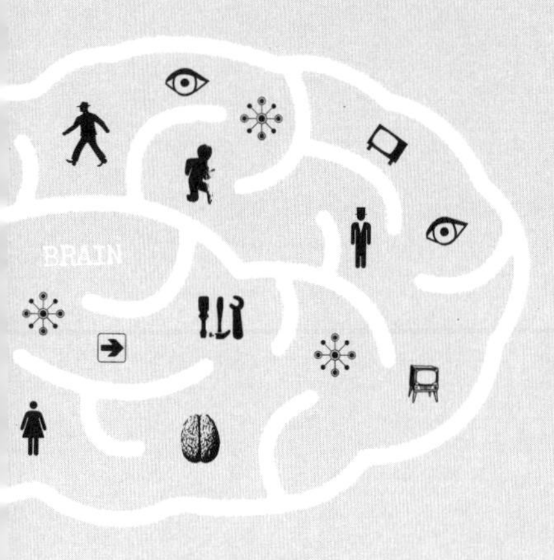

정신이 건강한 모든 사람은 행동할 때 두 가지 충돌하는 심리를 품는다. 이런 심리를 사람들은 '이타주의'와 '이기주의'라고 부른다. 사회성이 좋은 사람이 간혹 자기 이득만 따지는 이기주의적 행동을 보이는 것은 본성의 그런 두 얼굴을 잘 말해준다. 극단적인 형태로는 자신의 목숨을 기꺼이 희생하는 이웃사랑이 있는가 하면, 상대의 목숨까지 빼앗는 살인적 탐욕을 볼 수 있다. 일상에서도 이런 대립 구도는 흔히 나타난다. 남을 돕는 친절함이 빛을 발하는가 하면, 오로지 자신의 이해만 따지는 약삭빠름도 횡행한다. 서로 대립하는 이런 행태는 사실 인간이라면 누구나 갖는 불균형이며, 사람에 따라 어느 한 쪽이 더 두드러지는 차이를 보이기도 한다.

남을 도울까 돈을 챙길까

자신보다 남을 먼저 생각하는 사회적 태도는 다름 아닌 감정 체계에 의해 형성된다. 타인의 감정을 내 것처럼 이해하는 감정이입을 가능하게 만들어주는 거울 신경세포가 활발하게 활동하기 때문이다. 반면, 이기적 태도는 보상 체계가 만들어내는 것이다. 그리고 이 두 가지 태도 가운데 어느 하나를 고르게 하는 것은 결정 체계이다. 우리의 뇌는 그때그때 상황에 따라 두 가지를 적절한 비율로 섞는 솜씨를 발휘한다. 물론 실제 상황에서 어느 쪽에 우위를 둘지 결정하는 것은 결코 쉬운 일이 아니다.

아직 말을 하지 못하는 어린아이에게서도 두 태도는 얼마든지 관찰할 수 있다. 한 아기가 커다란 소리로 깔깔대며 웃으면, 영문도 모르면서 다른 아기도 따라 웃는다. "기쁨을 나누면 두 배가 된다!"는 원칙 그대로다. 그럼 정말로 슬픔은 나누면 절반이 되는 것일까? 한 아이가 '앙!' 하며 울음을 터뜨리면 다른 아기도 따라 운다. 심지어 슬퍼하는 친구를 위로해주려는 아기도 있다. 쓰다듬어 주거나 안아주려고 하는 것을 보면 아기가 뭘 알아 저럴까 싶어 감탄이 절로 나온다.

물론 이기적인 태도도 얼마든지 볼 수 있다. 서로 장난감을 빼앗으려 안간힘을 쓰거나, 사탕을 혼자 다 먹으려고 있는 대로 삼키기도 한다.

어느 쪽이든 뇌에서는 아주 복잡한 결정 과정이 일어난다. 행태경제학자 댄 에리얼리는 성인을 상대로 한 실험에서 이타주의와 이기주의라는 본성이 서로 배척할 뿐만 아니라, 어떤 특정 상황에서 하나를 택했을 경우 다른 태도로 바꾸는 게 무척 힘들다는 것을 보여줬다. 일단 이기적으로 굴기로 했으면 뇌는 끝까지 이런 태도를 밀어붙이려 한다는 것이다.

남을 배려하는 이타적 태도에는 동정심과 나눔 그리고 배려만이 아니라, 공정함과 협조의 정신도 속한다. 물론 다른 사람에게 이용당하고 있다는 느낌이 드는 순간, 이타적 태도는 순식간에 무너진다.

자신의 이득만 생각하는 경제적 이기주의는 실적과 급여 혹은 다른 사람보다 뛰어나다는 우월성을 입증해야 하는 경우, 항상 가장 먼저 모습을 드러낸다.

대가 없는 도움

에리얼리는 경제적으로만 따지면 도저히 일어나지 않을 일도 사회성이라는 차원에서는 기꺼이 벌어진다는 것을 실험으로 확인했다. 누가 요구하지 않아도 자발적으로, 그리고 아무런 대가를 받지 않고도 남을 돕는 일이 아주 많더라는 것이다. 그리고 이런 사회성이라는 원칙에서 경제적 이해관계라는 쪽으로 태도를 틀면, 이를 다시 되돌리기는 무척 힘들다는 것도 밝혀냈다.

에리얼리는 유치원의 사례를 소개한다. 유치원의 골칫거리는 부모가 저녁에 너무 늦게 아이를 데리러 오는 경우가 많다는 점이다. 견디다 못한 한 유치원은 부모에게 지각에 따른 벌금을 내도록 했다. 벌금을 물게 하면 시간을 정확히 지키리라는 기대에서 그런 것이다. 그러나 정반대의 상황이 벌어지고 말았다. 이제 부모는 약간의 벌금만 내면 늦게 가도 정당하다는 태도를 갖게 된 것이다.

또 다른 실험도 비슷한 결과를 보였다. 혼자 다루기 어려운 옷장을 트럭에서 내려 집 안으로 배달을 해야 했던 청년은 마침 거리를 지나가는 행인에게 도와달라고 간청했다. 이 부탁을 뿌리치는 사람은 거의 없었다. 내려야 하는 옷장이 또 하나 있어도 개의치 않고 기꺼이 도왔다.

그런데 청년이 첫 번째 옷장을 옮기고 난 다음 약간의 금전적 보상을 약속하자 상황은 돌변했다. 돈 받기를 거부했을 뿐만 아니라, 돈 문제로 두 번째 옷장은 만지지도 않으려 했다. 처음부터 약간의 돈을 주겠다고 한 경우도 마찬가지 결과를 낳았다. 사람들은 돈을 받고 도와준다는 것을 꺼렸기 때문이다.

작은 선물, 이를테면 초콜릿 같은 것은 받았다. 그저 감사의 상징적 표현으로 여겼기 때문이다. 그러나 어떤 형태로든 돈이 등장하면 사람들은 도움을 거부했다. 돈을 받고 도와주는 것은 도움이 아니라고 믿었기 때문이다.

변호사를 상대로 한 설문조사도 같은 결과를 보여줬다. 만약 약간의 돈을 받고 곤경에 처한 사람에게 법률상담을 해주겠느냐는 물음에 변호사들은 하나 같이 고개를 저었다. 그러나 이런 상담을 무료로 해주겠느냐는 질문에는 대다수가 기꺼이 그러겠노라고 답했다.

대학생과 행인 실험

남을 먼저 생각하는 이타주의는 누가 요구하지 않아도 자발적으로 우러나오지는 않는다. 오히려 도움은 상대방에게 분명하게 요구해야 이끌어낼 수 있는 것으로 보인다. 대학생과 행인을 상대로 한 실험도 마찬가지 결과를 보였다.

몇 명의 대학생에게 아주 중요한 편지이니 조금도 지체하지 말고 총장에게 전해달라고 부탁해보았다. 그리고 편지를 전해주러 가는 길에 의식을 잃은 사람이 쓰러져 있는 상황을 연출했다. 대학생들은 대개 잠깐 멈추어서 주위를 돌아보며 달리 도울 사람이 있는지 살펴보았다. 그러고는 이내 가던 길을 서둘렀다. 편지를 전해주는 과제를 더 중시한 것이다.

대학생들의 이런 태도는 누군가가 의식을 잃은 사람을 도우면서 정확히 대학생을 향해 거들어달라고 요구하자 돌변했다. 돌연 중요한 편지는 신경 쓰지 않게 된 것이다. 그만큼 남의 시선에 부담을 느낀 탓이다. 행인을 상대한 실험도 비슷했다. 보통 행인은 보도에 의식을 잃고 쓰러진 사람을 힐끗 쳐다보고 그저 피해가기만 했다. 아예 길을 빙 둘러가는 사람도 많았다. 그러나 여기서도 상대를 향해 직접 도와달라고 하자 태도가 달라졌다.

대중교통을 이용하는 사람들도 비슷한 태도를 보였다. 승객 가운데 어떤 사람이 난동을 부리며 다른 승객을 위협해도 대다수의 사람들은 애써 눈길을 피하며 간섭하려 들지 않는다. 그러나 위협을 받는 사람이 누군가에게 직접 도와달라고 말하면 상황은 달라진다.

평소에 남을 도우려는 마음이 적은 이유는 자기 문제가 아니며 자신의 안전을 더 생각하기 때문일 것이다. 물론 정의감에 불타는 누군가가 나서서 난동 꾼을 진정시키거나 제압하려 하면, 이를 지켜보는 사람들의 정의감도 함께 고개를 든다. 하지만 일반적으로 우리는 희생자를 보며 안타까워하기보다 도움을 주려는 영웅의 모습을 보며 나도 뒤처지고 싶지 않다고 생각하는 쪽을 택한다.

돈을 준다고 해서 남을 도우려는 마음이 촉발되는 것은 아니다. 오히려 돈은 돕겠다는 마음이 졸아들게 만든다. 또 익명이 보장되는 군중심리 역시 자발적인 도움을 가로막는 장애물이다. 바로 그래서 기부금을 모금하는 자선단체는 더 이상 익명의 사람들이 받는 고통을 배려하자고 호소하지 않는다. 오히려 그 곤경과 고통이 구체적으로 어떤 모습인지 분명하게 보여주는 방법을 쓴다. 또는 유명인사의 기부 사실을 알리며 동참을 유도하기도 한다.

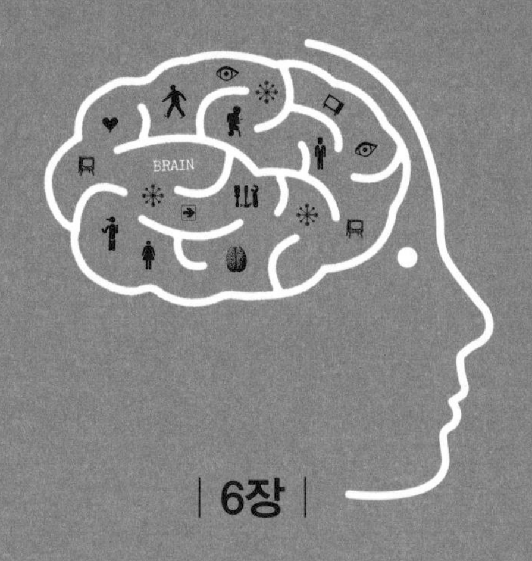

| 6장 |

뇌를 주무르는 자극들

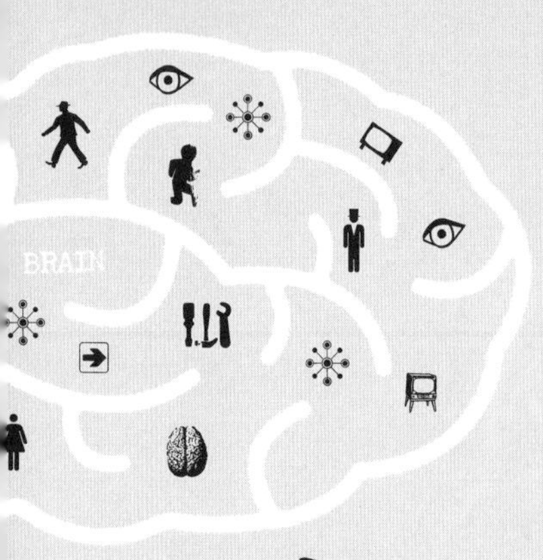

생각은 대부분 외부로부터 가해진 자극의 결과다. 인정하고 싶지 않겠지만, 이것은 어쩔 수 없는 사실이다. 인간의 감각은 밖을 향해 있기 때문이다. 감각은 외부의 자극을 안으로 받아들여 처리하고 평가하며, 경우에 따라서는 직접 우리 의식에 떠오르게 만든다. 보고 듣고 냄새 맡으며 맛보고 만져보는 것은 그 자체가 목적이 아니다.

물론 우리 몸 내부의 장기도 자극을 일으킨다. 그렇지만 문제가 생겨나고 아픔을 느끼기 전에 이런 자극은 숨겨진 채 남을 뿐이다. 음식을 잘못 먹어 배가 더부룩하고 불편한 것은 몸이 보내는 신호가 의식에 떠오르는 경우이다. 그렇지만 몸 안의 이런 정보는 그 양이 바깥으로부터 받아들이는 것과 비교가 되지 않을 적도로 적다.

로버트 러바인Robert Levine은 자신의 책 『거대한 유혹The Great Temptation』에서 우리가 평생 살며 처리하는 외부 정보는 약 1천조 개에 달한다고 썼다. 매초마다 수천 개의 정보들이 우리의 주목을 끌기 위해 경쟁을 한다는 것이다. 〈뉴욕타임스New York Times〉가 일주일 동안 발표한 정보 양은 16세기에 한 사람이 평생 누린 정보의 양보다도 많다.

인간은 자발적으로 행동하는 존재가 아니다. 인간은 반응할 따름이다. 물론 그렇다고 우리가 파블로프의 개처럼 조건반사를 하는 것은 아니지만, 이 개념을 빌어 설명하자면 조건반사는 곧 외부 자극에 반응하는 형식이다. 그때그때 어떤 반응을 보이는가는 개인적으로 형성된 틀에 따른다.

외부 자극이 뇌를 가지고 논다

상황에 따른 태도, 즉 주변 환경에 대한 뇌의 반응은 예상보다 훨씬 강력하다. 이때 오고가는 메시지는 논리적인 논증처럼 앞과 뒤가 딱딱 맞아떨어지는 것이 아니다. 오히려 아주 미묘하고 섬세하게 인간이 지각하는 일 없이 곧장 무의식의 차원에서 주고받아진다.

그 같은 영향을 인간은 조종하고 통제할 수 없다. 그런 게 있는지조차 깨닫지 못하기 때문이다. 정치 토크쇼에서 아무리 격렬하게 논쟁을 주고받을지라도, 또는 주간잡지에서 작금의 정치와 경제 상황을 심층 보도할지라도, 여성 뉴스앵커가 오바마라는 이름을 들먹이며 살짝 미소를 짓는다거나 토크쇼에서 경제장관이 갑자기 말을 더듬는 것만큼 강렬한 영향을 주지는 못 한다.

단어 하나의 영향력

상대를 내가 원하는 대로 조종하려면 무슨 복잡한 암시나 최면 따위가 필요하지 않다. 단어 하나만으로도 뇌에 특정한 기분이나 정보 혹은 인상을 심어주거나 물들일 수 있다. 말하자면 단어를 이용해 상대의 감정을 쥐락펴락하는 것이다.

이는 실험을 통해서도 충분히 입증된 사실이다. 참가자들을 컴퓨터 앞에 앉혀 놓고 임의로 뽑은 단어들을 제시하면서 길이에 따라 분류를 하거나 주어진 단어로 문장을 만들라는 과제를 주었다. 참가자들에게는 언어능력을 측정하는 테스트라고 설명해주었다. 참가자를 두 팀으로 나누어 한 팀에게는 늙음, 질병, 허약함 등의 단어를 제시했으며, 다른 팀에게는 젊음, 스포츠, 활력이라는 단어를 주었다.

테스트가 끝나고 실험 참가자들은 계단을 올라가 건물을 빠져나가라는 지시를 받았다. 이제 참가자들에게는 실험이 끝이 났지만, 실험을 계획한 연구자에게는 본격적인 시작이었다. 과학자는 스톱워치를 가지고 각 참가자가 계단을 올라가는 시간을 쟀다. 늙음, 질병, 허약함 등의 단어를 다루었던 팀은 젊음, 스포츠, 활력이라는 단어를 받았던 팀에 비해 계단을 올라가는 속도가 훨씬 더뎠다.

뇌는 자신에게 조금도 상관이 없는 단어를 읽어가며 분류한 것만으로도 운동감각에 커다란 영향을 받았던 것이다. 더 정확히 표현하자면 인간은 단어를 읽은 것만으로 비록 본인은 의식하지 못했지만 바로 자신을 두고 하는 말인 것처럼 커다란 상관을 느끼며 행동에 영향을 받은 것이다.

이 실험은 워낙 놀라운 결과를 보여주는 탓에 여러 대학교에서 서로 다른 조건 아래 거듭 시도되었다. 어떤 실험이든 거기서 나오는 결과는 한결같았다. 특정 단어는 그것이 자신과 관계가 없는 것임에도 심대한 영향을 주었던 것이다.

이는 계단을 오르는 속도만 조종할 수 있는 게 아니다. 친절함이랄지 인내심, 솔직함 등도 간단하게 이용해볼 수 있었으며, 심지어 수학 문제를 푸는 테스트에서조차 제시한 단어가 긍정적인지 부정적인지에 따라 학생들의 성적이 달라지는 것을 확인할 수 있었다.

단어의 뜻이 긍정적이냐 부정적이냐에 따라 사람의 걷는 속도가 달라진다는 규칙은 인생의 다른 상황에도 적용할 수 있을 것이다. 말은 그만큼 사람의 마음을 움직일 수 있는 강력한 무기가 될 수 있기 때문이다. 상황에 따라 적절한 말을 골라 쓸 줄 아는 것이 얼마나 중요한지 과학적으로 밝혀진 셈이다.

고정관념이라는 훼방꾼

일상생활에서 흔히 보는 고정관념 역시 예상보다 훨씬 커다란 영향을 주는 것으로 확인되었다. 남자와 여자의 차이만 가지고도 고정관념의 힘은 충분히 설명할 수 있다. 성별에 대한 고정관념은 다른 사람을 평가하는 일뿐만 아니라, 자신의 실력을 발휘하는 데도 결정적인 영향을 미친다.

예를 들어 여성의 약점이라고 흔히 일컬어지는 사안을 묻는 설문을 치르고 난 여성에게 특정 문제를 풀라고 하면 성적은 더할 수 없이 나빠졌다. 반대로 여성의 강점을 묻는 설문에 답하고 난 다음에는 같은 문제일지라도 비교할 수 없이 성적이 좋았다.

정확히 무엇이 어떤 영향을 주는지 그때그때 본인이 실제로 의식한다는 것은 전혀 불가능했다. 물론 실험 결과를 예상하여 실험대상자들에게 어떠어떠한 영향이 미칠 것이라고 거꾸로 추정한 것도 아니었다.

고정관념은 인간에게 특히 강한 영향을 주는 것으로 보인다. 아주 흐린 날씨에 실수가 잦아지며, 교통사고가 늘어나는 것도 같은 이치로 보인다. 사고가 실제로 흐린 날씨 탓일까? 과학자들은 날씨에 민감한 체질이라는 문제를 놓고 아직도 의견의 일치를 보지 못하고 있다. 날씨가 인간에게 전혀 영향을 주지 못한다는 통계자료는 수도 없이 많기 때문이다. 특정 기후 지역에 사는 사람은 그 기후 조건에 익숙한 나머지 별다른 감정의 변화를 보이지 않더라는 것이다. 물론 그 정반대를 주장하는 과학자도 적지 않다. 바로 그런 익숙함, 즉 고정관념으로 말미암아 그때그때 기후에 상응하는 감정을 갖는다는 주장이다. 아무래도 이 문제에서 결정적인 역할을 하는 것은 날씨 자체가 아니라, 그와 결부된 우리의 내적인 기대감인 듯하다.

냄새와 무의식

영국의 한 최신 연구는 냄새가 자동차 운전자의 태도에 지금껏 짐작했던 것 이상으로 영향을 주는 것으로 밝혀냈다. 냄새는 무의식에 직접 자극을 주어 곧바로 특정 연상을 일으킨다는 것이다.

갓 돋아난 풀의 신선한 향기는 추억을 들쑤셔 운전자로 하여금 가

벼운 몽상에 젖게 만들었다. 또한 빵과 패스트푸드의 냄새는 운전자가 자기도 모르는 사이에 가속을 하게 만드는 원인이 되었다. 냄새를 맡고 고개를 든 배고픔이 빨리 목적지에 도착하도록 채근하기 때문이라는 것이다. 향수 역시 도로 사정에 주목하지 못하게 만들었다. 향수로 성적 환상이 자극받았기 때문이다.

심지어 묘하게도 이제 막 공장에서 나온 새 차의 냄새도 운전자의 태도에 영향을 미쳤다. 새 차에 혹시 흠집이라도 생기는 것은 아닐까, 운전자는 지극히 조심해서 차를 몬다는 것이다. 차의 나이가 실제 어떤지는 중요한 문제가 아니었다. 정작 핵심은 코가 받아들이는 자극이었다. 이렇게 볼 때 자동차 대여업을 하는 사람에게 이는 아주 귀중한 정보이다. 차 내부에서 항상 새 차 같은 냄새가 나게 만들라는 것이다 .

레몬이나 커피의 향기를 맡은 운전자는 더 명확한 생각을 했다. 이는 우리가 다른 상황을 통해서도 익히 알고 있는 사실이다.

냄새 만큼이나 사진도 마찬가지였다. 미국의 뇌 연구가의 간단한 보고서를 보면, 섹시한 여성이 등장하는 광고판은 남성 운전자로 하여금 순간적으로 시야가 하얘지는 현상을 겪게 만들었다. 약 0.2초에 달하는 찰나이지만 앞 차를 추돌하기에는 충분한 시간이었다.

이웃이라는 동기부여자

무의식과 의식이 활동하게 만드는 가장 중요한 동기를 제공하는 사람은 바로 내 옆에 있는 사람이다. 다른 사람을 보고 반응하는 일을 피할 수 있는 것은 오로지 자신을 홀로 격리시킴으로써만 가능하다. 혼자서 사막을 걷는다든지, 고독하게 요트를 타고 바다를 떠돌거나 산에 오르는 상황에서만 타인의 영향권에서 벗어날 수 있다. 물론 이런 상황에서조차 인간의 뇌는 가상의 동반자를 만들어냄으로써 홀로 있음을 극복하려 한다는 것을 경험은 보여주고 있다.

이런 가상의 동반자를 우리는 환영이라거나 착각으로 무시하곤 한다. 그러나 실제 환상의 동반자를 경험해본 사람은 놀라울 정도로 생생하고 구체적이라고 입을 모아 증언한다. 독일의 의사 한네스 린데만*은 1950년대에 대서양을 아주 작은 돛단배로 홀로 횡단하면서 손님을 맞았던 기억을 묘사한 바 있다. 돌연 아프리카 흑인이 보트에 나타나 다음과 같은 대화를 나누었다는 것이다. "우리가 지금 어디로 가고 있는 거야?" "어디긴 어디야, 내 주인에게 가는 거지." "네 주인이 어디 사는데?" "서쪽에!" 이렇게 대답하며 흑인은 미소를 짓더라는 것이다.

'서쪽'이라는 말에 린데만은 화들짝 놀라 깨어났다. 나침반을 살펴본 린데만은 서둘러 방향을 수정했다. 자기도 모르는 사이에 방향이 북쪽으로 틀어져 있었던 것이다. 린데만은 자율훈련을 통해 코스가 서쪽이어야 한다는 것을 철저하게 암시를 준 덕에 돌연 나타난 흑인의 도움으로 방향을 수정할 수 있었던 것으로 과학자들은 해석한다. 워낙 목표의식이 투철했던 나머지 환상까지 거들고 나선 것일까.

거울 신경세포

인간은 혼자 있으라고 만들어진 존재가 아니다. 우리 뇌에서 거울 신경세포가 두드러진 활동을 하는 것만 봐도 이는 분명히 납득이 간다. 거울 신경세포는 다른 사람의 태도를 정확하게 해석하는 데 반드시 필요한 조직이다.

거울 신경세포는 아주 우연하게 발견되었다. 1991년 이탈리아 파르마 대학교 심리학 연구소 소장 지아코모 리조라티**는 뇌가 계획을 짜고 목적을 실현하기 위한 행동을 어떻게 기획하는지 연구해보기로 했다. 실험 대상으로는 마카크 원숭이를 골랐다. 이 원숭이의 머리에 전극을 심어 땅콩을 잡을 때 어떤 일이 일어나는지 측정했다.

리조라티가 이끄는 연구 팀은 원숭이가 꼼짝도 않고 앉아 연구자가 땅콩을 가까이 가져다 놓는 것을 물끄러미 바라만 보고 있는데도 측정기계는 반응을 기록하는 것을 보고 처음에는 뭔가 잘못된 것으로 생각했다. 전극이 오작동을 일으킨 것으로 믿은 것이다. 나중에 가서야 비로소 연구 팀은 어떤 동물이나 사람의 특정 행동이 무언가 의미를 가질 때 이미 뇌 세포의 상응하는 부분이 신호를 보낸다는 사실을 확인했다. 리조라티는 이에 해당하는 뇌 세포를 '미러 뉴런Mirror neuron',

---

* Hannes Lindemann: 1922년생의 독일 의사. 작은 보트에 돛을 달고 대서양을 횡단해 유명해진 인물이다. 72일이 걸린 항해 동안 통조림과 빗물만으로 연명해 사람들을 놀라게 했다. 항해는 카나리아 제도에서 출발해 네덜란드까지 이르는 외로운 사투였다.

** Giacomo Rizzolatti: 1937년에 출생한 이탈리아의 신경생리학자. '거울 신경세포' 발견에 결정적으로 기여했다.

곧 '거울 신경세포'라 이름 지었다.

그 후 과학자들은 그런 세포가 뇌의 여러 영역에 산재해 있다는 것을 알아냈다. 이 세포는 특정 행위를 조종할 뿐 아니라, 다른 생명체의 행동을 실제로 보지 않고 소리만 들어도 알아차리는 역할을 한다. 예를 들어 영화관에서 사탕 봉지가 바스락거리는 소리만 들어도 우리는 무슨 일이 일어나는지 정확하게 안다. 또 거울 신경세포는 다른 사람의 심정을 헤아리고 공감할 수 있게 해주며, 남의 아픔을 자기 것처럼 여길 수 있게 만들어준다.

거울 신경세포가 없다면 인간은 아마도 남의 얼굴 표정이 무얼 뜻하는지 간파하지 못하며, 어째서 그런 행동을 하는지 전혀 알 수 없을 것이다. 또 언어를 사용하는 데도 심각한 장애를 가졌을 게 틀림없다. 인간은 다른 사람의 흉내를 내면서 자신의 뜻을 전달하는 법을 배운다. 그리고 정확하게 흉내를 냈는지 어떤지를 판가름해주는 것이 거울 신경세포이다. 심지어 다른 사람이 저지르는 실수조차 거울 신경세포는 그게 잘못이라는 것을 안다. 이처럼 다른 사람의 태도에 무의식적으로 반응을 한다는 사실로 미루어 볼 때 인간의 행동이 외부의 자극으로 결정된다는 것은 전혀 놀라운 이야기가 아니다.

주변 사람의 태도를 본뜨는 이 거울 신경세포 영역은 '사회 인지 신경과학'이라는 새로운 학문의 연구 대상이다. 이 학문은 신경생물학뿐 아니라 신경경제학, 이른바 '할머니 세포'라는 완전히 새로운 영역을 탐구할 수 있게 해주었다.

오랫동안 학자들은 몇 개의 신경세포나 작은 단위의 뉴런 결합으로는 특정한 인물을 보고 누구인지 알아보는 것은 불가능하다고 여겼다. 예를 들어 사진이나 여러 사람 사이에 섞여 있는 자신의 친할머니를 알아보는 데는 상당히 많은 신경세포가 함께 작용해야 가능하다고 본 것이다. 원래 '할머니 세포'라는 말은 연구자들이 농담 삼아 지어낸 것이었다. 그러나 이 흥미로운 개념은 오늘날 뇌가 수십억 개의 신경세포를 가지고 있음에도 사람이나 사물의 중요한 특징을 알아보는 데는 단지 몇 개의 세포만 활용한다는 사실이 밝혀진 탓에 살아남았다.

'할머니 세포'는 뇌의 특정 구조나 형식이 아니다. 이 세포는 사람이나 물건 자체와 직접 연관된다. 말하자면 우리가 가지고 있는 일종의 그림과 같은 기억은 과학이 오랫동안 짐작해온 것 이상으로 특별하고 개성이 강하기 때문에 기억에 남아 있는 것이다. 뇌가 특성에 따라 기억을 하는 탓에 우리는 자신의 할머니를 군중 가운데서도 쉽게 식별할 수 있다. 아무리 할머니가 많이 모여 있어도 뇌 속 몇 개의 세포는 친할머니와 외할머니를 정확히 구별해낸다.

소통과 관계

행태연구가인 파울 바츨라비크*는 1970년대에 발표한 연구에서 "모든 소통에는 내용 외에도 관계의 측면이 작용한다"고 말했다. 나아가 내용보다 관계가 더 중시된다고 그는 결론내리고 있다.

* Paul Watzlawick: 1921~2007. 오스트리아 출신으로 미국에서 주로 활약한 심리학자이자 커뮤니케이션 연구가.

관계는 일차적으로 무언으로 전달된다. 무언의 소통은 몸짓이나 표정뿐 아니라, 상황마다 기분을 바꾸는 것으로도 이루어진다. 이런 방식으로 정확히 무엇을 소통하는지 뇌는 무의식 속에서 끊임없이 분석한다. 눈앞에 마주한 상황이 기억에 저장된 예전의 경험과 맞아떨어지는지 계속 비교하면서 말이다. 그런 다음 무의식에서 의식으로 전달하는 것은 상대방에 대한 인상이나 감정이다.

밈

생각의 상당 부분이 외부로부터 조종된다는 것을 보여주는 강력한 현상은 이른바 '밈'이다. 밈은 완결된 형태의 본보기를 저장하고 전달을 거듭하는 복제자 형태를 의미한다. 그래서 밈은 재생이 가능하며, 복제처럼 작용한다. 사상, 곡조, 양식, 유행 등 계속 복사를 해내는 구조를 갖는 것이 밈이다. 재생되면서 생각은 개인의 경험과 지식에 맞게끔 변형되고 적응한다.

밈은 뇌 안의 이른바 '밈 저장소'에 쌓이며, 소통이라는 언어활동을 통해 펼쳐진다. 밈이라는 개념은 1976년 진화생물학자 리처드 도킨스가 자신의 책 『이기적 유전자』에서 처음 사용했다. 오늘날 '밈 이론'을 대표하는 가장 유력한 학자는 영국 출신의 여성 심리학자 수전 블랙모어*다.

거울 신경세포가 흉내 및 행동의 수행과 이행을 책임지는 것이라면, 밈은 무엇보다도 지성과 밀접한 관계를 갖는다. 그러나 밈이 전파되는 데 있어 인간과 인간의 직접적인 만남은 감정이나 행동의 경우에서처럼 반드시 필요한 것은 아니다.

밈이 그 힘을 발휘하고 실제로 영향력을 행사할 수 있게 만드는 것은 네트워크들이다. 현대 미디어에서 네트워크는 신문, 책, 방송, 인터넷 등으로 차고 넘쳐날 정도로 많은 기회를 제공한다.

밈은 인간의 지성을 자극하는 수준을 벗어나 특히 감정에 호소할 때 아주 빠른 속도로 재생되며 전파된다. 딱딱한 화학공식보다 농담과 유머가 빠르게 퍼져나가며 더 오래 기억되는 것은 조금도 놀라운 일이 아니다. 방송에서 인기 있는 코미디언이 절묘한 재담을 했을 경우, 다음날이면 대학가와 직장은 온통 그 화제로 이야기꽃이 핀다.

그러나 밈은 반드시 의식적으로 주목을 해서 배워야만 하는 것은 아니다. 이른바 '티핑 포인트'**, 즉 사회에서 일정 정도 수준으로 축적되는 상태에 이르면, 밈 역시 무의식적인 정보로 우리 머릿속에 똬리를 틀 수 있다. 이렇게 해서 돌연 새로운 유행이 출현하며, 잘 알려지지 않은 작가의 책이 베스트셀러에 오르는 기염을 토하는 것이다.

밈은 대개 며칠 혹은 몇 주 동안 지속하지만, 그 가운데 어떤 것은 아주 오랫동안 이어지기도 한다. 이를테면 '스타워즈'라는 영화는 십 년이 넘게 대중의 사랑을 받았으며, 몰리에르***나 고대 그리스 작가의

---

* Susan Blackmore: 1951년생으로 영국의 심리학자이자 작가이며 방송인.

** Tipping point: 작은 변화들이 어느 정도 기간을 두고 쌓여 돌연 큰 영향을 불러올 수 있는 상태가 된 단계.

*** Molière: 1622~1673. 본명은 장 밥티스트 포클랭Jean Baptiste Poquelin이다. 프랑스 고전극을 대표하는 극작가로 프랑스 희극을 시대가 요구하는 순수예술의 수준으로 끌어올렸다는 평가를 받는다.

희극은 수백 년이라는 세월에 걸쳐 여전히 무대 위에 오르고 있다. 이처럼 밈은 처음에는 외부로부터 받아들여져 우리 의식을 조종하다가 생각의 기본 틀 가운데 하나로 자리 잡기도 하는 것이다.

오늘날 사회의 각 계층을 아우르며 사고방식을 주도하는 가장 강력한 밈으로는 경제 원리를 꼽을 수 있다. 오늘날 산업화한 국가의 국민 대다수는 사회에서 일어나는 모든 일이 경제의 법칙과 맞아떨어지는 것을 최우선으로 여긴다. 옛날 인간 공동체의 삶을 주도한 것이 신이었다면, 이제 그 자리를 수요와 공급 원리로 작동하는 시장이 차지한 셈이다.

당연한 것으로 여겨지는 밈 가운데에는, 예를 들어 인간은 자신이 타고난 계급, 귀족, 시민 혹은 농부 따위의 계급을 벗어날 수 없다는 생각을 꼽을 수 있다. 계급은 평생 따라다니는 족쇄와 같은 것이었으며, 설혹 벗어난다고 하더라도 지극히 예외적인 상황에서만 가능했던 일이다.

경제를 최우선시하는 사회도 역시 고정관념에서 자유롭지 못하다. 현대사회에서 철썩 같이 믿는 밈에는 "모든 것은 그에 합당한 대가를 치러야 한다!"든지 "수요가 공급을 결정한다!"는 주장이다. 원칙적으로 접시닦이도 얼마든지 막대한 부를 쌓을 수 있다고 믿는 것 역시 오늘날 우리 생각을 주도하는 경제적 밈이다.

이처럼 확고히 뿌리를 내린 밈이 새로운 것으로 대체되려면 아주 오랜 시간이 걸리거나 대다수 국민의 일상을 확 바꾸어놓는 획기적인 변화가 일어나야 한다. 밈은 그만큼 끈질긴 생명력을 자랑한다. 우리의 머릿속에 확실하게 저장되어 기회만 오면 왕성한 전파력을 자랑하기 때문이다. 더 나아가 조금이라도 부당성을 제기하면 각종 대중매체가 호들갑을 떨며 큰일이라도 날 것처럼 몰아세운다.

말하자면 밈은 독감바이러스 같은 것이다. 무서울 정도로 전염성이 강하다. 뇌를 작동시키는 주요 자리마다 차지하고 더 옳거나 가치 있는 생각을 몰아내는 게 밈이다.

현재 신경경제학은 각종 잘못된 경제적 밈을 청소하고 '호모 외코노미쿠스'라는 부동의 가치관을 허무는 일에 몰두하고 있다. 물론 경제를 책임지는 자리에 있는 모든 인물의 머리에 이런 메시지가 전달되기까지는 적지 않은 시간이 걸릴 것으로 보인다. 인간은 오로지 자신의 이득에만 혈안이 되어 더 많은 돈을 벌 생각에만 집착한다는 과거의 밈은 우리 머릿속을 점령하고 끈질긴 방어전투를 치르고 있기 때문이다.

사전 정보

인간의 뇌가 미래를 내다보면서 어떤 기대를 갖게 만드는 또 다른 요소로는 이른바 '사전 정보'라는 것을 꼽을 수 있다. 우리는 앞으로 어떤 일이 일어날지 알고 있다고 믿으면, 실제로 그런 일이 일어나는 게 당연하다는 경향을 지닌다. 물론 정상적인 경우, 뇌는 이런 연관에서 얼마든지 착오와 착각이 끼어들 수 있다는 것을 안다. 그래서 이후 벌어지는 상황에서 새로운 예측을 이끌어내려 애쓴다.

그러나 뇌가 두려워하는 심각한 위협은 이런 예측을 무용지물로 만드는 우연이다. 바로 그래서 뇌는 어떻게든 우연 뒤에 숨겨진 법칙을 알아내고 그 원인과 결과의 연관관계를 알아내려 혈안이 된다.

실제로 그런 숨겨진 법칙이 있다면, 그에 상응하는 연습을 한다면 무의식적으로라도 그런 것을 알아낼 수 있을지 모른다. 또 실험은 그럴 가능성을 입증하기도 했다. 다만 문제는 이런 법칙을 너무 강하게 믿는 데 있다. 이는 뇌로 하여금 환상을 갖게 만드는 원인이다. 실제로 있지도 않은 법칙이 작용한다고 굳게 믿고 이에 집착하기 때문이다.

지금까지 논의한 것을 종합적으로 판단할 때 우리 뇌는 익숙한 사건, 곧 기계적인 자동 반응으로 해결할 수 있는 일을 가장 소중히 여긴다. 예측이 실제로 나타날 때 안도감과 자신감이 우러나기 때문이다. 그러나 반대로 익숙한 것에만 집착하다보면, 이제껏 몰랐던 새로운 감정이 생겨난다. 바로 권태감이다.

뇌는 새로운 경험을 모으도록 프로그램 되어 있는 측면이 강하다. 늘 같은 경험이 되풀이되면 뇌는 더 이상 같은 것에 보상을 베풀지 않는다. 항상 똑같은 결과만 내놓는 예측을 혐오하기 시작하는 것이다. 그 때문에 인간은 끊임없이 새로운 것을 찾아 나선다.

인간이 뉴스에 목을 매는 이유도 같은 맥락이다. 뇌는 탐욕스러울 정도로 새것을 배우고 새로운 것을 시험해보려고 든다. 새로운 자극을 받을 때 뇌는 가장 왕성하게 활동하기 때문이다. 새로움은 거듭 태도와 행동에 변화를 촉발시키는 배경이 된다. 익숙한 것을 버리고 새로운 것을 시도하는 일은 원시시대 사냥꾼에게도 커다란 도움을 주었다. 늘 다니던 길만 고집하면 맹수의 밥이 되기 십상이었다. 이처럼 새로운 것을 갈망하는 것은 뇌를 건강하게 만들 뿐만 아니라, 생존을 보장해주는 효과까지 낳았다.

현대의 광고 산업과 마케팅 전략은 새것을 향한 인간의 갈망을 정확히 알고 활용한다. 새로 나온 제품이라면 어떤 대가를 치러서라도 갖고야 말겠다는 심리를 교활하게 유혹하는 것이다.

오늘날의 광고를 1950년대나 1960년대의 그것과 비교해보면 인간의 희망과 생각을 간섭하고 조종하는 게 이 정도까지 이르렀구나 하고 깜짝 놀랄 지경이다. 심지어 소비자 본인의 희망은 온 데 간 데 없고 오로지 마케터가 의도적으로 심어 놓은 사전 정보가 시장을 쥐락펴락하고 있다. 오늘날 우리는 '뉴로마케팅' 시대에 살고 있는 것이다.

뇌에 심어지는 광고들

현재 뉴로마케팅은 흔히 사진을 활용한 광고기법과 직접 결부되는 것으로만 알려져 있다. 심지어 언론 매체의 보도를 보면 무슨 버튼 같은 것만 누르면 소비자가 자동으로 카트에 물건을 가득 담아 계산대로 향한다는 식의 묘사까지 찾아볼 수 있다. 그러나 이는 현실과는 너무나 거리가 먼 이야기일 따름이다.

뉴로마케팅은 외부 자극으로 촉발되어 뇌에서 어떤 프로세스가 일어나는지 연구하는 학문이다. 광고의 모티브가 뇌에 어떤 자극으로 작용하는지 결과를 살펴보는 것이다. 이렇게 얻어낸 결과를 인지 신경과학의 다른 실험과 비교해보면 쉽게 알 수 있다. 광고가 사용하는 상징은 상당히 큰 효과를 불러일으키는 것을 확인할 수 있다. 예를 들어 '벡스Beck's'* 라는 브랜드의 맥주가 광고에 등장시키는 커다란 범선은 소비자의 뇌에 분명한 반응을 일으켰다.

* 독일 브레멘에 본사를 둔 맥주 상표. 깨끗한 이미지를 각인시키려는 광고전략으로 호화 요트가 항해하는 모습을 주로 보여준다.

물론 광고가 주는 자극에 인지적 프로세스와 감정이라는 프로세스가 서로 어떤 영향을 주고받는지 확실한 분석 결과가 나와야만 비로소 어떤 소통 수단을 어떻게 더 섬세하게 다듬어 응용할 수 있을지 알게 될 것이다.

인간의 감각에 영향을 주려는 시도와 실험은 늘 끊이지 않고 이어져왔다. 유장한 역사를 통해 거의 모든 방법을 동원해 실험하고 그 응용 방법을 찾아왔다. 고문과 위협은 물론이고 그럴싸한 수사 혹은 논리적 논쟁에 이르기까지 방법의 모색은 다양했다. 심지어 오늘날 이른바 동기부여 심리학이나 구매심리학은 구매 욕구를 자극하는 갖가지 기법을 선보이고 있다.

이성에 호소하는 것보다는 감정을 자극하는 것이 원하는 결과를 이끌어내는 데 훨씬 더 효과적이라는 사실은 이미 오래전에 밝혀졌다. 고객을 몰아세우거나 설득한다고 해서 최고의 성과가 나오는 게 아니라는 점은 이제 상인들도 잘 알고 있다. 핵심은 확신을 갖도록 해야 한다는 것이다. 인간은 좋은 느낌을 불러일으키는 행위를 기꺼이 되풀이하고 싶어 하는 존재이기 때문이다.

신경과학의 중요성은 바로 이런 사실을 확인해준다. 다시 말해서 신경과학은 인간의 뇌에 일종의 스위치 같은 게 있어서 이를 작동시켜야 보상 체계가 활동하기 시작한다는 것을 알아냈다. 이런 측면에서 볼 때, 우리의 뇌는 자신의 생각과 결정에 스스로 보상을 해주는 것을 기꺼이 실행한다는 사실을 명심해두는 게 좋을 듯하다.

물론 어째서 '특정 경우에는 보상 체계가 곧장 작동하면서도 다른 경우에서는 꼼짝도 하지 않는지, 왜 사례마다 다른 결과가 나타나는지 하는 의문은 여전히 숙제로 남아 있다. 여기서 신경과학은 과거에 마케팅 심리학이 홀로 이끌어냈던 것보다 훨씬 더 명료하고 나은 답을 머지않은 미래에 내놓을 것이다.

어떤 숨겨진 신호가 무의식의 차원에서 이뤄지는 평가 과정에 작용하는지 일단 알아내기만 한다면, 미래의 커뮤니케이션은 완전히 달라질 것이다. 그 영향력이 얼마나 폭발적일지는 지금 단계에서 아직 예측하기 힘들다.

상인이 무의식적으로 짓는 표정의 아주 미세한 변화가 고객에게 결정적인 영향을 미친다면, 대체 상인은 자신이 무의식적으로 보내는 이런 신호를 어떻게 통제할 수 있을까? 자신이 뭔가 바꾸어야 한다는 것을 알면서도 그 구체적인 방법을 모른다면, 이처럼 답답한 노릇도 없을 것이다. 아무래도 고객에게 긍정적인 신호를 보내기 위해서는 상인의 내적인 태도가 바뀌어야만 할 것이다. 하지만, 무엇을 어떻게?

좋은 상인과 형편없는 상인, 뛰어난 배우와 보기만 해도 손발이 오그라드는 배우, 카리스마 넘치는 신뢰감으로 무장한 정치가와 비열하고 졸렬한 정치가는 언제 어느 시대에서나 그 차이를 분명히 보여줬다. 아무튼 뛰어난 쪽은 못난 쪽과 무언가 다른 것임에는 틀림없다. 그런데 그 차이가 정확히 무엇인지 지금껏 속 시원히 설명한 사람은 없다. 그리고 이런 차이를 이성적이고 논리적으로 풀어준 행동 지침 같은 것을 보고 실질적인 도움을 받은 사람도 없다.

물론 타깃 그룹을 정확히 조준하고 이에 집중하면 마케팅은 훨씬 더 좋은 성과를 보일지도 모른다. 다만, 이는 그만큼 고객층이 좁아진다는 결과를 낳을 뿐이다. 그리고 기업의 입장에서 시장을 좁히는 선택이야말로 내리기 힘든 결정이다. 많이 팔아야만 하는 제품을 내놓으면서 타깃 마케팅을 하는 것이야말로 제 살 깎는 역설이기 때문이다.

또 뇌의 복잡성과 유연성 그리고 적응력도 과소평가해서는 안 된다. 우리 뇌는 미래의 새로운 자극에는 아무래도 새로운 방식으로 반응할 게 틀림없다. 인간이 자신의 의지라고는 전혀 갖지 않는 맹목적 소비자가 아니기 때문이다. 다시금 인간이 진정 자유의지라는 것을 갖는가 하는 물음이 떠올려지는 대목이다. 이런 문제를 소상하게 다루려면 이 책은 몸집이 엄청나게 불어나야만 한다.

이론과 현장

몇 년 전 신경과학이 광고업계를 상대로 이론을 제공하겠다고 제안했을 때, 그 가장 큰 동기는 값비싼 fMRI 장비를 마련할 재원의 조달이었다. 전문적인 과학 연구의 틀에서 볼 때 실험 결과를 광고에 이용하든 순수 연구 목적으로 쓰든 아무런 차이가 없었기 때문이다. 그래서 기왕이면 광고와 접목시켜 막대한 연구비를 충당해보자는 발상이 나왔다. 더 나아가 실질적으로 활용할 수 있는 더 많은 성과를 이끌어내고, 기존의 가설이나 가정을 뒷받침할 확실한 자료도 얻어낼 수 있으리라 기대한 것이다.

양쪽의 관심과 기대는 놀라울 정도로 컸다. 심지어 지나친 게 아닐까 우려가 될 정도였다. 물론 그러는 동안 양측 모두 현실적인 선을 찾았다. 이제는 어느 정도 안정되어 학술연구의 재원을 지원하는 기업도 적당한 수가 된 듯하다.

협력 기업들이 처음보다 많이 줄어든 것은 학술연구의 중요성을 인정하지 않았기 때문이 아니라, 기존 가설과 이론이 차례로 검증되거나 반증되면서 어디에 어떻게 관심을 두어야 하는지 명확히 정리되었기 때문이다. 이런 정리 덕에 기업에는 전략을 수정해야 할 필요가 생겨났다. 철저한 연구 없이 인간의 행동과 체험을 섣불리 단정하거나 마케팅에 이용할 수 없다는 두터운 공감대가 형성된 것이다.

심리학, 경제학, 인문학 등에서 얻어낸 지식을 뇌 연구 성과와 전문적 바탕 위에서 접목시킬 때 기업은 비로소 현장에서 귀중하게 활용할 전체 그림이 그려질 것이다.

뇌 연구의 관점에서 보면 그 성과의 극히 일부만 지금껏 광고에 적용되었을 뿐이다. 물론 신경과학자가 자신을 미래의 마케팅이나 커뮤니케이션 전문가로 보고 있는 것은 결코 아니다. 더욱이 광고업계와 그 고객, 곧 기업의 관심은 과학 이론만으로 만족시킬 수는 없다. 문화적 배경, 감정, 개인적인 선호도 등 함께 고려해야 하기 때문이다.

또 연구 재원을 마련하는 것만이 관심사였던 것도 아니다. 물론 자신이 벌여놓은 실험을 자금 걱정 없이 추진한다는 것은 모든 과학자의 꿈이다. 그러나 목적만큼 과정도 투명하고 엄정해야 하며, 수단 역시 적절해야 한다. 과학 연구가 기업만 독점하는 결과물을 낳는다는 것은 말이 되지 않는 논리다. 연구 성과는 누구에게나 열려 있는 개방적인 것이어야 마땅하다. 그럴 때에만 소비자 보호운동을 하는 사람들의 염려와 의혹도 씻어줄 수 있기 때문이다.

뉴로마케팅

오늘날 뛰어난 실력을 자랑하는 창의적인 마케팅 전문가도 자신의 광고 캠페인이 고객의 뇌에 어떤 영향을 일으키는지는 나중에 가서야 측정할 수 있다. 반면, 미래의 뉴로마케팅은 먼저 실험을 통해 그 효과가 확인된 광고기법을 활용하게 해줄 것이다. 말하자면 미리 실행해보고 성공을 보장하는 마케팅만 실천에 옮겨지는 셈이다.

뉴로마케팅 전략을 하나의 예로 설명해보기로 하자.

실험 참가자에게 어떤 상품을 구매할 것인지 결정을 내리라고 하면서 그때 뇌에서 벌어지는 움직임을 자기공명영상으로 살펴본다. 비디오 안경을 쓴 참가자는 상품과 가격을 보고 그것을 살 것인지 버튼을 눌러 결정한다.

이렇게 보여주는 몇몇 상품 가격에는 할인판매 기호를 붙여놓는다. 이를테면 몇 퍼센트라든가 '초특가 상품'이라고 적어놓는 것이다. 이런 표시를 해둔 것과 그렇지 않은 것을 보여주며 비교를 해보았더니 전두엽의 중간 부분에 자리한 이른바 '앞 띠anterior cingulum'라는 뇌의 중요한 부위가 할인 표시를 보면 더 이상 활동하지 않는 것으로 나타났다.

이 부위가 맡는 역할은 다른 대안은 없는지 철저하게 따져보는 것이라는 가설이 있다. 다시 말해서 할인을 뜻하는 표시는 이 뇌 영역의 활동을 억제해 빠른 결정을 내리도록 유도한다는 것이다. 가격이 적절한지 어떤지의 복잡한 물음은 그로써 해소되어버린다. 이런 발견은 신뢰감을 중시하는 일반인의 일상적 행동 및 태도와 정확히 일치한다.

결정에 걸리는 시간을 줄여주는 비슷한 효과를 불러일으키는 것은 대중에게 확실하게 각인된 브랜드다. 오랜 세월을 두고 좋은 이미지를 구축해온 유명 상표는 고객의 뇌가 망설일 시간을 단축시킨다. 더 나아가 이런 연구는 가격 표시를 '마르크Mark'로 한 것에 독일의 노년층이 더 빨리 반응한다는 사실도 확인해주었다. 여전히 낯설기만 한 '유로Euro'라는 화폐 단위보다 '마르크' 표시에 더 친근감을 느껴 노년층의 구매 결정이 빨라진 것이다. 아무튼 뇌는 익숙한 옛것과 생소한 새것 사이를 끊임없이 방황하는 존재이다.

로고보다는 얼굴이다

지금까지의 연구 결과에 따르면 감정 뇌와 기억 뇌 활동에는 단어나 그림 상표보다 얼굴 상표가 훨씬 큰 효과를 내는 것으로 확인되었다. 독일 본에 위치한 〈라이프앤브레인Life&Brain〉 연구소의 뉴로마케팅 연구 팀은 방송 프로그램을 위해 슈퍼마켓에서 다음과 같은 실험을 실시했다.

먼저 와인 상표에 생산지와 품질에 관한 정보, 로고만을 담아 고객에게 보여줬다. 그러자 아예 그런 표시도 없는 다른 상품보다는 고객의 관심을 더 끌었다. 다시 여기에 잘 알려지지 않은 사람의 얼굴 사진을 넣은 광고를 덧붙였다. 얼굴 광고 덕분에 고객의 관심은 괄목할 정도로 집중되었다.

세 번째 단계에서는 잘 알려지지 않은 무명의 얼굴 대신 어느 정도 유명해진 인물을 활용했다. 그러자 고객의 관심도는 다시금 높아졌다. 그러나 무명 얼굴과 유명 얼굴 사이에서 확인된 관심도 증폭은 로고와 무명의 얼굴 사이에서 나타났던 것만큼 크지는 않았다.

여기서 우리는 무명 얼굴 광고일지라도 얼굴을 내세우지 않은 솜씨 좋은 광고보다는 훨씬 낫다는 결론을 내릴 수 있다. 그렇지만 물론 소비자의 뇌가 항상 그처럼 단순한 것은 아니다.

토마스 고트샬크*와 그 동생이 독일 〈포스트방크〉의 주식 상장을 홍보하고 주가를 하늘 높은 줄 모르고 치솟게 했다고 해서, 토마스 고트샬크가 아이들이 즐겨 먹는 젤리 곰 사탕의 대명사가 되었다고 해서, 비슷한 지명도와 인기를 자랑하는 다른 인사도 당연히 똑같은 광고효과를 불러올 것이라고 볼 수는 없다. 스타의 유명도가 광고에 과연 얼마나 결정적인 역할을 하는지 정확히 알아보기 위해서는 더 많은 연구가 필요하다.

우선 지명도는 전문성과 명확하게 구분되어야 한다. 널리 알려진 명성은 일반 대중의 주목을 끄는 데는 충분하다. 그렇지만 이처럼 주목을 끄는 현상은 잘 알려지지 않은 무명인의 얼굴을 가지고도 얼마든지

* Thomas Gottschalk: 1950년생으로 독일의 스타 방송인. 우리나라의 유재석과 마찬가지로 독일의 국민 MC로 대단한 인기를 누리는 인물이다. 〈포스트방크Postbank〉는 독일 우체국 소속의 금융회사였다가 민영화해 주식회사로 탈바꿈한 업체이다.

이끌어낼 수 있음이 실험으로 증명된 것이다. 다시 말해서 광고효과를 극대화하기 위해서는 인기에 전문성이 더해져야 한다. 모델이 평소 어떤 역할을 해왔는지 캐릭터가 중요하다는 말이다. 이처럼 전문성은 사람들의 머리에 아주 깊은 뿌리를 내린다.

의사를 주로 연기해온 지성파 배우가 의약품 광고를 한다면 그 효과는 두 말할 나위가 없다. 드라마에서 대기업 중역을 맡아왔던 배우가 자동차나 투자 광고를 맡으면 제격일 것이다. 화장품을 광고하는 데 여배우가 맡아왔던 캐릭터는 별로 중요하게 여겨지지 않는다. 여기서는 외모만 따지는 경우가 흔하기 때문이다. 그러나 정확히 뭐가 어떻게 작용하는지는 좀 더 상세하게 연구되어야 한다.

뉴로마케팅은 상당히 빠른 속도로 발전하는 학문이다. 브랜드가 어떻게 사람들의 뇌리에 깊숙한 이미지를 형성하는지 실험하고 조사하는 게 뉴로마케팅이다. 새로운 브랜드가 시장에 등장하거나, 기존 시장에 신상품을 내놓을 때도 뉴로마케팅은 적지 않은 도움을 줄 전망이다. 이는 무엇보다도 뇌 연구가들이 기억과 감정이라는 현상을 아주 잘 이해하고 있기 때문이다. 이런 지식이 마케팅에서 활용될 여지는 무궁무진하다.

다만 여기서 광고 목적으로 고객의 의식을 조작하고 부풀리는 일은 절대로 없어야 한다. 장사에만 눈이 어두워 그런 행위를 벌이다가는 그 영향이 고스란히 독이 되어 되돌아오기 때문이다. 앞서 살펴본 것처럼 인간의 뇌는 무의식 가운데 신뢰를 가장 중시한다. 윤리를 중시하고 신의를 쌓아가는 일은 그래서 중요하다.

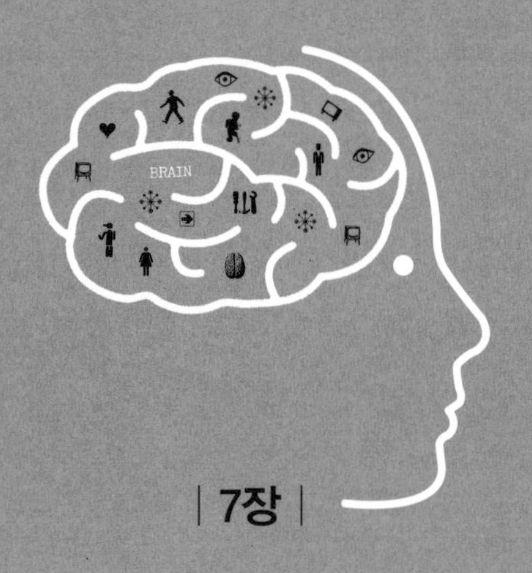

| 7장 |

쉽게 바뀌는 생각 VS. 죽어도 안 바뀌는 생각

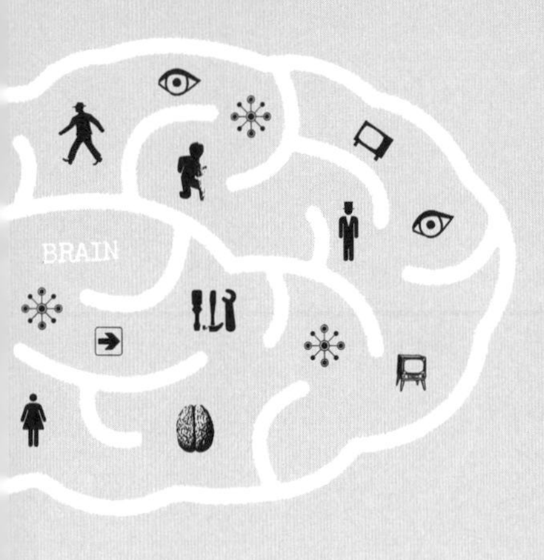

이 장의 제목을 읽는 순간, 당신의 뇌는 변화하기 시작한다. 아마도 과거의 생각을 죽 떠올리며 자신이 변했는지, 변했다면 어떻게 바뀌었는지 곰곰이 돌이켜보기도 할 것이다. 또는 살면서 전혀 딴 사람이 된 친구나 친지를 떠올리며 의아해할 수도 있다. 아니면 잔뜩 볼멘소리를 할 수도 있다.

"무슨 헛소리야, 나는 조금도 변하지 않았어!"

정말 그럴까?

뇌의 적응력

새로운 자극을 받으면 불과 몇 초 안에 뉴런 사이의 기존 시냅스는 활발하게 움직이기 시작한다. 이는 눈앞에서 벌어지는 사건을 기억하기 위한 뇌의 필수적인 반응이다. 여기서 시간이 흐를수록 신경세포의 접속은 늘어나며 새로운 시냅스가 성장하고 이합집산이 자유자재로 일어난다.

뇌가 갖는 가장 탁월한 능력은 늘 새롭게 등장하는 요구에 얼마든지 적응한다는 데 있다. 이 적응력은 정말 대단한 것이다. 그래서 지극히 작은 영향일지라도 얼마든지 변화를 촉발한다. 유명한 신경과 의사이자 심리학자이면서 왕성한 저술 활동을 벌인 올리버 색스*는 이런 이야기를 한 적이 있다.

"뇌에 아주 경미한 부상을 입거나 대뇌에서 일어나는 화학반응에 조금만 혼란이 와도 우리는 완전히 다른 사람이 될 수 있다."

* Oliver Sacks: 1933년에 출생한 영국의 정신과 의사. 여러 질병의 복잡한 증상을 대중에게 쉽게 이야기로 풀어주는 책을 써서 명성을 얻었다.

일상에서 보는 아주 사소한 일도 우리 생각의 궤적을 얼마든지 바꾸어놓을 수 있다. 살짝 짓는 미소나 상대의 정체를 알 수 없는 전화 혹은 전혀 예상하지 못했던 방문을 받고 돌연 우리는 자신이 전혀 다른 사람이 된 것 같은 기이함에 빠지거나, 몇 시간 아니 몇 분 심지어는 불과 몇 초 전에는 예상하지도 못했던 결정을 내리기도 한다.

전혀 다른 시각으로 이전에는 알지 못했던 태도로 빠르게 돌변하는 뇌의 이런 움직임을 우리는 일상에서 무심하게 흘리기만 한다. 뇌는 필요할 때마다 순간적으로 태도와 의견 그리고 행동방식에 깊은 변화를 일으키지만, 우리는 그 연속성에 단절이 생기는 것은 조금도 의식하지 못한다.

우리는 꾸준한 연습을 통해 특정 능력을 향상시킬 수 있다는 것을 안다. 테니스를 치든 피아노를 연주하든 운전을 하든, 연습이야말로 최상의 실력을 이끌어낼 수 있는 지름길이다. 연습은 뇌가 갖는 네트워크의 접속에서 해당 부분을 집중적으로 강화하거나 필요하지 않은 접속은 끊어버리는 효과를 낳는다.

심지어 이런 효과는 순전한 마인드 컨트롤로도 이끌어낼 수 있다. 눈을 감고 정신을 온전히 집중한 채 테니스 라켓의 움직임과 그에 따른 공의 궤적을 추적해보는 것이다. 그럼 실제 코트에서 벌이는 시합 못지않은 효과를 볼 수 있다.

이처럼 뇌는 끊임없이 신경세포의 새로운 접속을 만들어내며, 또한 기존의 것을 계속 유지할지 혹은 끊어버릴지 결정을 내린다. 이런 사정을 그림처럼 보여주는 것이 신체의 특정 부위를 절단한 환자의 경우이다. 왼팔을 잘라냈음에도 계속 그곳이 가려운 것만 같은 느낌이 드는 이유는 뇌가 해당 부위의 접속을 여전히 유지하고 있다는 뜻이다. 반대로, 맹인의 경우 시각을 관장하는 뇌 부위가 더 이상 할 일이 없게 되자, 그 세포들이 청각을 집중적으로 지원한다. 맹인의 청력이 아주 뛰어난 데는 이런 배경이 숨어 있다.

신경세포는 밤에도 자란다

신경세포는 수명을 다하고 죽을 뿐 재생되지는 않는다는 것이 오랫동안 정설로 여겨져 왔다. 그 반대의 사례가 계속 나타났음에도 뇌 과학자들은 신경세포가 재생되지 않는다는 주장을 되풀이했다.

1998년 스웨덴 예테보리의 살그렌스카Sahlgrenska 대학병원의 신경학 교수 페터 에릭손Peter Ericsson은 성인 뇌에서도 새로운 세포가 계속 생성된다는 사실을 처음으로 입증해냈다. 오늘날 '성인 신경 형성Adult neurogenesis', 곧 성인의 뇌에서 나타나는 새로운 세포 형성은 현대 신경과학이 다루는 주요 주제라고 게르트 켐퍼만Gerd Kempermann은 설명한다.

켐퍼만은 연구에 중점을 두고 활약하고 있는 의사이며 대학에 강사로도 출강하는 신경과학 전문가다. 그는 베를린에 위치한 〈막스 델브뤽 분자의학 연구센터Max-Delbrück Centrum für Molekulare Medizin〉(MDC)에서 '신경 줄기세포'라는 연구 분과를 이끌고 있으며, 베를린 샤리테Charité 병원에 부설된 폴크스바겐 재단에서 '신경성 관용'이라는 연구 그룹을 책임지고 있다.

뇌의 네트워크 구조를 바꾸는 데는 적은 수의 새로 형성된 세포만으로도 충분하다. 이 새로운 신경세포가 정확한 부위에서 생성된다는 전제로 말이다. 그 부위는 해마* 이다. 해마는 몸이 받아들인 감각 지각을 시간과 공간에 따라 분류하며, 감정과 결합시켜주는 역할을 한다. 해마에 있는 비교적 적은 숫자의 신경세포가 앞으로 감각 지각을 어떻게 처리해야 할지 결정하는 셈이다.

새로운 신경세포는 반드시 사용되어야만 뇌의 네트워크에 편입된다. 다시 말해서 새로운 자극과 정보를 처리해야만 네트워크에 접속이 되는 것이다. 이런 접속은 신체 활동을 통해서도 일어날 수 있다. 나이를 먹어서도 건강하게 살려면 몸이 새로운 도전을 감당할 수 있도록 계속 단련시켜야 하는 것과 동일한 이치다.

뇌 연구가 입증했듯이 저글링 같은 동작을 계속 훈련하면 성인 뇌에서도 특정 부위의 신경세포가 활발하게 결합하며 왕성하게 증가한다. 물론 훈련을 쉬면 다시 원상태로 돌아간다. 뇌는 다른 신체 기관처럼 자신이 원하는 대로 꾸밀 수 있으며 얼마든지 변화시킬 수 있다. 뇌 영상은 외국어를 배울 때 뇌 세포 밀도가 현저하게 높아진다는 사실을 확인해주었다.

신경 형성은 세 단계로 이루어지는 뇌 유연성 발달의 가장 핵심적인 부분이다. 새로운 자극을 받으면 몇 초 안에 현존하는 뉴런 시냅스가 강화된다. 이는 당장 일어나고 있는 일을 기억하기 위해 꼭 필요한

---

* Hippocampus: '해마체'라고 옮겨놓은 글도 많이 볼 수 있으나, 표준국어대사전에는 없는 말이다. 대뇌변연계의 양쪽 측두엽에 존재하며 기억을 담당하는 부위이다.

작업이다. 계속 몇 시간이 지나면 새로운 시냅스가 성장하며 새로운 접속을 이루면서 신경세포들이 이전에는 볼 수 없었던 결합을 이룬다. 이것이 바로 기억이라는 현상이다.

뇌의 신경 형성이라는 테두리 안에서 새로운 세포가 성장하는 데는 며칠이라는 시간이 걸린다. 이 성장으로 뇌에는 지속적인 변화가 일어나며, 이것은 학습에서 결정적인 역할을 한다.

이때 중요한 것은 당사자가 학습의 성과를 만끽하는 체험이다. 체험을 할 수 있을 때에만 비로소 뇌의 보상 체계가 작동하며 계속 배우고 싶다는 의지가 굳어진다.

사회는 인간의 뇌 유연성을 잘 모른다. 일반적으로 인간은 언제나 특정 시점까지 배우고 경험한 것에 만족하려는 경향이 있다. 현재의 자신으로 만족하는 데 그치려는 것이다.

머리에 부상을 입거나 뇌졸중을 겪거나 혹은 다른 병리적 질환만이 뇌에 결정적인 손상을 가하는 게 아니다. 예전에는 몰랐던 새로 개발되어야 할 개인의 재능과 능력은 무궁무진하다. 돌연 놀라운 그림 솜씨를 보이거나 음치였던 사람이 기막힌 노래 솜씨를 자랑하는 것 역시 뇌 유연성으로 설명할 수 있다.

인생을 바꾸겠다는 단호한 결심도 생각을 변화시키고 완전히 새로운 면모를 이끌어내는 요소로 작용한다. 물론 새로운 실력이나 기존 능력의 향상은 저절로 일어나지는 않는다. 있지 않은 능력을 강제해도 나오지 않기 때문이다. 다만 이미 가진 힘을 더 키우고, 누구나 자신의 새로운 면을 발견할 기회 부여는 사회가 감당해야 할 몫이다.

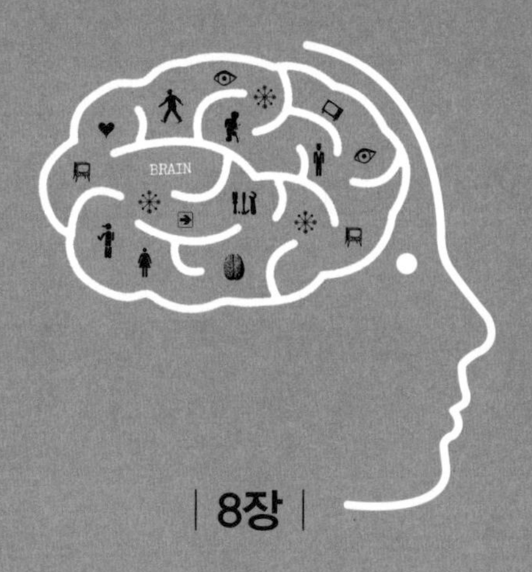

| 8장 |

가랑비 습관에 뇌 옷 젖는다

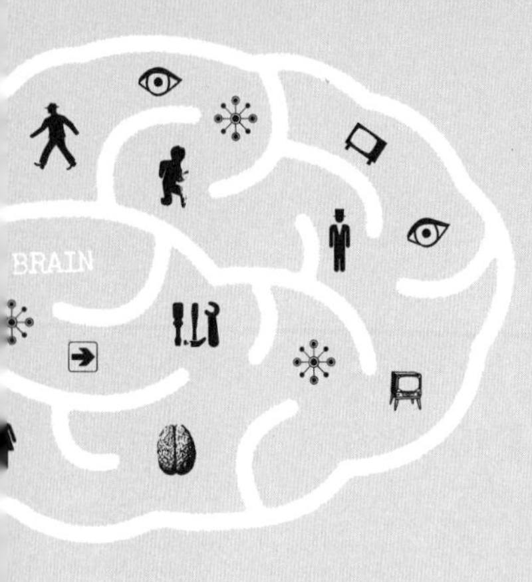

뇌에는 이른바 '그물체'가 있다. 이것은 이를테면 서커스 천막의 조명으로 설명할 수 있다. 서커스 천막 안에서는 정말 많은 일이 벌어진다. 유명 연예인이 관중석에 나타나는 바람에 사람들이 술렁거리기도 하고, 원형극장에서 사자가 포효하는가 하면, 허공에 매달린 공중그네에서는 연기가 펼쳐진다. 이때마다 조명등은 이들을 쫓아다니며 비춘다. 그리고 관중은 조명에 비춰진 가장 중요한 장면을 놓치지 않으려 애쓴다. 뇌의 '그물체'는 바로 이 조명처럼 인간의 주의력을 모아주는 것이다.

말하자면 어떤 특정 감각 자극에 우선권을 부여해 뇌가 중시해야 할 가장 높은 차원으로 끌어올리는 것이다. 감각 자극이 도달하면 뇌에서는 갑자기 강력한 사건이 벌어진다. 감각 자극이 옛 정보나 감정과 비교되면서 적당한 형용사로 치장되는 것이다. 야, 대단하군! 정말 아름다워! 진짜 보기 드문 마법이군! 이런 식으로 말이다.

습관은 뇌의 정체 상태다

신경세포는 아주 독특한 성격을 갖는다. 일군의 신경세포를 늘 똑같은 모양으로 되풀이되는 자극에 노출시키면, 얼마 가지 않아 아무 반응을 보이지 않는다. 물론 신경세포는 언제나 약간씩 움찔거리기는 한다.

그러나 자주 같은 형태로 되풀이되는 자극을 다른 드문 자극과 섞어 놓으면 신경세포는 두드러질 정도로 활발히 활동하기 시작한다. 그러니까 뇌가 어떤 정보를 아주 특별한 것으로 받아들이게 만들려면 평소 겪어보지 못한 자극을 가해야만 한다.

마음에 드는 노래도 계속 반복해 틀어놓으면 얼마 가지 않아 신경체계는 졸음에 빠진다. 그런데 갑자기 전화벨이 울리면 신경체계는 화들짝 놀라 깨어난다. 일종의 비상이 걸린 것이다. 전화벨 소리를 특별한 자극으로 받아들였기 때문이다. 그 후 벌어지는 모든 일은 훨씬 분명하게 지각된다.

그러나 전화가 3분마다 시끄럽게 울려대면, 이제 그 자극 역시 더 이상 특별한 것이 아니게 된다. 그것은 새로운 것으로 받아들여지기보다 짜증스러운 부담이 되어버린다. 그러면 전화벨 소리는 뒷전으로 밀려나며, 뇌는 이를 무시하기 시작한다. 이른바 '습관화Habituation' 과정에 발동이 걸린 것이다. 이로 미루어볼 때 사람의 주의력을 떨어뜨리지 않는 비결에 대한 물음은 저절로 풀린다. 자주 반복되는 자극을 돌연한 자극과 섞어 가하면서 그 순서에도 변화를 주는 것이다.

정보전달의 효과를 이해하려면 강한 자극과의 시간적 간격에 주목해야 한다. 강한 자극 직전에 정보를 전달하면 상대방은 그 정보를 아주 잘 기억한다. 그러나 강한 자극 직후에 전달된 정보는 잘 기억하지 못하게 된다. 신경체계가 그 독특한 자극과 씨름하느라 정보를 흘려버리기 때문이다.

이런 자극 체계를 'P300'이라 부른다. 이것은 생체 전류의 흐름을 측정한 값으로 0.3초 후에 나타나는 흥분의 파장을 기록한 것이다. 어떤 음을 80퍼센트 정도로 들려주면서 다른 음을 20퍼센트 정도 섞는다. 그러면 이 드문 음을 듣고 0.3초 뒤에 확연한 반응이 일어난다.

이런 것을 응용해 아주 특별한 자극을 주는 방법은 이를테면 다음과 같은 것이다. 어른의 얼굴을 자주 보여주면서 중간 중간 아이의 얼굴을 보여준다. 그러다가 돌연 고릴라의 사진을 등장시킨다. 그러면 상대방은 상당한 충격을 받는다. 이처럼 강한 자극을 신경과학은 '쇼크 노벨 자극Shock Novel Reiz'이라 부른다.

자동차를 사지 말고 여행을 떠나라

아이는 무능한 부모의 욕지거리에 쉽사리 적응한다. '매일 듣는 것인데 뭐' 하면서 한 귀로 듣고 다른 귀로는 흘린다. 이런 교육이 장기적으로 아이의 사회성에 무의식적인 악영향을 끼치기는 것과는 상관없이, 아이는 거기에 쉽게 적응한다. 직원 역시 다혈질 사장의 뜬금없는 위협과 협박에 앞에서만 공손한 척한다. '흥, 또 말만 저렇게 해대는 거겠지' 하면서 속으로 코웃음을 치는 것이다.

인간은 참으로 많은 것에 쉽사리 적응한다. 심지어 창밖의 기차 소음에도 우리는 푹 잘 수 있다. 그 소음이 정기적으로 들려오는 소음이라면 말이다. 같은 시각에 기차가 지나가지 않으면 오히려 잠에서 깨어날 수도 있다. 이처럼 인간은 특정 음식에, 낮과 밤을 바꾼 기이한 생활리듬에, 그리고 가난 등에도 이내 적응한다. 물론 적응은 부정적인 측면에서만 일어나는 게 아니다.

적응은 반대 방향으로도 얼마든지 일어난다. 인간은 부유함과 건강, 또는 성공에도 이내 적응한다. 그러나 행복감에 젖어 황홀했던 순간은 얼마 가지 않아 사라지기 일쑤다. 아무리 돈이 많아도, 온갖 호화로움을 맛보아도 더 이상 행복한 느낌이 들지 않는 이유는 여기에 있다. 거기에 쉽게 적응했지만 그것들은 오래 지속되지 않기 때문이다.

행태심리학자이자 노벨 경제학상을 받은 대니얼 카너먼은 다음과 같이 진단한다.

"성공하고 부를 이룬 사람의 일상을 지배하는 것은 침울한 기분이다."

그런 맥락에서 카너먼은 이렇게 충고한다.

"고급 빌라를 사고 값비싼 자동차를 장만하지 마라. 대신 훌훌 여행을 떠나고, 사람들에게 꽃다발을 안기며, 파티를 즐겨라!"

중요한 것은 익숙함에 젖어드는 적응을 거듭 새로운 경험으로 깨트리는 작업이다. 뇌로 하여금 깨어나게 하는 것이다. 바로 새로운 자극을 찾아나서는 것이 그 방법이다.

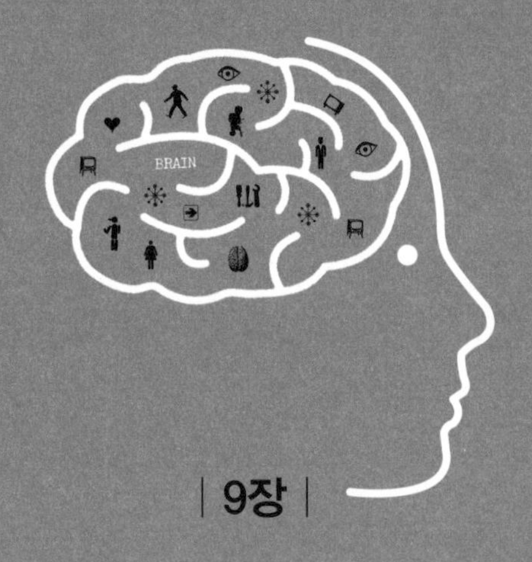

| 9장 |

뇌는 오직 다섯 패턴만 안다

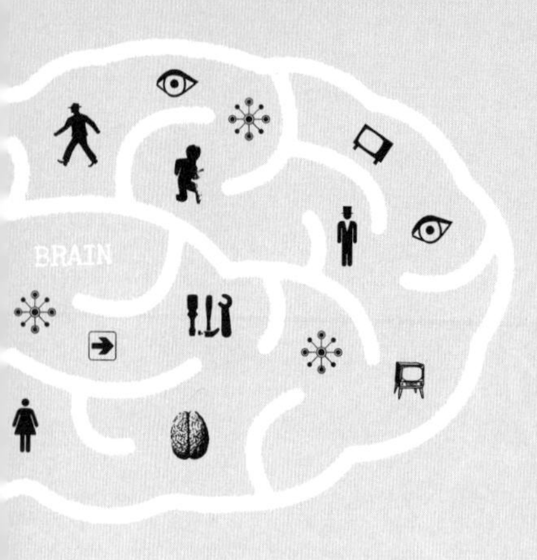

사람들은 목적과 상황에 따라 자신이 아주 많은 행동을 할 수 있다고 확신한다. 그러나 자세히 살펴보면 인간의 행동 패턴에는 오로지 다섯 가지 기본 유형만 있을 따름이다. 그러니까 우리의 모든 행동은 이 다섯 패턴을 상황에 맞게 변형한 것에 지나지 않는다.

인간은 행동한다,
고로 존재한다.

이제는 고인이 된 파울 바츨라비크는 "인간이 소통하지 않는 것은 불가능하다"고 말한 적이 있다. 이는 행동에도 동일하게 적용되는 말이다. 행동하지 않는 것도 일종의 행동이다.

인간의 가장 오래된 행동 패턴은 도망이다. 인류가 이 땅에 처음 출현했을 때 맹수에게 잡아먹히지 않으려면 튀어야만 했다. 도망갈 수 없을 때 생겨난 두 번째 행태는 서서 버티는 것이다.

더 이상 사냥과 채집을 하지 않고 농부로 안착을 하거나 가축을 끌고 초원을 떠돌게 되고 나서야 인간은 두 가지 새로운 행동 패턴을 몸에 익혔다. 그것은 주변 환경에 적응하거나, 살 터전을 바꿔나가는 식이었다.

동굴벽화에서 보는 초기 문화 형태를 일구어내고 나서 인간은 특정 사건이나 자신의 행동방식을 다르게 해석하는 방법을 배웠다. 하늘에서 떨어지는 번개는 더 이상 설명할 수 없는 자연현상이 아니라, 저 드높은 분이 분노해 내리는 형벌이 되었다. 사람들은 서둘러 제사상을 차리고 조아려 엎드리고 빌었다. 제물을 바쳐 신의 노여움을 풀려는 안간힘이었다. 이처럼 제례라는 특정한 행동이 갑자기 새로운 의미를 얻게 되었다.

도망과 버티기, 적응과 바꾸기, 그리고 높으신 분에게 비는 제례 등 다섯 가지 행동 패턴은 수만 년 동안 변함없이 인간에게서 반복되어 나타나고 있다.

다섯 가지 레퍼토리

인류의 발달사를 훑어보는 것만으로는 다섯 가지 패턴에 대한 완벽한 설명을 내놓을 수 없다. 하지만 인간은 맞닥뜨리는 모든 상황을 다섯 가지 기본 행동으로 이겨내려 했다는 것만큼은 분명하다.

도망 – 죽음보다 나은 것은 어디서나 찾을 수 있어

"죽음보다 나은 것은 어디서나 찾을 수 있어……."

이 말은 그림 형제의 동화 『브레멘 도시 음악대』*에 나오는 것이다. 어느 날 닭과 고양이, 개 그리고 당나귀는 너무 늙고 아무 짝에도 쓸모가 없다며 자신들을 죽이려는 주인을 피해 도망을 나왔다.

동물들은 함께 새로운 삶을 살기로 결심한다. 그들에게는 특정 상황으로부터 도피한다는 것이 평생 도망을 다닌다는 것을 뜻하지는 않았

* Die Bremer Stadtmusikanten : 그림Grimm 형제가 1812년에 발표한 동화. 우리나라에는 "브레멘의 음악대"라고 소개되어 있다. 그러나 정확한 번역은 "브레멘 도시 음악대"이다.

다. 오히려 그것은 완전히 새로운 출발을 하자는 다짐이었다.

인류에게 애초에 도망은 계획되지 않은 반사적인 행동이었다. 위험하고 불편한 상황에서 자신을 해방시키려는 무조건 반사였다. 다시 말해서 도피는 뇌가 요모조모 계산해보고 내리는 결정이 아니었다. 그것은 두려움, 심지어는 극도의 공포라는 감정이 주도하는 판단이다. 목표를 가진 것이라기보다는 현재 처한 상황으로부터 몸을 피하고 보자는 게 도망이다.

도망을 두고 흔히 비겁함이라고 비웃는 경우가 많다. 그러나 그것은 잘못된 지적이다. 도망을 하는 사람이 뭔가 분명한 생각을 가지고 그 행위를 통제하거나 조절할 수 있는 것은 아니기 때문이다. 현대사회에서는 생존의 두려움으로 자주 도피가 일어나는 것을 볼 수 있다. 일가족 집단 자살이 그런 경우다. 빚을 갚을 수 없다고 해서 이런 극단적인 선택을 하는 것은 말 그대로 최악의 도피다.

폭력을 휘두르는 남편으로부터 도망을 가는 여인의 경우도 심심찮게 볼 수 있다. 아무 이유 없이 이른바 '왕따'를 당한 나머지 학교를 그만두거나 직장에 사표를 던지는 것도 도피의 일종이다. 심지어 아프다고 꾸며 불편한 상황을 피하려는 행위 역시 무의식적으로 선택하는 도피다. 참기 힘들다는 생각에 몸은 실제로 이상 반응을 일으키기도 한다.

이처럼 아무 근거 없이 도망을 가는 사람은 없다. 적어도 퇴로를 찾아야겠다는 생각에 감행되는 것이 도망이다. 그러니까 도피는 다른 각도에서 보면 삶을 새로 시작하려는 몸부림으로 이해할 수 있다. 다만 도피를 거듭하는 인생 태도만은 막아야 한다. 도피도 자주 벌이면 아주 작은 불편도 참아내지 못하는 질병이 될 수 있기 때문이다. 많은 경우의 우울증도 도피에서 시작되었다는 사실을 명심할 필요가 있다.

버티기 – 온몸으로 파도를 맞는 바위처럼

멈추어 버티는 것은 도망의 대안이다. 멈추어 선 사람은 투지를 다지며 싸울 준비를 한다. 멈춘 사람은 정신을 집중해 목표를 노려보며 행여 무슨 실수를 저지르는 것은 아닐까 자신의 반응을 철저히 통제한다.

버팀이라는 것 역시 자기 보상이라는 감정에서 비롯된다. 인간 사회의 전통도 버틸 것을 부추기며 그래야 강한 것이라고 을러댔다. 이처럼 버팀은 일차적으로 보상 체계와 결정 체계가 함께 빚어내는 태도이다. 멈추어 서서 버티는 사람은 일반적으로 강한 자신감과 철저한 규율, 그리고 전략적 사고를 단련한다.

버티기로 결심한 사람은 보통 계획적이고 철저한 계산 아래 행동한다. 그리고 대개의 경우 버팀의 전략은 승리나 적어도 작전의 성공을 이끌어내야 한다. 흔히 이런 태도가 공동체를 위한 희생으로 이해되는 까닭이 여기에 있다. 좋은 예가 그리스 연합군의 퇴로를 확보하기 위해 3백 명의 병사들을 이끌고 페르시아 대군과 맞서 싸운 스파르타의 왕 레오니다스Leōnidas의 테르모필레 전투이다.*

* Battle of Thermopylae: 기원전 480년 8월 또는 9월에 벌어진 전투. 침략해오는 페르시아 1백만 대군에 맞서 그리스 연합군이 아르테미시온 해전과 동시에 벌인 싸움이다. 영화 "300"으로도 잘 알려진 역사적 전투이다.

적응 – 비온 다음에는 해가 뜨리니

적응은 변화의 반대를 뜻한다. 인간이 살아가는 기본 전략은 외부의 영향에 자신의 태도와 행동을 바꾸어가며 대응하는 것이다. 극에서 극을 달리는 환경의 변화에 적응해야 살아남을 수 있기 때문이다.

적응은 현재에 초점을 맞추게 하며 유연한 행동방식을 요구한다. 과거나 미래가 아니라 바로 지금 내가 사는 곳의 기후에 당장 맞추어야 한다. 단 한 번도 본 적이 없는 괴상한 음식이지만, 굶지 않기 위해서는 어떻게든 먹어야 한다. 꼴도 보기 싫은 상대지만 같은 단체 소속이니 참아야 한다. 이처럼 적응에는 언제나 배움이라는 자세, 즉 뇌의 유연성이 주된 역할을 한다.

변화 – 바꿔야만 살아남는다

합리적 근거를 가졌음에도 적응은 수동적인 태도라고 부정적으로 폄하당하기 십상인 반면, 변화를 받아들이는 자세는 적극적이고 긍정적인 것으로 떠받들어지기 일쑤다. 원치 않는 것을 감내하지 않고 새로운 해결책을 찾으며, 이를 관철하려는 태도로서의 변화는 버티는 자세와 비슷한 것이다. 변화 역시 배움과 뇌의 유연성에 바탕을 두지만, 동시에 무엇보다도 창조적 사고력을 필요로 한다.

변화는 부정적인 결과를 몰고 올 수도 있지만, 이는 좋은 쪽으로 계속 발달하기 위해 거쳐야 하는 단계이며, 오히려 기회로 인식되기도 한다. 어떤 사회가 변화한다는 것은 꾸준히 이어지는 발달의 일부라는 것이 오늘날 일반의 상식이다. 마찬가지로 우리는 기술도 소비자와 이용자의 새로운 욕구에 맞춰 변화하기를 기대한다.

그러나 인간의 변화는 항상 긍정적인 평가만 받았던 것은 아니다. 오히려 변해야 한다는 주장을 계몽주의와 산업화가 꾸며낸 선동으로 보는 경향도 있었다. 중세 사회는 더 빠르고 더욱 훌륭하며 훨씬 값싼 제품을 만들 수 있는 기술 혁신을 수공업자가 못하도록 막았다. 중세의 길드는 이런 감시와 감독을 위해 조직된 단체였다.

손해를 볼지라도 기존의 것을 지키려는 보수적 태도는 변화를 싫어하는 쪽에서 내건 가치였다. 중세에서 학문과 연구가 음지에서만 꽃피울 수 있던 것은 바로 이런 이유 때문이다. 당시 지배층은 과학의 연구가 자신에게 이득이 될지라도 한사코 막으려 들었다.

내 멋대로 꾸미기 – 자기 입맛에 맞게 의미 부여하기

세상의 일을 자기 입맛에 맞게 해석하는 것은 그 사람의 감정 상태와 기억, 그리고 보상 체계와 가치 체계가 함께 작동한 결과물이다. 현실을 정확하게 해석하든 아니면 멋대로 꾸며 바꾸든, 우리는 항상 특정 의미를 부여하려고 한다. 한 해의 매출을 보고 경영자가 자신이 못나서 매출이 이 정도밖에 되지 않았다든가, 자신 덕분에 매출이 그 정도나 되었다며 모든 일을 원인과 결과의 관계, 곧 인과의 법칙으로 풀이하는 식이다.

다음과 같은 어처구니없는 농담은 한 번쯤 들어보았을 것이다.

어떤 남자가 끊임없이 손뼉을 쳐댔다. 지켜보던 사람이 어이가 없어 대체 왜 그러느냐고 물었다. "코끼리들을 쫓으려고 그럽니다." 남자가 대답했다. "예? 여기 코끼리는 한 마리도 없는데요!" 놀란 상대방이 눈을 동그랗게 떴다. 남자가 빙긋이 웃었다. "보셨소? 내 손뼉 덕분에 코끼리가 모두 사라진 거요."

아무래도 우리는 인간의 뇌라는 것이 주어진 삶을 있는 그대로 받아들이며 살기보다는 자꾸 여러 가지 의미를 꾸며내려 한다는 것을 사실로 인정해야만 할 것 같다. 피해만 생기지 않는다면야 그런대로 자유롭게 내버려둘 일이다. 그러나 정작 나의 자유가 침해를 당한다면, 그때는 결연한 태도를 보여줘야 하지 않을까.

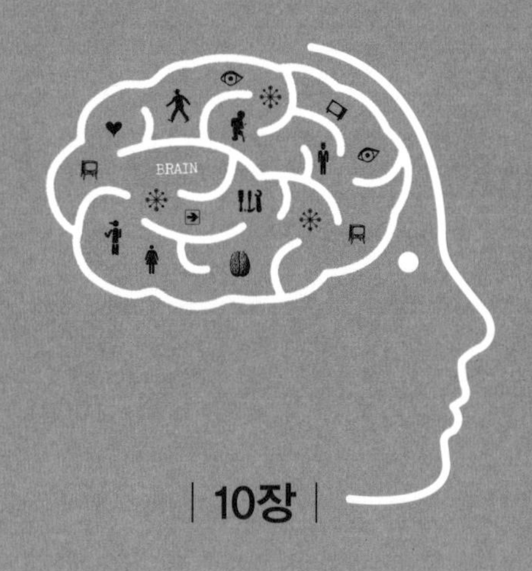

| 10장 |

뇌의 어처구니없는 착각들

적응과 습관이 일상을 얼마나 강하게 지배하는지 살펴보았다. 바로 그 이유 때문에 우리의 행동 패턴도 제한된 것이다. 이 모두가 종합적으로 벌어져 우리는 원치 않는 상황에 빠지곤 한다. 그것도 늘 되풀이되면서 말이다.

매일 아침 도로에서 빚어지는 지독한 정체를 보라. 출근하느라 발 디딜 틈조차 없는 지하철에서는 매번 곤욕을 치러야 한다. 대체 왜 모두 이런 어리석은 짓을 하는 것일까? 한편으로는 언제나 그래왔으니 달리 별 수가 없다고 체념하고, 또 다른 한편으로는 상황을 주도하기보다 거기에 자신의 태도를 맞추기에 급급해진다. 정체 상황이 일단 빚어지면, 그 상황에 우리는 휘둘리고 마는 것이다. 아무래도 뻔히 무슨 일이 벌어질지 알면서도 더 나은 대안을 찾기보다는 주어진 상황에 따르는 것이 더 현명하고 속 편하다고 생각하는 게 틀림없다.

'그냥 이대로 살래' 증후군

우리 인생은 처음부터 세 가지 조건을 가지고 시작한다.

1. 나에게 좋은 것이어야 해.
2. 내가 할 수 있는 것이어야 해.
3. 내가 원하는 것이어야 해.

어릴 때부터 항상 우리는 이 기준에 맞추어 뇌를 훈련시켜왔다. 이제부터 구체적으로 사례를 살펴보자.

나에게 좋은 것이어야 해

'나에게 좋은 것이어야 해!'는 갓 태어난 신생아의 아주 간단한 느낌에서부터 시작된다. 젖먹이에게 좋은 것은 배고프지 않고 목마르지 않은 것이다. 배고픔과 갈증을 느낀다면 뭔가 잘못된 게 틀림없다. 너무 덥지 않고 지나치게 춥지 않아야 하며, 언제나 엄마의 품을 느끼는 게 아기에게는 좋다.

추상적인 권리나 사회의 도덕적 규범 같은 것을 말하는 게 아니다. 배고픔과 갈증은 몸의 아주 구체적인 느낌이며, 그것을 바탕으로 시간이 흐르면서 보다 복잡한 감정이 생겨난다. 그러니까 도덕규범은 나중에야 생겨나는 부차적인 것일 따름이다.

자신을 둘러싸고 벌어지는 일에 좋다 혹은 나쁘다는 느낌을 기준으로 들이대는 것은 신생아만이 아니다. 좋은 것 아니면 나쁜 것이라는 기준은 평생 따라다닌다. 이런 평가는 또렷한 생각으로 표현되기도 하고, 두통이나 복통처럼 뭔가 좋지 않다고 몸이 보내는 신호가 되기도 한다.

내가 할 수 있는 것이어야 해

'내가 할 수 있는 것이어야 해!' 역시 아주 어려서부터 등장한다. 긍정적이지 못한 상황을 바꾸는 것은 인생에서 반드시 겪어야 하는 경험이다. 갓난아기가 허기와 목마름을 채우려면 먼저 큰 소리로 울 수 있어야 한다.

자신에게 좋은 것을 이룰 수 있도록 뭔가 할 수 있어야 한다는 생각은 아주 어려서부터 뿌리를 내린다. 훗날 성인이 되어 벌이는 복잡한 생각은 이런 경험들에 기초를 둔다.

자신에게 좋은 것과 할 수 있는 것이라는 기준에 맞춰 뇌에서는 사고가 복잡하게 얽혀 일어난다. 인간이 갖는 희망 역시 이 기준에 뿌리를 둔다. 원하는 것을 할 수 없어 보인다면, 우리는 희망이라는 것도 가질 수 없을 것이다. 희망이 없다면 행복한 삶을 추구하려는 원동력도 사라지고 만다.

내가 원하는 것이어야 해

나쁜 것이 좋은 것으로 바뀌는 경험을 하게 되면, 원하는 것이 무엇인지 분명하게 표현해야 한다는 확신을 갖게 된다. 울어야 젖을 먹을 수 있다는 어린 경험에서 얻어진 생각은 원하는 것이 분명해야 얻을 수 있다는 인생의 기본 틀로 굳어진다. 이런 방식으로 의지는 물론 보상 체계가 훈련된다.

좋은 것과 나쁜 것이 있다는 기본 전제는 선악의 대립이라는 형식으로 종교에 그대로 반영되어 있다. 무언가 바뀌어야 하며, 변화는 의지에서 시작된다는 것 역시 종교가 즐겨 들려주는 이야기들이다. 그러나 유감스럽게도 인간의 기본 조건과 현실 사이에는 상당한 괴리가 있다. 쉽게 메울 수 없는 이 간극은 할 수 있는 것과 없는 것을 분명하게 구분하지 못하는 데서 비롯된다. 뇌는 실수를 하는 불완전한 조직임에도 인간은 이를 무시하고 한사코 고집을 부린다.

그러나 뇌는 실수한다

뇌는 언제든 실수할 가능성이 있다. 맨 먼저 꼽을 수 있는 것이 지각의 오류이다. 시각이 착각을 일으켜 원래와는 다른 엉뚱한 모습을 본다는 것은 잘 알려진 이야기지만, 그런 것은 농담거리에 지나지 않는다. 잘못된 지각은 엉뚱한 곳에 주의력을 쏟을 때 심각한 문제를 일으킨다. 운전을 하면서 라이터를 찾느라 앞을 주시하지 못하는 것이 좋은 예이다. 지각은 중요한 것을 중요하지 않은 것과 혼동할 때 위험을 자아낸다.

뇌는 지각의 해석에서도 종종 실수를 저지른다. 그 정도는 나도 할 수 있다고 과신하거나, 사실을 엉뚱하게 받아들이는 식이다.

내가 다섯 살일 때 그런 일이 벌어졌다. 엘베 강 지류에 언 얼음이 얼마나 단단한지 시험해보려고 온힘을 다해 돌을 던졌다. 얼음판은 멀쩡했다. 그래서 안심하고 그 위에 올라섰던 나는 그야말로 낭패를 당하고 말았다. 강둑에서 1미터도 채 걸어가지 않았는데 얼음이 깨지며 그 차가운 물에 빠지는 사고를 당한 것이다. 이런 오판이야말로 뇌가 저지르는 치명적 실수이다.

멀리 반대편 둑에서 사람들이 외치는 소리가 들렸다.

"저기 꼬마가 빠졌다!"

나는 사람들의 고함 소리가 무척 싫었다. 엄마라도 데리고 오면 엄청나게 혼이 날 것은 불 보듯 환한 일이었기 때문이다. 나는 혼자 힘으로 가까스로 물에서 빠져나왔다. 그런데 정작 문제는 그때부터였다. 이제 뭘 어떻게 해야 좋을지 몰랐다. 쓰고 있던 모자 끝까지 흠씬 젖었으며, 엄청나게 추웠다. 집에 가는 동안 옷이 마르기만을 기대했다. 그럼 집에서 몰래 옷을 갈아입고 시치미를 뗄 속셈이었다. 그러나 다섯 살짜리 꼬마의 속셈이 들어맞을 리가 있겠는가.

엄마는 나를 보자마자 다짜고짜 물었다.

"네 모자에 웬 좀개구리밥이냐?"

좀개구리밥은 연못에 서식하는 타원형의 여러해살이 수초 이름이었다. 어리석게도 나는 그것은 조금도 생각하지 못했던 것이다. 부모님은 이미 알고 계셨다. 부모님은 내가 익사하지 않은 것만으로 너무 다행스러워한 나머지 혼을 내지 않았다. 그리고 놀랍게도 나는 감기조차 걸리지 않았다.

이 경험이 내 기억에 얼마나 깊은 뿌리를 내리고 있을지 상상할 수 있을 것이다. 오늘날에도 나는 얼음판만 보면 잔뜩 긴장부터 한다. 반면, 이 사건으로 아무리 어려운 상황일지라도 홀로 해결할 수 있다는 확신이 생겨났다. 이 확신은 너무나 강한 나머지 나로 하여금 종종 지나친 자신감을 갖게 만든다.

기억은 실수로 이끄는 지름길이 되는 수가 많다. 잘못된 예측도 마찬가지다. 어떤 결정을 내리면서 먼저 고려해야 할 순위를 잘못 정하거나, 엉뚱한 쪽으로 실천에 옮기는 바람에 실수가 빚어지기도 한다. 이로써 불편한 상황에 빠지면, 인간은 다른 대안을 찾기보다 사실을 자신에게 유리하게 해석하는 쪽으로 모면하려 든다. 특히 위험한 것은 사회관계에서 자신이 좋고 할 수 있다고 생각하는 것을 남도 당연히 그렇게 여기겠거니 하며 밀어붙이는 일이다. 그러나 사람은 저마다 경험이 다르며, 각자의 관점도 완전히 다르다.

현재의 나와 내가 생각하는 나

원래 인간이 함께 더불어 사는 일은 아주 간단해야 마땅하다. 사회성을 최우선으로 생각하도록 훈련 받은 기관인 우리 뇌는 말이든 행동이든 끊임없이 타인과 소통을 나누며, 그 사람의 감정 상태를 살피기 때문이다. 그러나 현실은 이론이 말하는 것처럼 간단치 않다.

문제는 자신의 감정을 다루는 데서부터 시작된다. 실험 참가자에게 다른 사람의 비디오를 보여주면서 그 사람이 무얼 느끼는 것 같은지 설명해보라고 했다. 예상한 대로 적중률은 상당히 높았다. 이제 참가자에게 자신이 지금 어떤 느낌을 가지고 있는지 생각하라고 하면서 그것을 비디오로 찍었다.

어느 정도 시간이 흐르고 난 다음, 참가자에게 본인의 모습을 담은 비디오를 보여주면서 화면에 나타난 모습이 어떤 느낌을 가졌을 때인지 맞춰보라고 했다. 결과는 다른 사람의 것을 평가했을 때에 비해 형편없이 나빴다. 인간은 자기 자신의 감정보다 남의 감정을 더 잘 알아보는 듯하다.

비슷함은 지각에 영향을 준다

하버드대학교 신경과학 연구 팀은 "다른 사람의 상태를 보고 일으키는 반응은 그 사람과 자신 사이의 유사성이 큰 역할을 한다"고 밝혔다. 실험 참가자가 이를테면 예술이나 음식 등 자신이 선호하는 것을 생각하는 동안, 전두엽의 특정 부위는 무척 활발한 움직임을 보였다. 이는 그와 비슷한 취향을 갖는 다른 사람의 비디오를 보여줄 때도 마찬가지였다. 같은 것을 좋아한다는 사실에 뇌가 긍정적인 반응을 보인 것이다.

유사성이 아예 없거나 극히 적은 경우, 뇌의 이 부위는 전혀 움직이지 않았다. 비디오를 보고 그 주인공이 무얼 좋아할지 맞춰보라고 해도 묵묵부답이었다. 이는 전혀 비슷하지 않은 사람을 보고 평가할 때 인간이 자신의 고정관념만 적용하는 습관이 있기 때문이라고 연구팀은 설명한다. 사회적 신분이나 인종 차이가 두드러지거나, 특히 서로 다른 종교를 가질 때 그런 현상은 더 두드러졌다.

또 다른 실험도 있다. 어떤 기업 사장은 자신의 회사에서 말단 직원이 싸구려 가공식품을 먹고 폭력이 난무하는 영화를 즐길 것이라고 미루어 단정했다. 말단 직원이 갤러리를 돌며 현대 미술을 즐기는 고상한 채식주의자라는 생각은 꿈에도 하지 않았다.

통계적으로 볼 때 인간의 고정관념이 무조건 그릇된 것은 아니다. 그러나 누군가와 친밀한 교감을 나누는 데는 분명히 방해가 된다. 선입견은 서랍을 정리하듯이 상대방을 깔끔하게 분류해 거리를 둔다. 중요한 것은 이런 선입견으로 내리는 판단이 오류가 잦다는 사실이다. 꽉 끼는 가죽 재킷을 입은 오토바이 운전자라고 해서 반드시 록 음악을 즐기는 것은 아니다. 또 성직자의 옷을 입었다고 해서 누구나 평화주의자이며 인간성이 따뜻한 것도 아니다. 언론 매체가 한사코 던지는 그런 암시에 걸려들면 현실을 정확히 보지 못한다. 선입견에 좌우되면 그만큼 남이 의도하는 대로 조종당하는 상황까지 벌어질 수 있다. 주어진 사실을 있는 그대로 보려는 노력은 아무리 강조해도 지나침이 없는 일종의 지혜이다.

상황에 따라 달라지는 태도의 오류

앞서 자주 언급했듯 다른 사람과 함께 맞이하는 상황은 서로 상대를 지각하고 평가하며 자신의 태도를 결정하는 데 중요한 역할을 한다. 사회심리학자는 상황에 적응하려는 이런 태도를 두고 '공간의 힘'이라는 표현을 쓰기도 한다. 우리가 생활하는 공간은 생각보다 훨씬 큰 영향을 미친다는 것이다.

미국 심리학자 필립 짐바르도*는 오래 전 스탠퍼드 대학에서 이른바 '감옥 실험'을 실시했다. 지극히 평범한 시민들 가운데 지원자를 받아, 몇 명은 교도관을, 나머지는 죄수의 역할을 맡게 한 것이다. 말하자면 감옥이라는 상황을 만들어놓고 보통 사람이 어떤 반응을 보이는지 확인한 것이다. 며칠 가지 않아 간수는 가학성 쾌락을 느끼는 사디스트가 되었으며, 아무 죄도 짓지 않은 가상 죄수는 진짜 죄수에 못지않은 굴욕을 묵묵히 감내했다. 대체 이런 황당한 상황이 어떻게 벌어지는 것일까? 비슷한 일은 또 있었다. 이번에는 실제 상황이다. 이라크의 감옥 '아부 그라이브Abu Ghraib'에서 미군 병사들은 이라크 포로에게 갖은 추행과 잔혹행위를 일삼았다. 최근 뉴욕의 정신병원에서도 유사한 폭행사건이 벌어졌다. 이처럼 지극히 평범한 사람일지라도 자신이 처한 상황이 어떤 것이냐에 따라 전혀 다른 모습으로 돌변하는 것이다.

뇌는 자신이 어떤 상황에 처했느냐에 따라 그에 맞춤한 태도를 보여준다. 온순했던 사람이 완장을 차고 나서 아무렇지도 않게 폭력을 휘두르는 것이 대표적이 예다. 전에 보지 못했던 태도가 상황이 달라지자 불거지는 것이다. 이 모든 것은 뇌의 서로 다른 영역이 함께 어우러져 빚어내는 현상이다.

이런 맥락에서 인스부르크 대학의 행태경제학자 마티아스 주터**는 아주 흥미로운 실험을 실시했다.

앞서 우리는 '최후통첩 게임'이라는 것을 살펴보았다. 실험 참가자에게 일정 액수의 돈을 주고 그가 원하는 대로 다른 사람과 나누어 갖게 하는 게임이었다. A가 제안한 액수가 마음에 들면 A와 B는 서로 돈을 나누어 갖지만, 만약 거부했을 경우에는 어느 쪽도 돈을 갖지 못하게 하는 게 그 내용이었다.

실험 결과, 20퍼센트보다 적은 액수는 누구도 받아들이지 않았다.

---

* Philip Zimbardo: 1933년에 출생한 미국의 심리학자. 스탠퍼드 대학 심리학과 명예교수이다. 유명한 "스탠퍼드 감옥 실험Stanford Prison Experiment"(SPE)을 수행했으며, 이를 바탕으로 미군이 이라크에서 포로에게 가한 잔혹행위의 배경을 분석해 『루시퍼 이펙트Lucifer Effect』라는 책을 썼다.

** Matthias Sutter: 1968년생으로 오스트리아의 경제학자이다.

상대의 부당함이 괘씸한 나머지 어느 쪽도 돈을 갖지 못하는 결정을 내린 것이다. 주터 교수는 이 실험에 몇 가지 세부적인 변형을 주었다.

주터 교수는 여섯 명의 대학생을 각각 세 명의 두 그룹으로 나누었다. 그리고 A그룹에게 60유로를 주었다. 어떤 경우든 가져도 좋다고 준 돈이다. 그리고 60유로를 더 주면서 이 돈은 너희 마음대로 B그룹과 나누어 가지라고 했다. B그룹은 A그룹이 나누어주는 돈을 받아들이거나 거부할 수 있다. 물론 거부할 경우, 60유로는 교수가 회수한다.

B그룹의 대학생들에게는 규칙을 알려주고 A그룹은 어떤 경우에도 60유로는 갖는다는 사실을 일러주었다. 그러니까 B그룹 참가자들은 자기네가 많이 얻어야 60유로에 지나지 않는다는 것을 미리 알고 있었다. 여기서 사람들은 흔히 A그룹이 통이 커서 다음과 같이 행동할 것으로 기대한다. "우리는 어차피 60유로를 받았어. 그러니까 나머지 60유로는 B그룹에게 주자." 그러나 실험은 전혀 다른 결과를 보여줬다.

여러 차례 거듭한 실험에서 B그룹은 대개 30유로도 채 안 되는 돈을 받았다. 더욱 놀라운 사실은 B그룹이 이 적은 액수의 돈을 절대 포기하지 않았다는 점이다. 대체 이를 어떻게 설명하면 좋을까?

우선, 어차피 '부자'는 가난한 사람과 공정하게 나눌 생각이 조금도 없다. 둘째, '가난뱅이'는 '부자'가 주는 대로 받는다. '최후통첩 게임'과는 달리 여기서는 어느 한 쪽이 이미 돈을 확실히 챙겼다는 게 결정적 역할을 한 것이다.

'최후통첩 게임'과는 반대로 두 그룹은 평등한 게 아니었던 것이다. 이미 한 쪽은 부자였으며, 다른 쪽은 주는 대로 챙길 수밖에 없는 가난뱅이였다. 감정이 없는 '호모 외코노미쿠스'라면 얻는 것에 만족하고 말았을 것이다. 그러나 보통의 평범한 인간은 이런 대접을 받는 것에 분노하고 아파하면서도 그런 감정을 드러내지는 않았다. 원래 버전의 '최후통첩 게임'이었다면 B그룹은 달리 행동했을 게 틀림없다.

여기서 우리는 인간의 태도가 자신이 가진 사회적 신분을 어떻게 자각하는가에 따라 달라진다는 결론을 내릴 수 있다. 부자는 더 많은 것을 가지려 들며, 가난한 사람은 굴욕을 느끼면서도 받아들인다.

자신이 처한 상황에 따라 달라지는 이런 태도는 극단적인 경우에만 볼 수 있는 것이 아니다. 지극히 일상적인 상황에서도 얼마든지 동일한 현상을 목격할 수 있다. 어떤 사람에게 특별한 지위를 안겨주고 그에 따른 기대를 충족시켜줄 것을 요구하면, 당사자는 그에 맞게 행동한다. 다시 말해서 자신이 원래 가졌던 지위와는 완전히 다른 사람이 된다.

직원에게 혹독하게 굴며 깐깐하게 몰아세우는 사장일지라도 스포츠클럽에 가면 그처럼 쾌활하고 통이 클 수 없다. 좀 더 극단적으로 말하자면, 동독 시절 정보원의 요원은 낮이면 혐의자를 갖은 방법으로 잔혹하게 쥐어짜다가도 저녁이면 자상한 아빠로 돌변했다. 자식의 숙제를 도울 정도로 아이를 생각하는 아빠가 낮에는 고문 기술자였던 것이다.

감정 없이 살 수 있을까

사람들은 자신의 감정을 보다 더 잘 통제할 수 있길 바란다. 또 자신이 정확히 무얼 느끼고 어떤 것을 생각하는지 정확히 알고 싶어 한다. 생일선물을 받았어도, 복권에 당첨이 되었어도 전혀 기쁨을 느끼지 못하는 것을 상상할 수 있을까? 가까운 친척이 죽거나 평소 애지중지하던 애완동물이 병들어 어쩔 수 없이 안락사를 시켜야 할 때 조금도 슬픔을 느끼지 못한다면 어떨까?

'감정표현불능증'* 에 걸린 사람은 감정을 느낄 수도 묘사할 수도 없다. 심지어 다른 사람의 감정을 전혀 알아차리지 못한다. 감정표현불능증은 물론 질병은 아니다. 오늘날 독일 사람은 일곱에서 열 명 가운데 한 명꼴로 이런 징후를 보이는 것으로 알려져 있다. 이런 사람은 자신에게 없는 게 무엇인지 모르는 탓에 아무런 이상이 없다고 생각한다.

또 직업에서 화려한 경력을 쌓는 데 감정의 무지가 반드시 장애가 되는 것도 아니다. 대니얼 골먼은 자신의 책 『감성지수』에서 놀라운 능력을 갖기는 하지만 감정이라고는 모르는 외과 의사를 언급했다. 심지어 섬세한 감수성이 요구되는 직업, 이를테면 그래픽 디자이너 같은 경우에도 감정표현불능증을 보이는 사람이 있다는 것이다.

감정에 무지한 사람이 갖는 가장 큰 문제는 몸은 감정에 반응하고 있는데 자신은 그것을 모른다는 데 있다. 그 원인은 지금까지도 밝혀지고 있지 않다. 이를테면 시험을 치른다거나 청중 앞에서 강연을 할 때, 심장은 무섭게 두근거리고 진땀이 나는데, 정작 본인은 왜 그런지 원인을 모르는 것이다. 이렇게 해서 감정을 갖지 않는다는 것은 심각한 병으로 발전할 수 있다.

감정을 모르는 것은 대뇌변연계** 와 전두엽 사이의 접속이 일어나지 않거나, 제한적으로만 일어나기 때문에 생기는 현상이다. 이로써 영혼의 분노 혹은 슬픔이나 스트레스는 감정으로 다른 사람에게 표현되지 못하고, 만성적인 요통, 위장질환 또는 이명(귀울림) 등으로 나타난다. 자신의 감정을 자각할 수 있는 사람은 그만큼 스트레스도 쉽게 다스릴 수 있다. 그러나 그것이 되지 않는 탓에 감정표현불능증에 걸린 사람은 속수무책으로 스트레스에 노출되는 것이다.

감정에 무지한 원인은 아무래도 심한 정신적 충격을 입는 트라우마 같은 체험에 있는 듯하다. 이로 말미암아 감정을 느끼거나 갖겠다는 의지가 완전히 격리된 것이다. 또는 어려서 감정을 느끼고 표현할 수

---

* Alexithymia: 1973년 심리학자 네미아Nemiah와 시프네오스Sifneos가 만들어낸 개념. 그리스어를 조합해서 만든 조어로 "감정을 읽을 수 없음"이라는 뜻이다.

* Limbic system: 대뇌반구의 안쪽과 밑면에 존재하는 것으로 감정과 기억을 담당하는 부분이다.

있는 능력을 키우지 못한 탓일 수도 있다. 몸이 느끼는 것을 올바로 해석하고 이를 감정으로 표현하는 것 역시 뇌는 배워야만 가능해보인다.

감정표현불능증은 오랜 동안 치료가 불가능한 것으로 여겨져 왔다. 우선, 당사자가 감정의 결여를 전혀 모르기 때문이다. 두 번째로 정통적인 심리치료는 환자가 자신의 감정과 느낌을 털어놓을 수 있어야만 진단과 처방이 가능하다고 굳게 믿었던 탓이다. 하지만 오늘날에는 상담이나 신체요법 혹은 그룹 치료 등 다양한 방법이 동원되고 있다.

과학자들이 희망을 거는 것은 뇌의 유연성이다. 지금껏 존재하지 않았거나 이루어지지 못했던 새로운 결합을 뇌가 새롭게 배울 수 있기를 바라는 것이다. 당사자의 반려자나 친구 혹은 직장동료는 대체 무얼 어떻게 해줘야 좋을지 몰라 심각한 혼란을 겪는다. 도무지 감정이라고는 드러내지 않는 탓에 뭐 이런 인간이 다 있나 싶은 것이다.

"너는 기뻐할 줄도 모르냐? 좀 웃어봐!"

그러나 이런 요구는 당사자에게 조금도 도움이 되지 않는다. 상대가 도대체 무슨 소리를 하는지 전혀 모르기 때문이다.

"무조건 멀리 해라!"

이른바 사이코패스*가 등장하는 영화는 엄청난 관객을 끌어 모으며 제작사의 주머니를 두둑하게 부풀려준다. 관중은 사악한 사이코패스의 활약(?)에 짜릿한 흥분을 느끼며 스크린에서 눈을 떼지 못한다. 최소한 스크린에서 움직이는 한, 사이코패스의 엽기적 악행을 보며 열광하는 셈이다. 쿠엔틴 타란티노**의 '킬 빌Kill Bill' 1편과 2편에 나오는 주요 인물은 거의 모두 사이코패스들이다. 그리고 영화에 나온 가장 유명한 사이코패스라면 '양들의 침묵The Silence of the Lambs'(1991)에 등장한 한니발 렉터Hannibal Lecter일 것이다. 그러나 영화와 소설에만 사이코패스가 있는 게 아니다. 우리 곁에도 미치광이는 반드시 있다.

튀빙겐의 신경생리학자 닐스 비르바우머***는 독일에만 약 1백만 명

* Psycho-path: 반사회성 성격장애를 가리키는 말. 생활 전반에 걸쳐 다른 사람의 권리를 무시하거나 침해하는 성격장애를 일컫는다. 자신의 이익이나 쾌락을 추구하기 위해서라면 수단과 방법을 가리지 않는다.

** Quentin Tarantino: 1963년에 출생한 미국 영화인. 감독, 제작, 각본, 촬영감독, 배우 등 영화에 관련한 모든 일을 섭렵한 사람이다. 본문에서 언급한 영화는 2003년과 2004년에 각각 제작된 것이다.

*** Niels Birbaumer: 1945년에 출생한 독일의 심리학자이자 신경생리학자. 독일뿐만 아니라 세계 각국의 대학에 명예교수를 맡고 있을 정도로 명성이 대단한 학자이다.

의 사이코패스가 있다고 추산한다. 닐스는 "아마도 누구나 한 번쯤 사이코패스와 상대한 일이 있을 것"이라고 설명한다.

미국의 로버트 헤어와 폴 바비악은 사이코패스의 행태를 가장 집중적으로 다뤄본 심리학자들이다.* 이들은 입을 모아 충고한다.

"무조건 멀리 해라!"

물론 사이코패스는 겉보기에 멀쩡하고 또 상당한 매력을 자랑하기도 한다. 그러나 바로 그래서 위험하다.

의학이 보는 사이코패스는 위중한 성격장애이며, 개인의 성격이 삐뚤어진 것은 물론이고 반사회적 혹은 사회 파괴적 행위를 서슴지 않는 사람을 가리킨다. 그렇지만 우리의 일상 언어는 사이코패스를 미치광이나 살인범으로만 이해하는 경향이 있다.

대체 사이코패스는 어떻게 알아볼 수 있을까? 연쇄살인범으로 평생 감옥에서 썩어야만 사이코패스일까? 전문가의 의견은 다르다. 사회에서 활발히 활동하면서 특별한 성공을 거둔 사람들 사이에도 사이코패스가 무척 많다는 것이다. 미국에서 잘 나가는 경영자들 열 명 가운데 한 명은 사이코패스라는 통계도 있다.

우선, 사이코패스는 겉보기에 말쑥하며 상당한 매력을 자랑한다. 화술이 뛰어나며 잔꾀가 많다. 당당하면서 처세에 능한 태도에 사람들은 넋을 잃게 마련이다. 물론 이런 외모는 그 실상과 거리가 멀다. 사이코패스는 흔히 대단한 성공을 거둔 인물을 엿보고 이를 그대로 흉

---

* Robert D. Hare: 브리티시컬럼비아 대학의 심리학 교수이며, Paul Babiak과 공동으로 책을 썼다.

내 내는 탓이다. 자신감과 자존심이 하늘을 찌를 지경이며 보통 까다로운 게 아니다. 역설적이게도 사람들은 바로 이런 모습을 보며 사이코패스에 열광한다.

또 상대가 당장 듣고 싶어 하는 이야기가 무엇인지 귀신 같이 알아내 천연덕스럽게 거짓말을 일삼는 게 사이코패스다. 상황에 따라 자신에게 유리한 쪽으로 말을 꾸밀 정도로 병적인 거짓말쟁이다. 늘 새로운 것을 찾아 헤매며 지루한 것을 조금도 참지 못한다. 참을성이 없는 탓에 조금만 공허해도 화려하게 겉모습을 꾸미는 것으로 위안을 삼으려고 든다. 아무튼 끊임없이 뭔가 일을 벌인다. 기분 내키는 대로 즉흥적으로 행동하는 탓에 눈 한번 끔쩍도 않고 사기와 조작을 일삼는다.

다른 사람을 꼬드겨 자신의 목적을 실현하는 데 써먹기도 한다. 더 이상 쓸모가 없다고 여겨지는 사람은 가차 없이 버리며, 무자비하게 짓밟는다. 양심의 가책이나 죄책감이라는 것은 전혀 모른다. 그래서 다른 사람을 쉽게 추행하고 속이며 착취하는 것이다.

사이코패스는 공감이라는 것을 모른다. 상대의 마음을 헤아리기는 커녕 어떻게든 이용만 하려고 들기 때문이다. 다른 사람이 무슨 생각을 하든, 어떤 일을 겪든, 나 몰라라 한다. 사이코패스가 피상적으로 내보이는 감정이라는 것은 평소 사람들을 곁눈질하며 익혀 두었던 것을 기회가 왔을 때 써먹는 것에 지나지 않는다.

사이코패스는 자신의 행동에 책임을 질 수 없거니와, 그럴 생각도 하지 않는다. 늘 잘못은 상대방에게 있다. 자신의 행동을 전혀 통제하지 못하는 탓에 불쑥 돌발적인 사건을 자주 일으킨다. 어떤 관계든 지속적이고 안정적으로 이끌지 못한다. 장기적인 안목에서 목표를 추구하는 일이 없으며, 오로지 눈앞의 이득에 목을 맨다.

대체 이런 인간이 어떻게 해서 경제, 정치, 사회에서 높은 지위에 오르는 성공을 거두는 것일까? 사이코패스가 관심을 갖는 것은 오로지 돈과 권력이다. 그런데 현대 사회의 기업이나 단체는 바로 이런 유형의 사람을 찾는다. 필요하다면 시체라도 짓밟고 지나갈 철면피가 있어야 조직이 살아남을 수 있다고 믿는 탓이다. 결국 사이코패스가 경영을 맡은 기업은 피바다가 되고 만다. 부하나 동료는 물론이고 심지어 상관까지 간단하게 짓밟는다. 물론 겉으로는 살랑이거나 알랑댄다. 갖은 애교로 상대의 얼을 빼놓으려 든다. 호시탐탐 결정적 칼날을 휘두를 기회를 엿보는 것이다. 그리고 웬만해서는 법망에 걸릴 일은 벌이지 않는다. 너무 똑똑한 나머지 혹시 감옥에라도 갈 일은 철저히 막고 보는 것이다.

사이코패스는 동료들을 이간질하고 조금이라도 거슬리는 상대는 철저히 따돌리는 탓에 기업을 뿌리부터 좀 먹는다. 사장이나 상사가 그런 성격적 특징을 가지고 있다면, 한시라도 빨리 도망가는 게 상책이다. 그 앞에서 살아남는다는 것은 기적과 같은 일이기 때문이다. 아니면 스스로 사이코패스가 되고 말거나. 사이코패스는 자신의 성공을 위해서라면 자기 자신만 빼고 무엇이든 희생시킨다.

기업이 임원층에 사이코패스가 있다는 것을 알아차렸을 때는 이미 수습이 되지 않을 지경까지 간 경우가 많다. 좋은 직원은 벌써 다 쫓겨났으며, 기업이 성공을 누리고 있다고 하더라도 이는 법이 정한 금도를 넘어간 데 기인하는 것일 따름이기 때문이다. 그 좋은 예가 미국에서 희대의 주식 사기꾼 버니 매도프*가 벌이고 다닌 행각이다.

사이코패스의 여부는 fMRI로 아주 잘 판별할 수 있다. 사이코패스의 뇌에서는 이른바 '두려움 반응'을 찾아볼 수 없기 때문이다. 아무리 똑똑한 사이코패스일지라도 이런 테스트를 피해갈 수는 없다. 물론 사이코패스는 다른 종류의 테스트는 얼마든지 빠져나간다. 이를테면 설문조사 같은 방식은 전부 꾸며댄 대답을 하는 탓에 조금도 적절치 않다.

사이코패스는 회의석상이나 면담을 나누는 자리에서 아주 당당하고 멋지게 자신을 연출할 줄 안다. 아마도 이런 능력은 최고일 것이다. 물론 그의 이력서는 온갖 거짓으로 도배가 되어 있다. 기업이 사이코패스를 채용하는 것을 막는 데 도움을 주고자 헤어와 바비악은 일종의 지원자 테스트를 개발해냈다. 이는 원래 폭력범에게 쓰던 방법을 응용해 만들어낸 '사이코패스 체크리스트'이다. 체크리스트가 주목하는 사이코패스의 특징은 다음과 같다.

- 매끈한 외모
- 유별나게 높은 자신감 내지 지나친 자존심
- 능수능란한 거짓말

---

* Bernie Madoff: '버니'는 애칭이며 정식 이름은 버나드 매도프Bernard Madoff다. 1938년생으로 다단계 수법을 펀드에 도입해 약 68조 원 규모의 금융사기를 친 인물이다. 이 사건은 최초의 글로벌 금융 사기로도 기록되는 영예(?)를 안았다. 매도프는 150년에 달하는 징역을 선고받았으며, 재판 과정에서 그 아들은 자살했다.

- 다른 사람을 겨냥한 조작
- 죄책감의 결여
- 감정의 메마름
- 책임감의 결여
- 잘못을 인정하지 못함
- 남에게 빌붙는 생활 태도
- 관계를 지속적으로 이끌지 못하며 걸핏하면 파트너를 바꿈
- 유년 시절의 튀는 행동
- 장기적 인생 목표를 갖지 않음
- 자극을 위해서라면 극단적인 행동도 서슴지 않음
- 범죄를 불사할 에너지
- 충동적임

현재 사이코패스를 치료할 방법은 아직 없는 것으로 간주된다. 뇌 영역에 치료 기능을 담당하는 부위가 없기 때문이다. 사이코패스를 알아내고 그 정체를 밝힐 수 있는 가장 좋은 방법은 해당 인물을 주도면밀하게 관찰하는 것이다. 아무리 위장에 능한 사이코패스일지라도 장기적으로는 반드시 그 특징을 드러낼 수밖에 없다.

"지금 거신 번호는 없는 번호입니다!"

사이코패스는 언젠가는 주변 사람들에게 문제를 일으킨다. 물론 문제를 일으킨다고 해서 다 사이코패스인 것은 아니다. 나는 평소 잘 지내지 못하는 사람이 많다. 그들도 나를 상대하기 힘들어 한다. 예전에 나는 이런 문제를 이성적 차원에서 풀 수 있으리라 믿었다. 양쪽이나 최소한 어느 한 쪽이 노력한다면, 얼마든지 해결할 수 있으리라 본 것이다.

그러나 수고를 한다는 것은 언제나 이해하고 양보하며 상대의 입장에 동의한다는 것을 뜻할 뿐이다. 늘 지면서 살고 싶어 하는 사람은 아무도 없다. 나는 물론이거니와 상대방도 마찬가지다. 여기서도 유효한 방법은 사이코패스의 경우에 추천했던 것이다. 거추장스럽고 불편한 사람은 만나지 않는 것이 상책이다.

그러나 우리의 일상은 말처럼 그리 녹록한 게 아니다. 문제의 인물이 사장이라고 당장 사표를 던질 수는 없지 않은가. 매일 얼굴을 맞대야 하는 직장 동료나 부하가 싫다고 사표를 쓰는 것도 우스운 이야기다. 또 이웃이 짜증스럽게 군다고 해서 자신의 집을 포기할 사람이 있을까? 독일에서 법정 송사를 벌이는 가장 빈번한 원인은 이웃과의 갈등이다.

우리는 흔히 기존의 갈등이나 새로 생겨나는 문제를 이성적인 대화나 건강한 상식에 호소해 풀 수 있다고 믿는다. 그리고 수없이 그렇게 시도한다. 그러나 대개 서로 생각하는 이성과 상식에 커다란 차이가 있다는 것을 확인할 뿐이다.

상실의 두려움

내 이웃에 사는 어떤 여인은 자신의 별장을 팔려고 했다. 많은 신경과학 실험이 확인하고 있듯이, 사람은 자신이 가진 것의 가치를 남의 것보다 훨씬 높게 평가한다. 그녀 역시 마찬가지였다. 비슷한 규모의 별장에 비해 터무니없이 높은 값을 부른 것이다. 그런데도 이 값을 치르겠다는 사람이 나타났다. 직접 별장에 가본 남자는 집과 그 위치가 무척 마음에 들었던 것이다.

이웃 여인은 구매자와 함께 공증인을 찾아 매매계약서를 쓰기로 했다. 그런데 이제 서명만 하면 되는 순간에 여인은 돌연 별장을 팔지 않겠다고 태도를 바꾸었다. 그녀의 주장은 이랬다. 남자가 그 가격을 기꺼이 치르려는 것으로 미루어 아무래도 자신이 너무 싸게 가격을 부른 것 같다는 거였다. 다시금 생각해보니 그 별장의 가치는 더 받아도 충분하다며 여인은 흥분했다. 그녀는 자신이 손해를 보는 게 아닐까 두려웠던 것이다. 별장이 위치한 곳의 다른 매물은 훨씬 싼 가격에 나온다는 사실에는 눈길조차 주지 않았다.

물론 남자는 값을 더 쳐줄 생각이 조금도 없었다. 시장 상황을 잘 알고 있었기에 원래 액수가 아니면 사지 않겠노라고 선언했다. 결국 거래는 이루어지지 않았으며, 그녀는 몇 년 뒤 별장을 당시 불렀던 가격보다 훨씬 싼 값에 팔아야 했다.

거짓말하는 뇌

우리가 흔히 거짓말이라고 하는 것도 좀 더 자세히 들여다보면 지각의 혼란이 그 정체이다. 거짓말을 한다는 것은 뇌에게 무척 힘든 일이다. 끊임없이 진실을 억눌러야 하기 때문이다. 그래서 '거짓말쟁이'는 진실을 전혀 다른 시각에서 보거나 특정 사실을 의도적으로 잊어버린다. 그래야 거짓말을 하기가 쉽기 때문이다. 말하자면 기억에서 다른 것은 다 솎아버리고 자신이 원하는 것만 선택하는 셈이다.

행태경제학자 댄 에리얼리는 거짓말이라는 주제로 다양한 실험을 했다. 그는 인간이 자신의 행동에 보상을 받으려 할 때 특히 솔직해지지 않는다는 결론을 이끌어냈다. 물질적 보상이 문제가 되는 경우, 인간은 어떻게든 자신의 성과를 부풀리려 한다는 것이다.

에리얼리의 실험은 시험을 치르고 난 다음 그 성적에 따라 학생에게 상금을 나누어 주는 것이었다. 물론 실제로 어떤 점수를 받았는지 확인하고 상금을 준 것은 아니었다. 나중에 가서야 실제 점수를 추적해

보았을 따름이다. 학생은 곧장 상금을 얻는 게 아니라, 칩을 받은 다음 정해진 장소에서 현금과 교환하게 했다.

점수를 자신에게 유리한 쪽으로 꾸미는 경향은 칩을 쓰면서부터 폭발적으로 올라갔다. 어느 모로 보나 학생이 선생에게 점수를 속이는 사기 행위의 초점은 이제 경제적 차원의 것으로 바뀌어버린 것이다. 경제적 보상을 받을 수 있다는 사실이 선생을 속인다는 죄책감을 눌러버린 것이다. 여기서 학생은 자신의 태도가 올바르지 않다는 것을 두고 훨씬 적은 양심의 가책만 느꼈다.

지각의 혼란이 일어나고 사회적 책임과 경제적 이득이 엇갈리면 수많은 문제들이 생겨난다. 이런 문제로 특히 곤욕을 치르는 사람은 변호사다. 애초 승산이 없는 재판을 벌이지 않게 하기 위해 의뢰인에게 사실을 있는 그대로 털어놓으라고 하면 변호사에게 돌아오는 것은 쌍욕밖에 없다. 의뢰인들이 흔히 변호사를 두고 '비열한 놈', '무능한 벌레' 따위의 욕설을 하는 이유도 거기에 있다. 그들은 자신이 꾸며낸 이야기를 인정하지 않으려 드는 변호사가 죽이고 싶도록 얄미운 것이다.

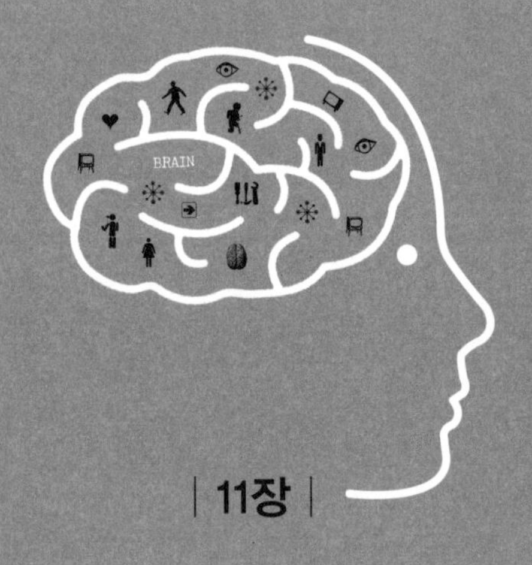

| 11장 |

뇌의 착각을 막을 수 있을까

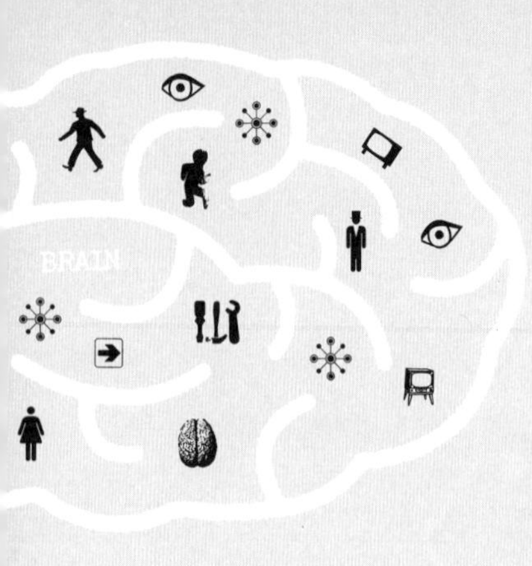

뇌는 자신을 인생이라는 바다를 항해하는 배의 선장쯤으로 여기나, 이는 착각일 뿐이다. 뇌는 인생을 자기 뜻대로 통제하지 못한다. 차라리 뇌는 연극무대 위의 아마추어 배우일 따름이다. 배역에 맞는 옷을 입고 가능한 한 그럴싸하게 연기를 하려 진땀을 흘린다. 그러나 무대, 배경, 같이 연기하는 동료, 관객 그리고 작품 내용 등이 저마다 영향을 주는 것을 피할 수 없다. 뇌가 무의식의 힘에 얼마나 큰 영향을 받는지 하는 의문은 아직 전혀 풀리지 않았다.

착각을 일으키는 체험들

어떤 광고가 효과적인지, 또 그 이유는 무엇인지 세계적으로 뇌 연구가들은 마케팅 전문가와 함께 이미 2000년도부터 연구해왔다. 그동안 원론적인 수준을 넘어서서 실제 현장에서 응용할 수 있는 결과가 속속 도출되었다.

일견 뇌 연구가는 이를테면 '브랜드의 힘이 절대적'이라는 이미 잘 알고 있는 사실만 확인해주는 것 같았다. 그러나 이제 완전히 새로운 차원의 심리학이 등장했을 정도로 연구 결과는 알차기만 하다. 여기서 말하는 새로운 심리학이란 광고가 갖는 요소들을 종합적으로 다루면서 그 함축적 효과가 어떻게 일어나는지 밝혀내는 것이다.

브랜드가 커다란 힘을 지닌 이유는 간단하다. 강력한 브랜드는 뇌가 자동적으로 좋은 이미지를 떠올리도록 유도하기 때문이다. 그리고 소비자에게 좋은 이미지는 절로 특정 상품을 선택하게 만든다. 이런 사정은 맥주에서도, 세제에서도 똑같았다. 슈퍼마켓의 진열장 통로를 오가는 고객이 특정 상품만 집어들 뿐, 다른 것에는 눈길도 주지 않게 하는 것은 과연 어떤 자극때문일까? 할인 표시를 붙여놓는 것만으로 충분할까, 아니면 그 이상의 무엇이 필요할까?

뮌헨의 루트비히막시밀리안 대학의 에른스트 푀펠* 교수는 뇌의 네 가지 영역에 가능한 한 동시 자극을 주어야 한다고 말한다. 네 가지란 지각, 기억, 느낌 그리고 개인적 취향이다.

이 연구에 특히 중요한 기여를 한 사람은 심리학 박사 크리스티안 샤이어**다. 그는 이른바 '함축 마케팅'이라는 연구 체계를 개발해냈다. 여기서 박사는 인간의 뇌가 서로 다른 두 가지 체계, 곧 명료한 의식과 함축적인 무의식을 가지고 있다는 점에 주목했다. 박사는 의식을 조종사로, 무의식을 오토파일럿으로 비유했다.

어떤 상표를 선택할 것인지 판단하는 데 결정적 역할을 하는 것은 오토파일럿이다. 우리가 취하는 행동의 95퍼센트는 무의식의 차원에서 조종되기 때문이다. '함축 마케팅'은 일단 받아들여진 자극을 처음에 해석하는 것은 오토파일럿이라고 본다. 그리고 이 해석은 다시금 두 단계로 이루어진다. 우선, 자극이 무엇인지 밝혀보고, 그 다음으로 그게 어떤 것을 나타내는지 살핀다. 두 단계의 해석을 거치고 나면 평가가 이루어진다. 지금 들어온 정보가 수신자에게 어떤 보상을 주는지 확인해보는 것이다.

원칙적으로 뇌는 상표와 상품을 언제나 하나의 맥락에서 파악하고

---

* Ernst Pöppel: 1940년에 출생한 독일의 심리학자. 1976년부터 뮌헨 대학의 교수로 활동하고 있다. 심리학의 발달에 기여한 공로를 인정받아 국가가 주는 훈장을 받았다.

** Christian Scheier: 푀펠 교수의 제자.

평가한다. 이런 맥락을 샤이어 박사는 '프레이밍 효과'라 부른다. 맥락을 테두리Frame라 표현한 것이다. 상표와 상품이 이루는 맥락이란 해당 상표가 어떤 기억을 동반하는가 하는 물음을 뜻한다. 물론 이 기억은 해당 회사의 역사, 문화적 요소, 개인의 취향 등을 포괄한다. 다시 말해서 회사가 어떤 역사를 가지고 있는지, 문화에 어떤 영향을 끼쳐왔으며, 나 개인은 그 상표로 어떤 체험을 했는지 따위가 모두 함께 고려된다는 뜻이다.

오토파일럿은 들어오는 신호를 1.7초 안에 해독한다. 그러니까 신호는 외부로부터 받아들인 자극만 뜻하는 게 아니다. 이미 무의식 안에 쌓여 있는, 즉 함축된 지식이 반영된 것이 곧 신호이다. 1.7초라는 짧은 순간 동안 무의식은 번개 같이 자극과 기억을 비교하고 맞는 게 어떤 것인지 판가름하는 것이다. 신호의 해석에는 세 가지 서로 다른 차원이 함께 어우러져 작용한다. 우선 들 수 있는 게 감각 지각이다. 무엇처럼 보이는지, 어떤 느낌인지 감각이 센서처럼 판독을 하는 것이다. 두 번째 것은 의미를 캐는 작업이다. 그래서 신경과학은 의미론의 차원이라고도 표현한다. 그 신호가 정확히 무슨 뜻인지, 어떤 것을 나타내는지 알아내는 작용이다. 마지막 차원은 이른바 '에피소드'라는 것이다. 지금 들어온 신호가 언제 어디서 어떻게 나(당사자)와 만났는지, 기억을 더듬어 일화를 떠올리듯 추적하는 작업이다. 이처럼 개인과 관련된 스토리를 발견할 때 뇌는 특히 즐거워한다.

이 해독 과정은 앞서 살펴본 기억의 종류와도 맞아떨어진다. 어떤 신호가 갖는 의미는 네 개의 전달자, 곧 감각, 상징, 에피소드 그리고 언어에 기반을 둔다. 감각에는 형태, 색, 음악, 잡음 등이 속한다. 또 뜨겁다거나 차갑다는 촉각도 여기에 해당한다. 상징에는 얼굴, 몸매, 형태, 기호 등이 속한다. 회사의 로고나 상품에 삽입된 삽화 역시 상징이다. 에피소드는 말 그대로 역사, 곧 살아온 이야기다. 이른바 '전설적'이라는 말은 이 스토리의 구성이 정말 그럴싸하다는 것을 뜻한다. 언어에는 당연히 단어, 말의 울림, 적절한 어휘 선택 및 단어의 복합 등이 있다.

이 모든 해석 과정은 상품과 광고에만 관련해 일어나는 것이 아니다. 지금 우리가 처해 있는 상황, 또는 참여하고 있는 사건 등에서도 똑같은 과정이 일어난다.

이성과 감정의 불균형

어떤 사건이 갖는 비중은 그와 관련된 사람의 수가 늘어날수록 커진다. 그런데 거듭 놀랍게 확인하는 사실은 사람의 무리가 개인의 총합은 아니라는 것이다. 오늘날 사회학자들은 군중과 그저 많은 사람의 집합은 다르다는 데 동의하고 있다. 이를테면 성탄절에 도심에서 쇼핑을 하거나 휴가 여행을 떠나기 위해 공항을 찾는 수많은 사람들은 군중과 다르다.

군중심리의 결정적인 특징은 동시다발적으로 일어나는 공감의 형성이다. 슬픔이나 기쁨 혹은 믿음이나 사랑과 같은 감정은 군중을 함께 울고 웃게 만든다. '러브 퍼레이드'* 에서 보듯 군중은 한 마음 한 뜻이 되어 웃고 떠들며 노래하고 춤춘다. 이런 감정이 강한 전염성을 가지고 있다는 것은 잘 알려진 사실이다. 또 의도적으로 연출하고 유도할 수도 있다. 함께 노래를 부른다거나 거리를 행진하는 식으로 말이

* Loveparade: 독일에서 매년 여름 열리는 대규모 테크노 파티. 베를린에서 개최되다가 공해를 양산한다는 비난에 다른 도시로 옮겼으나, 갈수록 참가자가 주는 데다가 2010년에 참사까지 일어나 된서리를 맞고 있다.

다. 신경과학의 견지에서 보면 그 같은 활동은 현재의 느낌보다 과거의 기억을 더욱 강하게 살려주는 효과를 갖는다.

군중은 마법과도 같은 매력을 자랑한다. 사람을 끌어 잡아당기며 계속 커지는 속성을 갖는 게 군중이다. 사람들이 몰려 있으면 무슨 일인가 싶어 사람은 더욱 몰리기 마련이다. 인간은 원시시대부터 홀로 떨어지지 않고 무리를 이루도록 훈련받았다. 그만큼 소속감은 중요한 역할을 한다. 무리가 하는 것을 개인도 따라 하고 싶은 것이다.

대중은 '폭발력'도 갖는다. 군중이 지속적으로 아무 말 없이 침묵하며 꼼짝도 안 할 수는 없다. 폭발의 형태는 열렬한 환호나 집단적 광기 혹은 돌연 엄습하는 공황 등 다양하다. 아무 이유 없이 공포가 번지는 탓에 서로 밀치고 당기다가 수많은 사람이 압사하는 엄청난 사고가 빚어지기도 한다. 대규모 행사를 기획하고 조직하는 측에서는 바로 이 점을 두려워한다. 최근 들어 군중심리와 행동을 연구하는 사례가 계속 늘어나는 이유는 여기에 있다.

이 연구의 모델이 되는 것은 동물이나 곤충의 무리다. 인간 군중은 동물 무리와 다르게 행동하지 않는다. 물고기 떼나 새 떼 혹은 메뚜기 무리 등이 그 좋은 예다. 인간 군중에는 원칙적으로 두 개의 규칙만이 적용된다. 하나는 계속 움직인다는 점이며, 다른 하나는 주위의 다른 무리와 일정한 간격을 유지한다는 것이다.

실험은 이 두 규칙에 따라 저절로 그리고 아주 빠르게 일정 대형이 형성된다는 것을 보여주었다. 이 대형을 우리는 '원환체'라 부른다. 원환체란 중앙에 구멍이 나 있는 원형의 고리와 같은 것으로 끊이지 않고 돌아가는 것을 말한다. 회교도들이 순례 기간 동안 메카에서 성지를 일곱 번 도는 것을 연상하면 이해가 빠를 것이다.

군중은 마치 스스로 알아서 움직이는 자기 동력을 가진 것처럼 보인다. 참가자들이 일정한 대오를 이루고 행진하는 것처럼 말이다. 전혀 조직되지 않은 우연한 군중이 어떻게 이럴 수 있을까? 물론 실험은 이런 문제도 연구했다. 그 결과, 참가자의 5퍼센트가 특정 목표를 좇으면 나머지 95퍼센트는 자동으로 이들을 따르는 것으로 확인되었다. 그러나 목표를 따르는 사람이 너무 적다면, 이런 효과는 나타나지 않는다.

네트워크 이론에서 출발한 다른 연구는 무리를 지어 행동하는 데는 그 무리가 어떻게 구성되어 있는지도 중요한 역할을 한다고 확인했다. 그러니까 개인마다 거부감을 느끼는 일종의 한계치를 갖는다는 것이다. 다른 사람의 행동을 따라하는 데는 이 한계치가 제어 장치 노릇을 한다. 개인의 한계치가 낮으면, 군중의 행동은 아주 빠르게 상승작용을 일으켜 쉽게 폭발할 수 있다. 반면, 이 한계치가 높으면 아무 일도 일어나지 않는다.

다른 사람이 돌을 던지는 것을 보았다고 해서 자신도 돌을 던질지, 아니면 이미 수백 명이 돌을 던지는 것을 보았다 해서 그도 던질지 예상하는 것은 아주 어려운 일이다. 그러니까 과거에 흔히 볼 수 있었던 격렬한 데모나 축구경기장의 돌연한 대피 소동으로 벌어지는 참사가 어떻게 일어나는지 그 원인을 진단하기란 무척 힘들다. 그럼에도 사람은 대개 자신이 첫 번째나 마지막 사람이 되고 싶어 하지 않는다는 것만큼은 사실이다. 군중은 거의 남이 하니까 자기도 모르게 따라

하는 셈이다.

물론 거대 군중은 권위자에게 조종될 수 있다. 권위를 가진 인물은 얼굴이 없는 군중과 다르게 보이기 때문이다. 제복을 입은 경찰관, 검은 옷으로 치장한 성직자, 자색 법복을 차려입은 승려는 일반 복장의 민간인과는 전혀 다른 영향력을 갖는다.

군중을 좌우하는 것은 감정만이 아니다. 군중은 더 나아가 그만의 독특한 지능도 갖는다. 이를 두고 '무리 지능Collective intelligence' 혹은 '대중의 지혜Wisdom of the Crowd'라고 부른다. 거대 집단의 인간들 역시 아주 영리한 판단을 내릴 수 있다. 미국에서 행해진 한 실험은 5천 명의 참가자들에게 커다란 스크린에 투사된 제트기의 비행 시뮬레이션을 보여주었다.

참가자들은 저마다 조종간을 손에 쥐고 비행기를 조종했다. 5천 명이 동시에 비행기 한 대를 조종함에도 비행은 매끄럽게 이루어졌다. 추락하는 일이 없었으며, 심지어 조금도 해를 입지 않고 무사히 착륙했다. 물론 이 실험에서도 감정은 중요한 역할을 했다. 함께 해냈다는 성취감에 5천 명의 참가자는 일제히 환호성을 지르며 순수한 기쁨을 만끽했다.

감정과 태도가 전염성을 갖는 비결은 거울 신경세포의 역할에 있다. 건강한 정신의 소유자라면 다른 사람과 얼마든지 공감을 나누며, 설혹 원하지 않더라도 쉽게 이 공감을 지울 수는 없다.

거울 신경세포의 도움을 받아 상대방의 내면을 짐작하고 어느 쪽으로 나아갈지 미리 예측할 수 있기 때문에 상대방의 진짜 의도가 무엇인지 알아낼 수도 있다. 자기공명영상을 활용한 실험은 이 거울 현상이 뇌의 여러 영역에서 동시다발적으로 일어난다는 것을 증명했다.

감정의 공명 현상은 지능으로 조종할 수 없다. 설혹 되더라도 지극히 제한된 범위 안에서 가능할 따름이다. 감정이란 의식적인 지각으로 포착할 수 없는 신호에 반응하는 것이기 때문이다. 감정 공명 현상은 눈치 채지 못할 사이 순식간에 이뤄지는 것이며, 해당 개인 특유의 경험에 바탕을 둔다. 따라서 감정을 그 어떤 잔꾀로 매수한다는 것은 불가능한 일이다.

심리 치료는 흔히 감정의 전이라는 현상을 이용한다. 전이란 말로 표현하지 않았음에도 어떤 감정이 주고받아지는 것을 뜻한다. 우리가 익히 알고 있는 현상이다. 이를테면 어떤 사람과 한 공간에 있는데, 문득 상대방을 때려눕히고 싶은 공격적 충동이 일 때가 있다. 이런 감정은 내 안에서 비롯되는 게 아니다. 상대방을 개인적으로 알고서 그를 부정적으로 생각하기 때문도 아니다. 돌연한 공격성은 바로 상대방이 나를 향해 공격적 충동을 느끼기 때문에 일어난다. 말하자면 상대의 공격성이 나를 물들인 것이다. 이것이 바로 감정의 전이다. 다시 말해서 나는 상대방의 감정을 거울처럼 되비추는 것이다.

커다란 행사, 이를테면 축제나 기자회견 혹은 주식회사의 주주총회나 전당대회 같은 대규모 행사에서 청중 앞에 선 사람이 뭔가 분위기를 띄워 보려는데 아무런 반응이 없다거나, 심지어 공격적 야유가 터져 나오는 것은 상당히 심각한 문제를 야기할 수 있다. 사회자가 우스갯소리를 했는데 아무도 웃지 않는 경우를 상상해보라. 처음에는 그

럭저럭 넘어갈 수 있다. 그러나 그것이 두 번, 세 번 되풀이되면 청중은 동요하면서 분노하기 시작한다. 서로의 감정이 전이되며 충돌을 일으키는 것이다.

신경과학의 관점에서 보면 이런 감정 전이 현상은 얼마든지 통제할 수 있다. 무대에 선 사람이 전문적인 훈련을 받았다면 감정 전이가 일어나는 현상을 정확히 계산해 통제할 수 있기 때문이다.

그러나 전문적 훈련을 받지 않은 사람이 이성만 강조하면서 감정을 도외시하면 문제는 심각해진다. 행사에서 감정적 동요를 무조건 억누르려고 하는 경우를 종종 보는데 이는 완전히 잘못된 태도이다. "인간은 어떤 식으로든 소통하지 않을 수 없다"는 원칙을 망각한 탓에 벌이는 실수이다. 감정은 꼭 말로만 전해지는 게 아니기 때문이다. 표정이나 몸짓, 심지어 장내 분위기를 통해서도 감정은 얼마든지 전달된다. 서로 모순을 일으키는 신호가 장내를 휘감다보면 청중은 완전히 혼란에 빠진다.

폴크스바겐 이사회 의장인 페르디난트 피에히*는 미소를 지으려 할 때마다 입술을 묘하게 일그러뜨리는 습관을 갖고 있다. 마치 다음 순간이면 깨물어버릴 것처럼 말이다. 유감이지만 자신의 무의식적인 생각과 동기와 가치관을 정확히 의식할 수 있는 사람은 없다. 그러니까 피에히는 입술이 일그러지는 것과 결부된 신호를 자신이 통제하지 못하는 것이다.

* Ferdinand Piëch: 1937년에 출생한 오스트리아 경영인. 포르쉐의 대주주이며 2002년부터 폴크스바겐 그룹의 이사회 의장을 맡고 있다.

바로 그래서 피에히 같은 공인이라면 경험이 많은 노련한 전문가의 상담과 충고를 받는 게 좋다. 좀 불편하고 스스로 생각하는 자신의 모습과 잘 맞지 않더라도 오해를 불러일으킬 수 있는 것이라면 고쳐야 하기 때문이다. 대중의 논란에 휘말릴 수 있는 공인일수록 이런 태도를 열린 자세로 받아들여야 한다.

상징과 행동의 의미

어떤 경우에도 과소평가하지 말아야 할 요소가 바로 상징이며 전설이다. 심리분석을 통해 알고 있듯, 상징은 그것이 뜻하는 물체만을 연상시키지 않는다. 예를 들어 나무를 깎아 만든 남근 상징은 남성의 페니스뿐 아니라 다산과 풍요를 의미한다. 대단히 복잡한 문화사회적 배경을 지닌 것이 상징이다. 반지가 어디 반지라는 물건일 뿐이던가? 반지는 우정이나 사랑의 에두른 표현이다. 광고는 이런 상징을 통해 메시지를 효과적으로 담아낼 수 있어야 한다.

상징은 대개 민족의 신화나 전설에 뿌리를 둔다. 신과 영웅을 둘러싼 이야기의 압축이 상징인 셈이다. 이는 해당 사회의 문화나 종교를 뒷받침하면서 행동을 이끄는 귀감이나 반면교사로 해석된다. 현대인에게 신화와 전설은 늘 행보를 같이 하며 따라다닌다. 물론 우리는 이를 분명히 의식하지 못하지만 말이다.

신화와 전설에서 상징을 길어 올리는 일은 뉴로마케팅에서도 일대 도전이 아닐 수 없다. 어떤 상징을 어떻게 결합하고 조합할 때 소비자의 뇌에 소비욕구를 불러일으키는지 연구할 거리가 많아졌기 때문이다. 이런 결합이 존재한다는 것, 그것도 상당히 강한 효과를 일으킨다는 것을 우리는 이미 몇몇 상표의 연구를 통해 잘 알고 있다. 결국 상표와 이에 결합한 그림은 전설과 신화에서 이끌어낸 상징들이다. 이런 상징이 소비자로 하여금 해당 상품을 신뢰하게 만든다.

아마도 신화와 상징은 생각과 기억, 그리고 지각이라는 프로세스를 보다 효율적으로 이뤄내는 데 아주 큰 도움을 주는 도구로 보인다.

무한함이나 완결성, 혹은 공동체를 뜻하는 원과 같은 추상적인 상징도 있다. 이를 광고에 담아내기 위해 둥근 원탁에 앉은 사람들을 그린 그림을 쓰기도 한다. 또는 동서남북 모든 방향으로 뻗어나가는 뜻에서 동그라미를 그리기도 한다. 이처럼 언어는 상징으로 가득 차 있다. 승객으로 만원을 이룬 보트를 그린 그림은 새로운 땅을 찾아나서는 의지의 표현일 수 있다. 여기서 중요한 것은 맥락이다. 적절한 맥락 안에 상징들을 배치하면 호소력은 엄청나게 커진다.

상징이 인간의 사고방식과 상상력에 얼마나 중요한 역할을 하는지 살펴보려면 간단하게 몇 가지 사례만 보아도 충분하다. 달걀은 생명과 결실의 상징일 뿐 아니라 세계의 기원을 하나의 알 안에 담아둔 것처럼 보이게 만듦으로써 다양한 문화의 뿌리를 나타낼 수도 있다. 또 알을 깨고 나오는 병아리를 그려 무언가 새로운 것의 출현을 암시하기도 한다. 부화는 각고의 산고 끝에 얻어낸 새로운 아이디어를 상징할 수도 있다.

해와 달처럼 많은 상징은 우주적인 특징도 갖는다. 공기와 불과 흙과 물도 상징의 강한 힘을 갖는다. 별자리에 신화를 덧씌워 의미를 부여하는 방식도 있다. 특정 별자리를 보고 사냥꾼과 큰 곰이라는 식으로 말이다.

유럽에는 심지어 집들을 우주를 본 따 배치한 마을도 있다. 애초에 설계할 때부터 타원형이나 사각형 혹은 별 모양으로 꾸민 마을이다. 이는 인간이 우주의 포용력과 같은 상징의 힘에 얼마나 목말라 하는지 잘 보여주는 사례이다.

초자연적 존재 역시 오늘날과 같은 합리적이고 경제 위주의 세상에서조차 그에 맞춤한 자리를 가지고 있다. 기업의 로고에 그려진 천사는 그 기업을 지켜주는 수호신이며, 지옥의 개 케르베로스*는 투자 펀드의 재산을 감시하는 역할을 맡는다.

물이 갖는 상징적 의미는 무한할 정도이다. 생명의 원천인 동시에 신선한 활력을 불어넣어주고 시원하게 해주거나 부글부글 끓어오를 수도 있다. 거침이 없는 도도한 물결은 과거의 추악함을 쓸어가버리는 정화의 느낌도 준다. 물론 구원은 노아의 방주와 같은 형태의 배로 찾아온다. 물은 거대한 함선을 띄우기도 하고 가라앉히기도 한다. '블루오션 전략'이라는 말에 녹아들어가 있듯이 대양은 무한한 기회의 상징이다. 우리는 누구나 저 거대한 바다가 수평선 너머서도 계속 이어진다는 것을 알고 있기 때문이다.

* Cerberus or Kerberos: 그리스 신화에 나오는 상상의 동물. 명계의 입구를 지키며 살아 있는 사람의 출입을 막고, 일단 지하세계로 들어온 영혼은 빠져나가지 못하게 감시하는 파수꾼의 역할을 한다. 대개 머리가 셋 달린 개로 그려진다.

불도 물 못지않게 중요하다. 불은 모든 것을 집어삼키지만, 새로운 것을 빚어내기도 한다. 불은 빛과 온기를 베풀지만, 거기에 타버릴 수도 있음을 조심해야 한다.

상징의 무한에 가까운 원천은 동물 세계이다. 겁에 질린 토끼뿐만 아니라, 참을성 많은 양, 간교한 뱀, 장구한 수명을 자랑하는 거북이 등 동물과 관련한 이미지는 무궁무진하다. 돼지는 행운을 가져다주며, 숫소는 강력한 힘을 자랑한다. 어떤 의미든 적절한 동물 상징은 얼마든지 찾아볼 수 있다.

유서 깊은 장소나 오래된 건물의 형태도 상징적 의미를 지닌다. 우뚝 선 기둥은 자신감과 자부심의 상징이며, 피라미드는 신비의 너울을 드리운다. 투명한 유리 건물은 독특한 마력을 자랑하며, 고성의 아치는 보는 것만으로도 위압감을 준다. 또는 역사의 한복판에 서 있는 것 같은 숙연한 기분이 들게도 만든다. 말 그대로 어떤 조명 아래서 보느냐에 따라 다양한 분위기를 연출하는 게 그런 고성이다.

상징의 특징은 사물과 장소만 갖는 게 아니다. 우리의 행동이나 행동방식도 특별한 의미로 충만할 수 있다. 유명 스타의 간단한 제스처 하나만으로도 대중은 열광한다. 스타가 누구에게는 키스를 해주고 누구는 거부하는지 그 일거수일투족에 대중은 촉각을 집중한다. 우리가 이른바 '에티켓'이라고 부르는 모든 것도 약간씩 정도의 차이는 있지만 상징적 의미를 갖는다. 이런 의미는 의식이나 제례를 통해 더욱 상승하기도 한다.

의식은 인간이 어떤 감정적 상태를 유지하면서 거기에 의미를 부여하는 행위이다. 의식은 우리가 일상에서 행하는 거듭되는 행동 가운데 몇 가지를 골라 일정 절차를 거쳐 장중하게 지켜진다. 제례가 의식과 다른 점은 특별한 규칙과 법도를 지키는 일종의 축일 행사라는 것이다.

손을 씻는 행위를 예로 들어보자. 실질적으로만 보자면 '손 씻기'는 손을 깨끗이 하려는 위생일 따름이다. 그러나 여기에 상징적인 의미가 부여되면 다음에 이어질 어떤 특정 행위를 준비하는 엄숙한 자세가 된다. 제례를 올리는 데 손을 씻는 것은 종교 행위의 테두리 안에서 정해진 법도이다. 여기서 손 씻기는 예를 들자면 "손을 씻어 그동안 지은 죄를 참회합니다!" 하는 특별한 의미를 갖게 된다.

대개의 의식은 특정 집단이나 특별한 맥락에서만 의미를 갖는다. 종종 의식은 일상의 인간에게 안정과 결속을 도모하기도 한다. 오늘 하루 할 일이 무사하고 매끄럽게 이뤄지게 해달라는 뜻에서 매일 아침 자신이 정한 의식을 치르는 사람도 적지 않다. 저녁에도 일과와 여가를 구분한다는 의미로 특정 의식을 치르기도 한다. 하루를 마감하고 가족이 식탁에 둘러앉아 함께 만찬을 즐기는 것은 단순히 음식을 먹는 일이 아니라 가족의 결속과 애정을 다지는 행위이다.

그동안 일상에서 치르는 의식은 특정 상품과 결부된 경우를 쉽사리 볼 수 있다. 이를테면 감사할 일이 있을 때 초콜릿을 선물한다거나, 친구에게 와인을 선사하는 식이다. 이름을 새긴 시계를 선물하는 경우도 있는데, 이는 특정 기념일을 지키거나 특별한 존경심을 표현하기 위한 행동이다. 새 집을 완공하고 열쇠를 건네주는 것도 비슷한 상징적 특징을 갖는다.

시간은 각자 다르다

시간 차원이 빠진 체험이란 있을 수 없다. 인간이 지각하는 '지금'은 약 3초 동안 이뤄진다. 다시 말해서 3초 뒤에 현재는 이미 과거가 되어버린다. 뇌의 핵심 중추 기능은 이 시간 동안에만 하나의 지각 단위를 유지할 수 있다. 이보다 더 길어지면 하나의 전체로 바라보지 못하는 것이다. 이때 뇌에서 무슨 일이 일어나는지는 이른바 '착시 현상 그림'을 가지고 아주 명확하게 확인할 수 있다.

'착시 현상 그림'은 예를 들어 마주 보고 있는 두 사람의 얼굴 그림을 달리 보면 화분이 서 있는 그림이 되는 식이다. 유사한 2중 그림을 어디선가 본 적이 있을 것이다. 이런 그림을 보고 있노라면 3초마다 다른 모양을 보게 된다. 사람 얼굴과 화분이라는 두 개의 관점이 동시에 포착되지는 않으며, 그림을 뚫어져라 쳐다보면서 하나의 형상만 지속적으로 볼 수도 없다.

3초 동안 이뤄지는 이러한 지각 단위는 시간에만 적용되는 게 아니다. 말을 할 때나 음악을 들을 때 혹은 시를 읽을 때도 마찬가지 현상이 일어난다. 이는 문화적 차이를 뛰어넘는 보편적 현상이기도 하다. 우리가 무엇을 주목하는지, 체험을 하는 동안 어떤 것을 의식하는지는 단 3초 동안만 의식할 수 있다. 이 시간이 지나면 현재는 이미 과거가 되어버리는 것이다.

무언가를 배워야 하는 경우 자극이 너무 촘촘하게 맞물려 이어지면 곤란하다. 새로운 기억이 자리를 잡을 수 없기 때문이다. 인간의 뇌는 중요한 정보를 저장하기 위해 이후 이어지는 것은 무시하는 경향을 갖는다.

그런 측면에서 본다면 강의나 강연을 하는 사람은 물 흐르듯 계속 정보를 쏟아낼 것이 아니라, 중간 중간 어떤 형태로든 조금씩 끊는 것이 좋다. 이는 실험으로도 확인된 바이다. 강의와 상관없는 군소리는 듣는 이의 마음에 들지 않을지도 모르지만, 그럼으로써 청중에게 강의 내용은 더 확실히 각인된다. 중간에 이야기가 끊어지면 뇌는 이후 이어지는 내용을 더 주의 깊게 새기기 때문이다.

신경과학은 체험과 관련된 시간이라는 요소를 앞서 언급한 것과 같은 아주 짧은 단위나, 기억 연구라는 테두리에서 상당히 오래 전의 사건과 관련해서만 연구해왔다. 문화를 비교해온 사회학은 시간이라는 요소를 두고 전혀 다른 결론을 내리고 있다. 다시 말해서 인간의 시간 감각은 그 사람이 어느 문화권에 속하느냐에 따라 달라진다는 것이다.

여기서 우리는 '단일시간형 문화Monochron culture'와 '다시간성 문화Polychron culture'를 구별한다. 단일시간형 사회에는 북유럽, 미국, 캐나다 및 일본 등이 속한다. 이들 나라에서는 일을 시간 순서대로 계획하며, 특정 과제 역시 시간에 따라 처리한다. 그리고 모두에게 이 계획을 따를 것을 기대한다.

바로 그래서 시간을 정확히 지키는 것을 중시한다. 언제 어떤 행사나 만남이 시작되는가 뿐만 아니라, 식순에 정해진 항목 하나하나가 언제 끝나는지 역시 중요하게 여긴다. 만약 여기서 정해진 시간을 10분 이상 넘겨버리면, 참가자들은 몹시 술렁거리며 심지어 행사장을 박차고 나가는 사람도 많다.

다시간성 문화의 사회는 전혀 다르다. 지중해 권역이나 근동과 남아메리카 대륙의 국가들이 여기에 속한다. 이곳 주민들은 동시에 여러 가지 일을 처리하는 것에 익숙하며, 대화를 나누던 도중 다른 사람과 전화통화를 시시콜콜하게 오래 해도 예의에 어긋난 짓이라며 불쾌해하지 않는다.

약속된 시점까지 협상을 끝내지 못하는 경우가 많으며, 심지어 걸핏하면 중단시키거나 연기해버린다. 결정이 내려지기까지 차일피일 시간을 끌기 마련이다. 이후 일정이 연기되어도 단일시간형 사회에서처럼 죄책감을 느끼거나 불편해하지도 않는다.

국제적인 비즈니스에서 서로 다른 시간 문화를 유념하는 것은 꼭 필요한 일이다. 남아메리카에서 각종 회의를 열 때에는 그곳 사람들의 여유로운 시간관념을 염두에 두어야 한다. 8시 30분에 개회사를 하고 9시 30분에 첫 발표를 하기로 했다면, 아예 처음부터 개회사를 5분 분량으로 줄여놓는 게 낫다. 그곳 사람들은 두 시간 정도 늦는 것은 예사이기 때문이다. 텅 빈 의자들을 상대로 연설할 수야 없는 노릇 아닌가.

점심시간과 행사 마감도 유연하게 계획해두는 게 좋다. 그만큼 일정이 늦춰지는 것을 각오해야만 한다.

시간관념을 둘러싼 연구의 결과를 보면, 브라질 사람들은 보통 33.5분 지각하는 것으로 나타난 반면, 미국인은 19분 늦은 것을 두고도 펄펄 뛰었다. 휴식시간이나 대기시간이 얼마나 되는지를 둘러싼 느낌도 문화마다 달랐다. 단일시간형 문화에서 시간은 아까운 자산으로 여겨지는 반면, 다시간성 문화는 시간을 차고 넘치는 것으로 받아들인다. 그들은 시간표를 지키는 것보다는 인간관계를 언제나 더 소중한 것으로 생각했다.

뇌가 해석하는 색깔

색은 눈으로 보는 것 같지만, 사실 뇌에서 일어나는 현상이다. 색의 농도, 각 색깔의 혼합 정도, 밝기 등으로 정해지는 색채 지각은 우리가 바라보는 물건이 갖는 물리적 속성이 아니다. 뇌의 색채 감각은 5백여 개에 달하는 밝기 단계와 4천여 개의 서로 다른 색깔들을 구별할 줄 안다. 이로써 우리는 약 2백만 개의 서로 다른 색채를 구별하고 지각할 수 있다. 물론 뇌가 이런 색감을 어떻게 알아내는지는 아직 밝혀지지 않았다.

흥미로운 사실은 우리가 결코 이 모든 색을 정확히 구분해 표현할 수 없다는 점이다. 아직 이름을 갖지 못한 색도 많다. 또 어떤 특정한 사물과 연관 지어진 이름도 있다. 이를테면 금발을 뜻하는 독일어의 '블론트blond'는 사람이나 동물의 털과 연관될 뿐, 가령 자동차 색으로는 쓰지 않는다. 그런데 원시림의 원주민 가운데는 나뭇잎의 녹색을 구분하는 데만 4십여 가지가 넘는 단어를 쓰는 경우까지 볼 수 있다.

특정 색을 보고 일어나는 심리적 반응은 같은 문화 안에서 공통적 보편성을 갖는다. 사람의 성격을 알아보기 위해 실시하는 색감 테스트가 그 좋은 예다. 다시 말해서 문화가 달라지면 동일한 색을 두고도 전혀 다른 해석이 내려진다.

붉은색은 색 가운데서도 가장 두드러진다. 붉은색은 흰색과 달리 경고를 하는 데 쓰인다. 유럽인이 보는 붉은색은 사랑이자 열정이지만 공격성을 뜻하기도 한다. 중국 사람에게 붉은색은 기쁨과 행운, 그리고 부유함의 상징이다. 중국에서는 거의 모든 축제에 붉은색이 등장하며, 심지어 결혼식을 치르는 신부도 밝은 붉은색 옷을 입는다. 인도에서 붉은색은 순수함과 기쁨을 표현하는 것이다. 독일인들은 보통 중요한 행사나 약속이 있는 날에 캘린더 위에 붉은 표시를 한다. 반면 아프리카에서는 붉은색이 슬픔을 상징하는 지역도 있다. 그곳 사람들은 장례식을 치를 때 검붉은 옷을 입는다.

오렌지색은 흔히 붉은색과 노란색의 중간쯤으로 여겨진다. 심리학은 오렌지색을 두고 분위기를 끌어올리며 고무시키는 것이라고 이야기한다. 그런데 오렌지색을 가지고 경고의 뜻을 나타내는 경우도 있다. 불교에서 오렌지색은 헌신적 봉사이자, 세속과 연을 끊은 수도의 삶을 상징한다. 오늘날 서구 사회의 정치에서 오렌지색은 우크라이나에서 보듯이 야당의 저항을 의미하기도 한다.

녹색은 색 가운데 가장 무난한 색이다. 무언가가 녹색 지대에 있다는 것은 아무 문제없이 모든 상황이 정상적이라는 뜻이다. 녹색은 활동성과 자유 운행을 의미하기도 한다. 녹색은 식물의 대표 색인 탓에 자연과 환경보호와 동일시되기도 한다. 그러나 청록색은 악마를 상징하는 부정적인 의미를 갖기도 한다. 또 녹색은 미숙함의 상징이다. 아직 여물지 못한 파릇함이랄까. 힌두교와 불교에서 녹색은 생명인 동시에 죽음을 뜻하기도 한다.

녹색은 또 이슬람의 색이기도 하다. 예언자 마호메트가 녹색 옷을 즐겨 입었다고 해서 이슬람 국가들의 국기에는 녹색이 흔히 등장한다. 아일랜드에서는 녹색이 가톨릭을, 오렌지색이 개신교를 뜻한다. 아일랜드의 상황은 특히 복잡하다. 그곳 사람들은 녹색을 불운의 상징으로 받아들여 그런 색이 들어간 옷을 입지 않는 데도, 국기에는 희망의 상징으로 녹색이 버젓이 등장한다.

푸른색과 녹색의 구분은 문화마다 커다란 차이를 보여준다. 푸른색은 흔히 차가움과 거리감의 색으로 받아들여진다. 그럼에도 독일 사람들은 그 색을 가장 좋아한다. 많은 문화에서 푸른색은 신의 색이다. 중국에서 푸른색은 불멸의 생명력을 뜻한다. 푸른색은 아마도 인간이 직접 만들어낸 최초의 염료일 것이다. 오늘날 많은 국가의 국기에서도 푸른색을 볼 수 있다.

노랑은 경고의 색이다. 검은색과 결합한 노란색은 조심하라는 뜻이 가장 강하게 표현된 것이다. 그러나 원래 노란색은 빛이나 황금을 뜻했다. 독일에서는 노란색이 자유주의의 색인 반면, 중국의 노란색은 한편으로 황제의 색이었지만, 최근 들어서는 부정적인 의미도 갖게 되었다. 서양 문화에서도 노란색은 질투나 인색함, 시기심, 거짓, 이기주의 등과 동일시되는 부정적인 의미를 갖는다.

서양에서 흰색은 순수함과 결백을 상징하는 반면, 아시아, 특히 중국에서는 슬픔과 죽음을 뜻한다. 흰 꽃을 선물하는 것은 커다란 결례이다. 하얀 꽃은 마지막 인사로 여겨지기 때문이다. 그러나 흰색은 평화와 순결을 상징하기도 한다. 의사나 과학자는 예전에 흰 가운을 주로 입었으나 최근 들어서는 좀 더 기능적인 색으로 대체되었다. 검은색은 서양에서 보수, 슬픔 혹은 무정부상태를 뜻하지만, 권력을 상징하는 경우도 있다.

이런 많은 경우를 살펴보았지만, 시각 현상에 있어 결정적인 것은 눈이 지각한 게 아니라 뇌가 그 감각을 어떤 기억과 결부시키는가 하는 점이다. 신경과학에서 색을 두고 '기억의 색'이라고 부르는 이유는 여기에 있다.

그럼에도 우리가 색채를 보고 느끼는 감정은 대개 무의식의 차원에 머무른다. 색은 주로 보편적인 대상, 이를테면 푸른 하늘, 붉은 태양, 푸른 나무와 결부되어 있기 때문이다. 먹물 같이 검은 어두운 밤과 눈이 부시도록 밝은 대낮도 마찬가지다.

색이 갖는 의미는 측두엽이 해석한다. 측두엽은 색을 그 연관성에 따라 특별한 의미를 부여한다. 녹색처럼 여러 의미가 담긴 색의 경우, 잘못 해석하는 실수를 범하지 않으려면 항상 그 색이 처한 상황을 염두에 두어야 할 것이다. 여기서는 형태와 장소도 중요한 역할을 한다.

기억은 언제나 우리가 의식하는 것 이상으로 커다란 해석의 가능성을 지니고 있음을 명심해야 한다. 뇌는 어떤 사물이나 사건을 일일이 해체해보고 판단하거나 평가하지 않는다. 색과 형태, 그리고 장소는 언제나 함께 하나의 통일체로 받아들여지며, 맥락 안에서 해석된다. 그러니까 우리는 먼저 전체를 하나의 맥락으로 받아들여 이해하고 체득하는 것이다. 이처럼 맥락으로 작용하는 모든 것이 함께 어우러져 소통의 대상이 되는 메시지가 생겨난다.

음악의 힘

음악은 기분을 좌우하며 감정과 기억을 일깨운다. 심지어 음악을 들으면 동작도 달라진다. 행진곡은 반항심으로 똘똘 뭉친 반전주의자조차도 씩씩한 행보를 하게 만든다. 예전에는 음악에 대한 지각과 반응이 특정 문화의 배경과 맞물려 있다고 보았다. 그러나 이런 견해는 이제 힘을 잃고 말았다.

물론 개인이 어떤 삶을 살아왔으며 어떤 취향을 갖는가에 따라 특정 곡을 듣는 감정 반응이 영향 받는 것은 사실이다. 그러나 테스트를 해 본 결과, 음악은 개인적인 경험과 무관하게 모든 사람에게 똑같은 감정을 불러일으키는 것으로 확인되었다. 슬픈 곡을 들려주면 어떤 문화의 사람이든 슬픔을, 기쁜 곡에는 언제나 기쁨의 반응이 나왔다. 평안함이랄지 분노와 두려움 같은 감정도 마찬가지다.

음악은 말을 사용하지 않는 소통의 일종이다. 젖먹이 시절 이미 접촉과 표정과 몸짓 외에도 음악은 아기가 하는 의사소통의 일부를 이룬다.

놀라운 것은 음악을 전공한 사람이든 음악이라고는 모르는 문외한이든 특정 곡에 보이는 반응이 아주 비슷하다는 사실이다. 그런 측면에서 음악의 감정은 듣는 상황과 개인의 경험 정도와 무관하게 대단히 흡사하며, 인생의 오랜 기간에 걸쳐 똑같이 지각한다는 결론을 내릴 수 있다.

음악으로 전달된 감정은 곡에 상응하는 부분이 아주 짧을지라도 마음에 깊게 새겨진다. 음악을 감상하는 사람의 표정을 면밀히 관찰하면 아주 작고 지극히 섬세한 변화일지라도 고스란히 반영되는 것을 알 수 있다. 그러니까 상대의 반응을 불러일으키기 위해 반드시 큰 북을 쾅쾅 치는 교향곡만 필요한 것은 아니다.

음악을 연주하든 듣든 중요한 역할을 하는 것은 단기 기억이자 기대감이다. 음악이 주는 정보를 받아들이고 처리하며 저장하는 것은 보통 왼쪽과 오른쪽의 측두엽이다. 음악을 지각하고 생산하는 프로세스의 인지적인 처리에는 뇌의 다양한 영역이 함께 참여한다.

음악은 인간의 감정에 상응하는 체계도 갖추고 있다. 단조는 슬픔과 우울함 같은 부정적인 가치를, 장조는 기쁨과 유쾌함이라는 긍정적인 가치를 연상하게 하는 것이다. 그리고 음의 결합만이 아니라, 곡의 템포 역시 감정에 일조한다. 단조의 느린 음악은 서글픔을, 장조의 느린 음악은 편안함을 각각 느끼게 한다. 단조의 음악이 빨라지면 분노와 두려움이 상승한다. 반대로 장조의 음악이 빨라지면 기쁨으로 넘쳐난다.

그런 점에서 볼 때 악보만 가지고도 이미 그 곡이 대중에게 어떤 반응을 이끌어낼지 예측할 수 있다. 어떤 곡을 처음 듣고 이를 평가하는 데는 다시 같은 감정을 느끼고 싶어 해당 곡을 찾는 것보다 훨씬 더 적은 정보만 필요하다. 이로 미루어볼 때 음악에 감정으로 반응하는 능력은 인간의 뇌에 특히 깊은 뿌리를 내리고 있는 것으로 결론지을 수 있다.

음악을 듣고 이해하고 공감하는 것은 언어와 마찬가지로 인지적인 과정이다. 인류 초기의 음악이 갖는 원래 의미는 부족이나 집단의 결속을 다져주고 고무해주는 것이었다. 음악으로 구성원의 소속감을 끌어올려준 것이다. 그리고 이런 사정은 오늘날까지 조금도 변하지 않았다.

냄새와 감정 사이

어떤 이에게 여름은 산뜻하게 깎아놓은 잔디 냄새를 떠올리게 하며, 또 다른 이는 선크림을 생각나게 만든다. 수영장에 풀어놓은 소독약 냄새를 기억하는 사람이 있는가 하면, 라벤더가 흐드러지게 핀 프로방스의 들판을 연상하는 사람도 있다. 냄새는 기억과 밀접하게 맞물려 특정 감정을 떠올리게 한다. 그럼에도 과학은 오랜 동안 냄새를 체계적으로 연구하지 않았다.

오늘날에도 많은 사람들은 후각을 포기할지언정 청각과 시각만큼은 꼭 지키고 싶다고 생각한다. 그러나 그동안의 연구 결과는 이런 생각이 완전히 잘못된 것임을 분명히 하고 있다.

인간이 정보를 받아들이는 데 핵심이 되는 자극을 그 비중에 따라 순위를 매겨보면, 최하위를 차지하는 것은 '읽는 행위'로 고작 10퍼센트의 정보만 소화할 뿐이다. 귀로 듣는 '청각'은 20퍼센트, 눈으로 보는 '시각'은 30퍼센트에 해당한다. 그러니까 청각과 시각이 뇌가 처리하는 전체 정보의 50퍼센트를 담당하는 셈이다. 말로 주고받음으로써 소화하는 정보 양은 70퍼센트다. 이것이 말로만 끝나지 않고 직접 실천에 옮겨지면 90퍼센트까지 올라간다. 이런 목록에서 눈에 띄는 점은 후각이 전혀 등장하지 않는다는 사실이다. 그러나 이는 머지않아 완전히 달라질 것이다.

2007년 한 해에만 미국에서 향기 마케팅에 8억 달러가 지출되었다. 전문가들은 향후 10년 안에 시장 규모는 열 배가 더 커질 것으로 확신한다. 물론 이 향기 마케팅이 슈퍼마켓 고객의 식욕을 자극하기 위해 통닭 냄새나 커피 향을 일부러 꾸며내는 차원의 것은 아니다. 사회 전체의 분위기를 고도로 복잡한 방식으로 조종하는 것이 향기 마케팅이다.

전 세계에는 약 4십만 개에 달하는 다양한 냄새 재료가 있다. 그러나 인간은 코를 가진 생물체 가운데 냄새를 가장 못 맡는다. 그럼에도 인간의 콧구멍에는 약 1천만 개의 후각 세포가 있으며, 350개의 다양한 수용기관을 통해 냄새를 직접 대뇌변연계로 전달한다. 그러면 대뇌변연계는 냄새를 곧장 감정으로 변화시키며 기억과 맞물리게 한다.

여기서 개인이 어떤 냄새를 맡는지, 또 그 냄새를 어떻게 해석하는지는 지극히 다양하다. 어떤 유전자를 가졌는지, 또 무슨 문화적 배경을 가졌는지에 따라 달라지는 것이다. 지금까지 후각이 가진 가장 중요한 역할은 주로 위험의 인지라는 생각이 지배적이었다. 상한 음식이나 불, 혹은 독가스 따위로부터 자신을 지키기 위해 그런 냄새에 민감한 반응을 하는 것으로 여긴 탓이다. 해로운 냄새를 알아차리는 게 코의 주된 임무이며, 기분 좋은 향기를 맡는 것은 일종의 덤이라는 식이었다.

그동안 과학자들은 후각이 지금껏 여겨온 것 이상으로 훨씬 더 중요한 역할을 하는 것으로 밝혀냈다. 의식하지 못하는 가운데 냄새는 감정과 기억을 조종하며, 기분과 상태, 더 나아가 소비행태까지 바꾸는 것이다. 향기 마케팅이 오늘날 번성하는 분야이기는 하지만, 정확히 냄새가 어떤 효과를 불러일으키는가에 관한 많은 의문은 여전히 풀리지 않았다. 지금까지 확실히 알려진 바로는 많은 사람들이 함께 모여 일을 하는 공간에서 냄새로 비롯된 일련의 변화가 일어난다는 사실이다.

풋사과 향기는 광장공포증*을 줄여주는 것으로 나타났다. 실험 도중 피실험자가 돌연 공황을 느껴 실험이 중단되는 일을 막기 위해 연구자는 풋사과 향기를 이용하곤 한다. 재스민 향기는 정신을 맑게 하며, 라벤더 향은 마음을 편안하게 만든다. 페퍼민트 냄새를 맡은 사람은 실수가 적어진다. 작은 오렌지 껍질에서 짜낸 이른바 '베르가못 향유Bergamot oil'는 반대로 주의력을 떨어뜨린다.

광고 카피보다 냄새가 더 강하게 기억된다고 전문가들은 입을 모은다. 그리고 고객이 거의 자각하지 못하기 때문에 그만큼 광고 효과는 더 크다는 것이다.

2001년 뉴욕의 세계무역센터가 당한 희대의 테러를 현장에서 겪은 사람은 그 참혹한 광경보다도 도시를 뒤덮은 악취를 더 잊지 못했다.

---

* Agoraphobia: 공황 발작이나 그와 유사한 증상이 생길 경우 도움을 받기 어려운 장소에 있는 게 아닐까 두려워하는 증상.

그래서 비슷한 냄새만 나도 공포에 사로잡혔다. 물론 냄새를 긍정적인 기억과 연계하는 것도 얼마든지 가능하다. 많은 호텔에서 갓 구워낸 애플파이 향기가 나는 것은 그만큼 고객이 편안해하기 때문이다. 가족과 둘러앉아 애플파이를 먹던 유년시절을 흐뭇하게 떠올리는 덕이다.

자동차 제조업체는 그동안 차의 실내공간에 적절한 향기가 나게 하면 승객이 기분 좋은 편안함을 느낀다는 사실에 주목했다. 마찬가지로 운전자를 적당히 자극해 졸음에 빠지지 않게 만들 수도 있다. 메르세데스 벤츠는 자사의 최고급 브랜드 '마이바흐 체펠린Maybach Zeppelin'에 특별히 제작한 향료를 삽입하기도 했다.

서로 다른 문화에서 냄새가 얼마나 다르게 받아들여지는지, 그 차이가 어느 정도인지 잘 보여주는 예는 발효시킨 생선에서 나는 냄새이다. 아시아 사람들은 이것을 보고 군침을 흘리는 반면, 유럽에서는 보는 것만으로도 구역질을 일으키는 사람이 적지 않다. 물론 생선이 발효하면서 발생하는 낙산의 냄새를 식욕을 자극하는 치즈 향기로 여기는 유럽 사람도 없는 것은 아니지만 말이다.

질병을 앓아 후각을 잃어버린 사람들에게도 특정 향기는 무의식적으로 작용한다. 또 향기는 면역력을 끌어올리거나 약화시킨다는 것도 명백한 사실이다. 심지어 인간은 상대방이 두려움을 갖고 있는지, 스트레스를 받는지, 또는 행복한지 냄새로도 알아차린다. 이는 물론 무의식의 차원에서 일어나는 일이다. 어떤 실험에서 여성들은 겨드랑이 냄새만으로 남편이 즐거운 영화를 보았는지 아니면 슬픈 영화를 감상했는지 가려낼 수 있을 정도였다.

그러나 냄새는 서로 다른 요소들이 아주 복잡하게 뒤섞여 자아내는 현상이다. 원두커피 향에는 6백여 가지, 맥주 냄새에는 250가지 재료가 섞여 있다. 사정이 이렇다보니 자칫 의도했던 것과 완전히 다른 효과를 낼 위험이 다분하다. 심지어 제품에 혐오감을 갖게 만들 수도 있다. 게다가 소비자 보호를 우선하는 사람들 사이에 이런 조작 마케팅이 허락되어도 좋은가 하는 의혹도 날로 커지고 있다.

어쨌거나 대다수의 사람들은 시각과 청각을 통해 받아들이는 정보를 훨씬 더 잘 통제할 수 있다고 굳게 믿는다. 또 냄새로 비롯된 연상은 다른 감각 정보와 맞지 않을 때 오히려 방해가 되는 것으로 여기는 것도 사실이다.

서점에 새 차 냄새가 나게 하는 것은 레몬 향만큼이나 매출을 떨어뜨릴 것이다. 레몬 향기는 사람을 활동적으로 만드는 경향이 있기 때문이다. 그래서 고객은 차라리 서점을 박차고 나가 다른 더 흥미로운 상품을 파는 가게를 찾게 만든다. 이처럼 상품에 맞는 향기로 적절한 분위기를 꾸며주는 것은 절대 소홀히 생각하지 말아야 할 중요한 일이다.

새로움의 즐거움

신문도 브랜드에 따라 기사 신뢰도에서 현저한 차이를 보인다. 흥미 위주의 선정적인 보도만 일삼는 대중지보다 정론을 펼치는 신문이 훨씬 더 구독률이 높다. 일상에서도 가치가 높은 체험은 모든 이에게 중요한 역할을 한다.

모든 성인은 자신의 인생을 일련의 크고 작은 사건들의 연속으로 묘사하게 마련이다. 여기서 특히 분명하게 기억하는 체험은 청소년 시절의 것이다. 대략 25세 이후 그 기억은 꼭짓점을 치고 내려오기 시작한다.

그렇다고 해서 중년이나 노년의 삶에 아무런 체험이 없다는 말은 아니다. 다만, 청소년 시절의 것이 나이를 많이 먹어서도 나중의 체험보다 훨씬 더 또렷하게 기억된다는 뜻이다.

근본적으로 볼 때 강한 두려움이나 심한 스트레스를 받는 상황은 기쁜 일 같은 긍정적 사건보다 더 분명하게 기억된다. 이는 두려움과 스트레스라는 상황에서 인간의 태도를 조종하는 뇌 작용과 관련해 일어나는 차이이다. 사람이 살면서 오로지 부정적 사건만 기억하는 것은 아니며, 애써 잊으려 하고 생각이 나지 않게 억누르기도 하지만, 일반적으로 긍정적 사건은 흐릿하기만 하다. 그래서 아무리 기쁜 일이라도 이내 잊히고 만다.

골똘히 기억에 몰두해본 사람은 안다. 기억 속에 각인된 사건은 무슨 대단하고 복잡한 것이 아니라, 그저 부수적인 것이나 사소한 것에 지나지 않는다는 것을 말이다.

아주 호화롭게 꾸민 파티일지라도 거기에 참가하는 개인은 저마다 서로 다른 판단과 평가를 내린다. 몇 년 뒤 그 파티에 참가했던 사람은 오로지 지저분한 화장실만 떠올리며 치를 떨 수 있다. 그것이 그가 기억하는 유일한 체험이다.

기억과 기대는 뇌의 같은 영역에서 만들어진다. 미래란 과거 위에 구축되는 것이어서 우리는 기억을 통해 떠올리는 것만 기대할 따름이다. 바로 그래서 새것은 이미 알고 있는 것과 결합되어야 효과적이다.

새로움은 자극적이지만, 이미 알고 있는 것은 안정과 편안함 그리고 익숙함을 준다. 그래서 인간은 새것을 익히 알고 있던 것에 맞추어 서랍을 정리하듯 정돈하는 경향을 갖는다. 따라서 적절한 혼합은 반드시 필요하다. 전혀 모르는 어떤 것을 불쑥 내밀면 인간은 혼란에 빠지며, 익히 알고 있는 것만 보면 지루해할 뿐이다.

신경과학은 이미 오래전에 새로움이 뇌에 활력을 불어넣는다는 사실을 알아냈다. 그래서 신경과학자들이 교사에게 던지는 충고는 학생들이 이미 알고 있는 것을 되풀이하는 방식으로 수업을 진행하지 말라는 것이다. 새롭게 배울 것을 가지고 시작하는 것이 훨씬 효과적이라는 말이다. 새로운 자극이 이미 알고 있는 지식을 다지는 데도 적지 않은 도움을 준다.

이벤트나 강연 혹은 연설도 마찬가지다. 발표자는 대개 청중이 이미 알고 있는 사실부터 끄집어내야 한다고 잘못 알고 있다. 청중은 따분할 뿐이다. 전혀 예상하지 못하는 새로운 이야기부터 시작하라. 그러면 핵심적으로 강조해야 할 이미 알고 있는 사실은 더 자연스럽게 각인된다.

호감이 일으키는 신뢰감

신뢰는 인간의 기본 감정 가운데 아주 복잡한 것이다. 신뢰는 지극히 다양한 측면이 함께 어울려 빚어내는 감정이다. 믿음은 엄마와 자식 사이의 관계 같은 인생 초기의 경험에 바탕을 둔다. 아기는 무조건적으로 엄마를 믿고 따른다. 나중에 성장을 하고 나서야 비로소 신뢰에도 제한을 두어야 한다는 사실을 배운다.

어느 정도 믿어야 할지 그 기준을 제시하는 데 결정적 역할을 하는 것은 자전적 기억에 저장된 경험이며, 그 경험을 바라보는 감정적 평가이다. 그러나 신뢰 형성이라는 것은 워낙 복잡한 인지적이고 감정적인 프로세스로서 이밖에도 많은 요소가 따라붙는다.

상대방을 얼마나 믿어야 할지 고민하는 사람은 일단 상대의 주장이 얼마나 진실하며 현실과 가까운지 주의 깊게 검토한다. 물론 이런 검토 작업도 순전히 이성적으로만 이루어지지는 않는다. 여기에도 감정이 한몫 단단히 거든다.

신뢰를 형성하는 결정적 요소는 호감이다. 그리고 호감 역시 아주 복잡한 과정을 거쳐 탄생하는 감정이다. 여기에는 타고난 성격은 물론이고 문화적 일치감과 사교성 등 갖가지 요소가 함께 작용한다. 상대를 소중히 여기며 같은 편이라는 신호를 줄 수 있는 사람만이 상대방에게 신뢰를 얻어낼 수 있다.

두려움이나 역겨움, 분노, 슬픔, 경멸 따위를 표정이나 몸짓 혹은 음성에 담아 불신의 신호를 건네기는 비교적 수월하다. 반면, 신뢰감을 얻고자 하는 사람이 표정이나 음성 혹은 몸짓으로 그 뜻을 표현하기란 아주 까다롭다.

역시 결정적인 역할을 하는 요소는 솔직함, 개방성, 듬직함 그리고 꾸준함이다. 이를 위해서는 두려움을 줄여주고 확실성을 높이는 상황을 만들어내야 한다. 한마디로 신뢰를 얻어내고자 하는 상대방을 편안하게 해줘야 한다.

기쁨과 동질감, 그리고 동일한 가치관의 표현은 대화를 촉진하고 우리라는 감정을 창조해낸다. 신뢰를 얻어내려는 사람은 이를 적극 활용해야 한다. 아울러 해당 상황에 가장 큰 책임을 지는 사람이 그런 가치관을 언급하지 않는다면, 이 모든 것도 별 소용이 없다.

신뢰의 결여는 두려움과 스트레스를 낳으며, 일할 의욕과 능력을 현저히 떨어뜨린다. 심지어 진짜 병에 걸리게 만들 수도 있다.

탐욕이라는 중독

월트 디즈니의 만화영화 도널드 덕에서 언제나 인색하고 탐욕적인 캐릭터 다고베르트 덕 같은 사람을 보면 우리는 혐오부터 느낀다. 그리고 당장에라도 천벌이 떨어지라고 기원하고 싶어진다.

인색함을 과시하는 일은 오늘날의 사회에서 이미 사라졌다. 그러나 2008년 촉발된 금융위기는 인간의 탐욕이 얼마나 추악할 수 있는지 그 끝장을 보여주었다. 신문마다 전면에 '탐욕'이라는 단어를 제목으로 뽑을 정도였다. 그런데 과학은 탐욕이 사회적 현상인지, 아니면 개인의 잘못인지를 놓고 아직도 합의에 이르지 못했다. 아무래도 두 측면은 서로 떼어서 생각할 수 없을 정도로 긴밀하게 맞물려 있는 듯하다.

탐욕이란 어떤 대가를 치르고라도 반드시 자신의 이득을 추구하겠다는 몰염치를 뜻한다. 주변을 전혀 배려하지 않는 무자비함이랄까. 이런 탓에 탐욕은 피를 부르는 살인까지 치닫게 한다. 탐욕은 지극히 이기적이며, 다른 사람의 형편을 철저히 무시한다. 이런 맥락에서 탐욕 역시 일종의 중독이라는 의문을 피할 수 없다.

중독이 마약이나 알코올 혹은 니코틴과만 결부되는 것이 아니다. 게임 중독이라는 것도 잘 알려진 현상이다. 그렇다면 혹시 탐욕이 일어나는 원리 역시 중독이라고 봐야 하지 않을까?

신경경제학은 중독 현상에서 두 가지 서로 경쟁적인 신경체계가 대립해 있음을 알아냈다. 그 하나는 이른바 '충동 체계'라는 것으로 편도체와 측좌핵 그리고 '배쪽창백'* 으로 이루어진다. 이 충동 체계는 감정을 처리하며 자극에 반응하는 역할을 한다. 다른 하나는 전두엽의 '반성과 실행 체계'이다. 이 체계는 의도한 행위를 실행에 옮기며, 목적에 충실하게 행동하도록 하고, 사회와 충돌하지 않게 통제하며, 미래 전망을 염두에 두도록 하는 역할을 맡는다.

마약중독에 빠진 사람은 늘 최선이 아닌 차선을 선택하는 결정을 내리는 경향이 있다. 이는 '충동 체계'가 과도하게 활동하는 탓에 실행 체계의 영향력이 약해지기 때문이다. 그래서 당장 눈앞에 벌어지는 이득만 취하려 들며 순간적인 보상에 집착한다.

중독에 빠진 사람은 시간 단위를 갈수록 짧게 잡는다. 무엇이든 당장 맛보아야만 하며, 이에 맞는 결정만 내린다. 가령 코카인의 소비로 도파민이 활발히 분비되면 뇌에 분자의 변화를 불러일으킨다. 이로 말미암아 실행 체계가 힘을 잃는 것이다.

코카인 소비와 관련한 연구는 중독자의 56퍼센트가 서로 다른 돈 액수를 똑같게 받아들인다는 점을 확인했다. 다시 말해서 이들의 눈에 10달러는 1천 달러와 똑같이 흥미를 끄는 것이다.

코카인이 중독자가 즐겨 찾는 마약이라는 점을 염두에 둔다면, 금융위기가 빚어진 원인이 분명하게 드러난다. 더 빠르고 훨씬 더 뛰어난 성과에 목을 매는 금융계와 경제계에서 코카인 소비가 엄청나다는 것은 이미 주지의 사실이다. 그러다보니 경영자나 이른바 '금융 전문가'가 수백, 수천 만 달러를 마치 한 줌의 땅콩인 양 허공에 날려버리는 것이다.

그러니까 탐욕은 보상 체계의 과도한 활동에 뿌리를 둔다. 이로써 모든 이성적 의심이나 도덕적 근심이 아무것도 아닌 것처럼 짓밟히고 만다. 보상 체계의 지나침이라는 게 탐욕의 개인적인 측면인 셈이다.

거대 은행과 기업의 경영자가 자제심을 잃고 자신의 성과를 부풀린 나머지 수십, 수백억 대의 보너스를 챙긴 것인지 하는 물음은 물론 명쾌하게 풀기 어려운 것이기는 하다.

도대체 무엇 때문에 막대한 탈세를 하고 뇌물 공세를 펼치며 그동안 쌓아온 명성을 물거품으로 만들었던 것일까? 어째서 최고경영자라는 사람이 저잣거리의 잡배만큼도 못한 짓을 서슴지 않았을까? 이런 의문들도 명쾌한 답을 찾기는 힘들다. 돈이 급하게 필요해서 그랬던 것은 아닐 것이다. 그들은 자신이 가진 영향력을 다른 방식으로도 얼마든지 행사할 수 있었다.

그때까지만 해도 사람들의 존경을 한 몸에 받았던 기업가 아돌프 메르클레**가 2008년 수십 억 유로의 폴크스바겐 주식을 무차별적으로

---

* Ventral pallidum: 두뇌의 기저핵 안에 있는 부위. 애착 및 스트레스 감소에 관여하는 부위로 알려져 있다.

** Adolf Merckle: 1934~2009. 독일의 전설적인 기업가. 아버지에게 물려받은 작은 회사를 기반으로 철강, 시멘트, 가전제품 등을 아우르는 거대 기업 제국을 세웠다. 2008년 10월말 엄청난 자금을 동원해 폴크스바겐 주식을 사들였다가 그만 파산지경에 처하게 되었다. 2009년 열차에 뛰어들어 자살했다.

사들였다가 그가 일군 기업 제국을 뿌리부터 흔들리게 만든 것은 어느 모로 보나 탐욕이었다.

메르클레 자신은 물론 투기라는 비난에 강력히 맞서 그런 유가증권 거래를 이미 오래전부터 성공적으로 해왔노라고 주장했다. 이렇게 얻은 이익으로 기업이 지속적인 성장을 이루도록 투자했으며, 많은 일자리를 만들어 지역 발전에 공헌했다고 큰소리를 친 것이다. 폴크스바겐의 주식을 사들였던 동기도 예전과 정확히 같았다고 강변했다.

확언하기는 어렵지만 어느 모로 보나 그런 주장은 감정적 판단으로 빚어진 실수에 대한 자기합리화에 지나지 않는다. 결국 저질러진 자살도 다른 모든 자살과 마찬가지로 감정적인 행위였지 이성적인 선택은 아니었다.

문제는 다른 사람보다 더 가지려 드는 것이다

사람들은 대개 이웃이 5만 달러를 가졌을 경우, 자신은 십만 달러를 갖고 싶어 한다. 그럼 다른 사람이 십만 달러를 가졌다면? 물론 자신은 2십만 달러를 갖고 싶어 할 것이다. 액수는 계속 부풀려진다. 인간의 이런 심리는 많은 연구가 공통적으로 확인해주는 사실이다.

거듭 드러나듯 재산은 그 절대가치로 평가되지 않는다. 그것은 어디까지나 상대적인 가치이다. 자신이 가진 것에 만족할 줄 아는 사람은 거의 없다. 늘 남보다 더 많이 갖고 싶은 것이다.

그런 한에서 탐욕이라는 현상은 결코 부자나 거부에 한정되는 게 아니다. 탐욕은 사회 전반에 걸쳐 두루 퍼져 있는 현상이다. 결정적인 것은 계좌에 입금된 액수가 아니라, 이웃집의 거실에 놓인 텔레비전보다 내 것이 더 커야 한다는 강박관념이다. 이처럼 인간이 자신의 지위를 과시하고 싶어 하는 마음은 어처구니없을 정도로 단순하다.

얼핏 보기에는 지극히 원초적인 본능이 작용하고 있는 듯하다. 석기시대의 사냥꾼처럼 누가 더 큰 멧돼지를 잡아 집으로 돌아가나 경쟁을 하는 것처럼 보인다는 말이다. 그래야 주변으로부터 더 우러름을 받으며 으스댈 수 있는 탓에 뇌의 보상 체계는 한 번이라도 더 숲속을 돌아다니며 사냥감을 찾게 만드는 것이다. 이런 보상 심리는 자신의 성공을 남과 나눌 때 더 커지기도 한다. 버니 매도프가 수백만 달러씩 기부한 것은 순수한 이웃사랑에서 비롯된 자선이 아닌, 으스대고 과시하고픈 심리가 바탕에 깔린 일종의 쇼였다.

탐욕과 관련해 비판적으로 보아야 하는 것은 그 사회의 가치 체계이다. 일반적으로 많은 세금을 내는 사람은 사회를 풍요롭게 해주는 자선사업가가 아니라 멍청이일 따름이라는 가치관을 가진 사회에서 정직과 성실은 비웃음을 사기 좋은 태도이다. 세무서를 상대로 얼마든지 꼼수를 부릴 수 있음에도 왜 정직하게 세금을 내냐고 사람들은 눈을 흘기기 때문이다. 정직한 납세를 두고도 나중에 꼬리가 밟힐까 두려워 그러는 것이라고 애써 깎아내린다. 정직한 납세를 의무의 충실한 이행이라고 봐주는 사람은 거의 없는 것이다.

여기서 우리는 뇌가 경제적 이득이라는 것과 사회성을 동시에 갖는 체계라는 사실을 다시금 기억할 필요가 있다. 세금을 내는 것이 수백

억의 보너스를 받는 것과 마찬가지로 경제적 행위로만 인식된다면, 이 사회가 달라지리라는 기대는 애당초 접는 것이 좋다. 오늘날 아쉽게도 사회성은 너무 무시를 당하고 있다.

예측의 희생양

예측은 생각의 핵심을 이루는 활동이다. 예측은 일상생활의 지극히 사소한 것에 이르기까지 아주 다양하게 일어난다. 이를테면 커피에 우유를 몇 방울 더 타면 맛이 한결 나아리라는 생각도 예측의 한 모습이다. 크고 복잡한 예측 사례도 얼마든지 찾아볼 수 있다. 새해 국가의 늘어날 예산 규모를 추정하고 새로운 세법을 도입하는 것이 그 예다. 이때 인간의 뇌가 벌이는 활동 원리는 똑같다.

특정 사건의 예측은 대부분 의식되지 않는 상태에서 이뤄진다. 물을 흐르게 하고 싶다면 수도꼭지를 틀어놓는다. 수도꼭지를 돌리면 물이 흐르기 시작할 것이라는 짐작은 일상적 경험에 뿌리를 둔 것이다. 그런 면에서 경험은 예측을 이끌어내는 주요 원천이다.

예측 활동은 이제 막 들어오는 정보도 고려한다. 대화를 나누면서 상대가 아직 말을 끝맺지 않았음에도 결국 무슨 말을 하려는지 미루어 짐작한다. 청중 앞에서 연설을 해본 사람이라면 이게 어떤 현상인지 잘 안다. 잠깐 말을 끊고 숨을 고르고 있는데 청중의 표정에서는 이미 예상했던 반응이 나오는 것이다. 물론 이런 일은 그 어느 쪽도 예상하고 계획한 게 아니다. 이때 뇌는 일상의 경험을 참작하는 것이 아니라, 언어의 지능을 활용한다. 다시 말해서 연설의 맥락을 통해 어느 정도 결론을 예측하는 것이다.

이른바 '대기 신호', 즉 신호등의 파란 불이 빨간 불로 바뀌기 전에 얼마 동안 노란 불을 반짝이게 하는 것은 인간의 예측 성향을 참작한 것이다. 노란 불이 반짝이는 것을 본 자동차 운전자는 이제 곧 빨간 불이 될 거라는 예측을 하고 제동을 건다. 상대를 설득하는 심리적 원리 역시 같은 이치로 설명할 수 있다. 인간은 현재의 상황으로 미루어 미래의 결과를 예측하려 든다. 따라서 현재의 상황을 될 수 있는 한 장밋빛으로 물들이면 상대는 마음을 움직이게 되어 있다. 바로 그래서 인간은 쉽사리 사기 행각에 희생당하는 것이다.

플라세보 효과

약물로 기대치를 높이는 것은 인간의 예측 활동이 얼마나 중요한지 여실하게 보여준다. 아무런 약효가 없는 가짜 약을 주면서 이것을 먹으면 낫는다고 하자 실제로 병세가 호전되는 효과를 확인할 수 있었던 것이다. 다만 어째서 그런지 원인은 아직도 밝혀지지 않고 있다. 그동안 과학자들은 자기공명영상을 통해 이른바 '플라세보 효과'* 가 어떻

* Placebo effect: 실제로는 생리 작용이 없는 물질, 이를테면 젖당, 녹말, 우유 따위를 이용해 만든 약으로 환자의 심리를 편안하게 유도하기 위해 쓴다. 우리말로는 '위약 효과'라고도 한다.

게 일어나는지 집중적으로 연구했다.

미시건과 콜롬비아 그리고 프린스턴 대학에서 각각 이루어진 실험은 가짜 약물이 진짜 진통제에 못지않을 정도로 통증을 완화시켜준다는 사실을 확인했다. 실험에 참가한 사람에게 전기 자극을 주어 통증을 일으키고 열이 나게 만들었다. 이런 과정을 몇 차례 거친 다음, 참가자에게 진통 효과가 있는 것이라면서 실제로는 아무런 통증 완화 물질이 들어 있지 않은 연고를 발라주었다. 그럼에도 대다수의 참가자는 통증이 확연하게 사라졌다는 반응을 보였다.

캘리포니아 대학의 실험에 따르면 플라세보 알약을 석 주 동안 매일 복용한 만성복통 환자는 확연히 병세가 호전되는 결과를 보였다. 진짜 약을 먹은 환자에 못지않을 정도로 상당한 효과를 본 것이다.

자기공명영상을 이용해 과학자들은 주관적으로 느끼는 통증의 완화 정도가 강하면 강할수록 통증에 예민한 뇌 부위의 활동이 현저하게 감소하는 것을 알아냈다. 이에 반해 뇌의 다른 영역, 곧 감정을 활성화하며 충동을 억제하는 부위는 상당히 활발하게 움직였다.

과학자들은 뇌의 바로 그곳에서 고유한 마취 성분의 호르몬을 언제 어떻게 분비해야 할지 결정한다고 보고 있다. 이 호르몬 덕분에 통증을 느끼지 못한다는 것이다. 그밖에 만약 이 마취 성분 호르몬을 약물로 막아버리면 플라세보 효과는 사라진다는 사실도 확인했다. 그러니까 플라세보 효과를 만들어내는 것은 우리 몸의 고유한 성분이라는 것이다.

이로써 과학자들은 통증이란 뇌가 만들어내는 심리에 의해 결정적으로 생겨나며, 필요에 따라 다시 제거되기도 한다는 결론을 내렸다. 물론 여기서 약물의 신뢰감이 갖는 역할도 결코 과소평가해서는 안 된다. 약물의 효과를 믿는 무의식이 효과가 있을 거라는 믿음을 실제 상황으로 유도한다는 것이다.

빨간 플라세보 알약이 녹색의 것보다 더 큰 효과를 불러일으킨다는 사실은 뇌의 인지 심리가 작용한 것으로 보아야만 설명이 가능하다. 플라세보 효과를 좀 더 철저히 파헤친다면, 앞으로도 상당히 흥미로운 가능성을 열어줄 게 틀림없다. 의학에만 국한된 이야기가 아니다. 사회의 다른 분야에서도 플라세보 원리는 무척 유용하게 쓰이지 않을까 싶다. 물론 조작과 왜곡 가능성에 대한 충분한 대비책도 꼭 필요한 일이다.

뇌가 착각하는 현재와 미래

지금 여기라는 현재가 항상 초미의 관심사인 것은 당연하다. 그렇지만 우리는 미래에도 당연히 관심을 갖는다. 사람들은 대개 미래를 근심어린 눈초리로 바라보지만, 걱정 따위는 아랑곳없이 다 잘 될 거라는 태도를 보이는 사람도 있다. 미래를 낙관적으로 바라볼수록 뇌에서는 편도체와 '전전두대상피질Rostral anterior cingulate cortex'이 활발히 활동한다. 두 곳은 긍정적인 생각만 갖도록 만드는 뇌의 낙관주의 센터와 같은 곳이다.

현재의 자신과 미래의 자신을 구별해 바라보는 데는 개인차가 현격하다. 현재의 나와 미래의 내가 멀리 떨어지면 떨어질수록, 그래서 미래의 모습에 더 큰 비중을 둘수록 장래의 자신에게서 보상을 받으려는 욕구는 높아진다.

40년 전, 독일에서는 평범한 직장인이었다가 65세가 되어 은퇴한 남자는 자신의 인생에서 활동적인 시기는 지나갔다고 여겼다. 통계상으로 고작 8년이라는 세월밖에 남지 않았다고 보았기 때문이다. 그래서 약간 과장되게 표현한다면, 이제 죽음을 준비해야 할 시기를 맞았다고 여긴 것이다. 은퇴 이후의 시기를 준비할 마땅한 방법도 없거니와, 또 관심도 지극히 적었다. 당시에는 이른바 '상조보험'만 들어놓으면 충분하다고 생각했다. 자신의 장례를 치르느라 가족이 과도한 비용을 떠안지 않을 정도의 준비만 해놓으면 된다고 보았던 것이다. 당시 개인이 그리는 자화상은 활발하게 활동하는 직장인 시절에만 초점을 맞추었다. 이후의 시기는 그다지 중요하지 않다고 여긴 탓이다.

그러나 20년 전부터 변화의 바람이 불기 시작했다. 명예퇴직을 하거나 정년을 채우고 은퇴하는 사람이 늘어나면서 일에만 매달리던 인생의 끝은 바야흐로 '본격적인 인생'의 시작을 의미하게 되었다. 이는 그동안 노후를 대비한 각종 연금 적립 기회가 늘어난 덕에 직장을 다닐 때보다 노년에 더 많은 경제적 여유를 누릴 수 있게 되었기 때문이다.

은퇴 이후를 바라보는 시선도 그만큼 긍정적으로 바뀌었다. 무엇보다도 은퇴를 기쁜 마음으로 기다리게 되었으며, 가능한 한 건강하고 오래 인생을 즐길 만반의 대비를 하게 된 것이다. 이제는 시장도 '실버계층'을 매력적인 소비자 그룹으로 바라본다. 기꺼이 여행을 다닐 뿐 아니라, 새로운 자동차 같은 고가의 소비품을 거침없이 구입하기 때문이다. 제3의 인생을 넉넉하게 대비할 재정적 기회도 늘어났거니와, 또 기꺼이 노후를 준비할 마음의 자세도 갖추어진 것이다.

이제는 더 이상 '상조보험' 따위에 관심을 갖지 않으며, 그보다는 목돈을 장만할 수 있는 연금이나 적금 혹은 생명보험을 선호한다. 임대수익을 생각하고 부동산에도 적극 투자한다. 이처럼 은퇴 이후의 삶에 더 많은 신경을 쓰게 되었다는 것은 현재의 자신보다 미래의 나에게 더 큰 의미를 두는 변화가 일어났음을 뜻한다.

시간 선호에 영향을 주는 것

20년, 혹은 25년 후에 정년퇴직을 해야 할 연령대로서 현재 평균적 수입을 벌어들이는 직장인은 미래를 비관적으로 바라볼 게 틀림없다. 그들이 보는 미래의 자화상은 과거보다 훨씬 불안하기 때문이다. 언제 직장에서 밀려날지 전전긍긍해야 하며 장차 맞게 될 노후도 어둠의 그늘이 드리워져 있다. 갈수록 출산율이 저하되면서 법이 보장하는 연금이 앞선 세대에 비해 훨씬 적어질 것도 불을 보듯 환하다.

이렇게 평범한 보통 시민이 그리는 미래에는 커다란 의문부호가 찍혀 있다. '연금은 확실하다!'는 가치를 내걸었던 과거의 낙관주의는 흔적도 없이 사라지고 말았다. 이렇게 볼 때 이 세대의 '시간 선호'*가 "나중보다는 차라리 지금을 즐기자!"는 쪽인 것은 놀라운 일도 아니다. '시간 선호'에 영향을 주는 요소들에는 다음과 같은 것들이 있다.

- 현재 상황은 물론이고 과거의 경험과 관련한 감정
- 일상생활에서 겪는 시간 압박과 스트레스
- 지극히 주관적인 큰 결정과 세세한 결정의 지나친 과소평가

* Time preference: 소득의 일부를 현재 소비에 지출하고 나머지를 장래 소비를 위해 유보할 때, 경제학은 이를 두고 소비의 '시간 선호'라는 표현을 쓴다.

- 승진이나 해고와 같은 직장 생활의 변화
- 환경 변화에 따른 불안감, “기상이변으로 말미암은 파국이 오면 어떻게 하나?”
- 머지않은 미래에 선호도가 바뀔 것이라는 기대감, “자식만 출가시키고 나면 모든 게 달라질 거야!”
- 과거의 경험, “저축이 화폐개혁으로 일거에 사라지는 거 아냐?”

일반적으로 사람들은 대개 과거를 실제 겪은 것보다 긍정적으로 평가한다. 기억 속에 떠올리는 성탄절은 언제나 화이트크리스마스였으며, 작년 여름은 올해보다 비도 적게 오고 날씨가 쾌적했다는 식이다. 이 같은 과거의 긍정적인 물들임은 인생 도처에서 찾아볼 수 있는 현상이다. 직장을 찾지 못해 전전긍긍하던 시절은 애써 기억하지 않으려 든다. 옛날에는 누구나 환상적인 벌이를 자랑했으며, 모든 게 지금보다 싸고 좋았다.

사실과 전혀 맞지 않는 부풀림이지만, 우리가 현재와 미래를 바라보는 시각에는 장밋빛으로 꾸며진 과거가 끼어들게 마련이다. 아마도 언론 역시 여기에 한몫 단단히 거들고 있는 것 같다. 언론은 오늘날 자극적이고 충격적인 뉴스만 앞 다투어 내놓기 때문이다. 그러면서 과거는 달랐다고 혀를 끌끌 차기 일쑤다. 현대인은 아직 텔레비전이 일상을 주도하지 않았던 50년 전보다 더 부정적 사건에 강한 감정 반응을 보인다. 그런 탓에 실제로 위기가 찾아오면 일제히 공포에 빠진 나머지 경제 전반이 휘청거리는 양상이다.

시간 압박이라는 형태로 찾아오는 스트레스 역시 현대인의 생활감각을 뒤바꿔 놓았다. 이로써 저축과 소비의 시간 선호도 달라졌다. 늘 시간에 쪼들리는 사람은 조금의 여유라도 생기면, 이를 마음껏 즐기려고 안달한다. 잠깐씩 해외여행을 다녀오는 사람들이 늘어난 것이야말로 그 명백한 증거다. 명품이라는 고가품의 소비가 폭증한 것도 같은 맥락에서 보아야 할 현상이다. 대형 텔레비전을 산다든지, 고가의 자동차를 서슴없이 구입하는 것은 짧은 여유나마 마음껏 누리려는 안간힘에서 비롯된 행동들이다.

현재 눈앞에 있는 소소한 것에 매달리며 이를 높게 평가하는 탓에 장기적인 안목에서의 중요한 결정은 당연히 뒷전으로 밀린다. 현대인은 새 자동차를 구입하려는 결심을 하는 데 보통 넉 주라는 짧은 시간만 필요로 한다는 통계가 있다. 그리고 이렇게 구입한 자동차를 3년에서 길어야 5년을 타고 다시 새것으로 교체한다. 반면, 노후 대비 연금을 결심하는 데는 몇 달을 두고 고민한다. 이런 장기적인 준비가 인생의 질을 끌어올리는 데는 훨씬 더 중요한데도 말이다. 이처럼 단기적으로 변한 안목은 현대인이 시간 부족으로 엄청난 스트레스를 받고 있다는 반증이다.

직장 생활의 지속 여부 역시 과거와는 사뭇 다른 양상을 보여준다. 특히 불확실한 미래를 바라보는 현대인의 불안감은 극에 달할 지경이다. 이처럼 개인의 시간 선호도 계속 변하는 탓에 현재와 미래를 바라보는 태도 역시 영향을 받을 수밖에 없다. 과거에 어떤 경험을 했는지에 따라 태도는 큰 폭의 변화를 보인다. 감정이 과거를 긍정적으로 물들일지라도, 부모에게 물려받은 행동 방식도 중요한 역할을 한다.

자신의 시간 선호를 바꾸면서 현재와 미래 어느 쪽에 더 기대를 거는가의 문제 역시 역시 미래를 보는 전망보다는 과거의 경험 혹은 가족의 이력에서 확인을 해야 한다. 과거에 자주 직장을 바꾸거나 심지어 직종 자체를 바꾸었던 경험을 한 사람은 30년이 넘게 같은 직장에서 근속한 사람에 비해 미래에도 자신에게 변화가 있을 거라고 바라본다.

이런 가변적 요소들은 함께 어우러져 작용한다. 물론 각 요소가 서로 영향을 미치면서 말이다. 불안하고 불확실하게 미래를 바라보는 사람은 장기적인 준비보다는 현재에 만족하느 쪽을 택하는 확률이 월등히 높다.

환경을 생각하고 미래에 투자하도록 낡은 자동차를 폐차하면 금전적 보상을 해주겠다고 할 경우, 사람들이 지닌 시간 선호에 따라 결과는 완전히 달라진다. 기업이라면 고객의 시간 선호에 맞추어 더 섬세한 판매 전략을 보충할 것이다.

기업 차원의 시간 선호라는 것은 한마디로 소비자가 어떤 특정 상품에 대해 미래보다는 현재에 더 소비하고 싶다는 것, 그리고 그 값은 현재보다는 미래에 지불하는 것, 다시 말해서 할부로 갚아 나가는 것을 좋아한다고 보는 가정이다. 이처럼 이득과 비용을 현재와 미래라는 시간으로 나누어 보는 것을 '시간에 걸친 선택Intertemporal choice'이라고 부른다.

나중의 큰 이득보다 당장의 작은 보상

여기서 고려해야 할 또 하나의 중요한 측면은 이른바 '쌍곡선 시간 선호Hyperbolic time discounting'라는 것이다. 이는 곧 미래에 더 초점을 맞출 때 시간의 구별이 달리 평가된다는 현상을 가리킨다. 이 현상에 관한 몇 가지 실험을 살펴보자.

첫 실험에서는 참가자에게 당장 얻을 수 있는 소액의 보상을 나누어주었다. 5달러짜리 상품권 같은 것 말이다. 그리고 여기서 그치지 않고 40달러의 상품권도 선택할 기회를 주었다. 다만 이 경우는 여섯 주가 지나야 상품권을 실제로 사용할 수 있다는 조건이 붙었다. 참가자의 대다수는 당장 쓸 수 있는 5달러 상품권을 선택했다.

당장의 보상을 선택하게 만드는 결정은 무엇보다도 뇌의 '대뇌변연계Limbic cortex'와 '주위변연계Paralimbic cortex'가 복합적으로 작용한 결과이다. 동시에 '측전두엽피질Lateral prefrontal cortex'과 '후두대뇌피질Posterior parietal cortex'도 함께 활동한다. 한참 시간이 지난 다음의 보상을 선택하는 사람의 대뇌변연계 활동은 현저하게 줄었다. 그러니까 늦더라도 더 많은 보상을 원하는 경우에는 감정보다는 이성을 중시하는 계산적 판단이 내려진 것이다.

상금을 내건 시합에서 당장 100달러를 받든가 아니면 3년 뒤에 200달러를 받든가 어느 한 쪽을 선택하라고 하면, 사람들은 거의 대부분 당장 받는 100달러를 선호한다. 여기에는 물론 3년 뒤의 상황이 어떻게 변할지 모른다는 불확실성이 크게 작용할 것이다.

그런데 3년 뒤 100달러를 받는 것과 6년 뒤에 200달러를 얻는 것 중 하나를 선택하라고 하면, 앞의 경우와 시간 차이는 똑같음에도 대다수의 사람들은 200달러를 선택한다.

시간 간격을 적당히 멀리 미래로 잡는다면, 3년이라는 시간 차이는 별 의미를 갖지 않는 듯하다. 미래 시점의 선택을 쌍곡선으로 나타내 보면 6년 뒤의 200달러가 3년 뒤의 100달러에 비해 훨씬 높게 평가된다는 사실을 확인할 수 있다.

대략 2년의 간격을 둔 지수 곡선, 즉 2년 간격으로 상금을 배로 올려주는 곡선과 달리 쌍곡선의 경우에는 두 곡선 사이에 일종의 접점이 나타난다. 이는 접점이 나타나는 시점에서 빨리 지급하는 100달러를 보는 선호도가 달라진다는 것을 의미한다. 적지만 빨리 얻을 수 있는 상금이 더 매력적으로 느껴지는 것이다.

어느 모로 보나 뇌에서는 두 개의 서로 독립적인 체계가 나란히 작동하는 게 분명하다. 하나는 미래에 신경 쓰지 않고 적지만 당장 얻을 수 있는 보상을 추구하는 체계이고, 다른 하나는 좀 늦더라도 미래의 보상을 더 중시하는 일종의 보증 같은 체계이다.

단기적으로 얻어낼 수 있는 이득은 이 돈을 가지고 무얼 할 수 있을까 하는 상상을 한층 더 생동감 있게 만든다. 생생한 상상이 비록 비교가 되지 않는 적은 금액일지라도 더 매력적으로 보이게 만드는 것이다. 또 장기적 전망이 갖는 위험부담을 최소화하려는 심리도 작용한다.

'생동감 내지는 생생함Vividness'은 더 빠른 보상을 얻어내려는 뇌의 비

이성적 태도를 설명할 때 아주 중요한 개념이다. 상상에 생동감이 넘칠수록 그만큼 이성적이고 합리적인 계산을 간단히 젖혀놓는 뇌 보상 체계가 활발히 활동하는 것이다.

선입견의 참상

생각을 위한 생각이라는 것은 없다. 생각은 어디까지나 살아남기 위한 고민이다. 가능한 한 적은 단계를 거쳐 빨리 결정을 내림으로써 험난한 인생을 헤쳐나가고자 하는 것이 생각이다. 명확한 정의를 뇌가 선호하는 이유도 여기에 있다. 건강한 뇌는 생각에 들어가는 에너지를 가능한 한 줄이려고 하기 때문이다. 그래야 빠르고 정확한 결정을 내릴 수 있다. 말하자면 '생각의 경제학'이 있다고나 할까.

경제적이고 효율적으로 생각하는 데 기억은 아주 소중한 자원이다. 들어오는 정보를 저장해두지 않고 그때마다 일일이 다시 처리하면서 매일 아침 깨어날 때마다 세상을 처음부터 다시 알아보아야 한다면, 이 얼마나 불편하고 힘든 일이겠는가. 인간의 뇌가 매번 부팅을 다시 해줘야 하는 기계가 아닌 것이 정말 다행한 일이다. 기억상실증에 걸린 사람이 겪는 혼란과 괴로움을 그린 영화를 보라. 기억이란 정말 소중한 것이다.

이처럼 기억은 능률과 효율을 중시한다. 가능한 한 많은 정보를 그 맥락에 맞춰 저장해두었다가 필요할 때 바로 꺼내 쓸 수 있어야 하기 때문이다. 그때마다 일일이 이 정보가 맞는지 시험하고 검토한다면, 우리는 거의 아무 일도 할 수 없을 것이다. 일단 '옳음'이라는 항목 아래 저장된 정보의 대부분은 다시 기억으로 끌어내질 때 그게 맞는지 틀리는지 재검토를 거치지 않는다.

재검토는 중요한 계기가 있어야 이루어진다. 아차 이게 아니로구나 하는 충격과 함께 낡은 기억을 새로운 지식으로 대체하는 것이다. 그러나 대개의 경우 뇌는 이미 저장된 정보의 테두리 안에서만 판단을 내린다. 말하자면 현재 닥친 상황을 정확히 파악하기도 전에 이미 판단을 내리는 것이다. 우리의 '생각'에 아주 많은 선입견이 따라붙는 이유가 여기에 있다. 미리 하는 판단, 곧 선입견은 여러 가지 나쁜 결과를 몰고 오는 부정적인 성격을 가지고 있음에도 기억에 의존하는 뇌는 거기에 조금도 개의치 않는 것이다.

우리가 일반적으로 쓰는 '선입견'이라는 단어는 사실 관계와 이를 알아보는 데 필요한 경험을 전혀 혹은 아주 제한적으로만 참고한다는 것을 뜻한다. 흔히 우리는 '선입견'을 통해 하나하나의 개별적 사례를 일반화하는 오류를 저지른다. 보통 선입견은 사람이나 사실을 두고 심판하는 '평가'이다. 개인이나 상황을 놓고 이러니저러니 입방아를 찧는 셈이다. 선입견이 평가와 구별되는 점은 섣불리 일반화한 생각을 억척스레 고집한다는 것이다.

본래 정보를 종류에 따라 잘 정돈해서 필요할 때 빠르게 뽑아보며 생각에 걸리는 시간을 줄이려는 선입견은 이로써 이득을 가져오기보다는 위험만 불러일으키는 제멋대로의 독불장군이 되고 만다. 선입견은 좋은 쪽으로든 나쁜 쪽으로든 심각한 문제를 야기한다. 개인이 저마다 다른 선입견을 고집하는 통에 사회라는 공동체가 위협을 받는 것이다. 선입견은 편을 가르는 통에 서로 생각이 같지 않다는 이유로 싸움을 일으킨다. 또는 특정 선입견을 앞세워 상대편에게 무자비한 폭력을 쓰기도 한다. 독일의 나치스나 캄보디아의 '크메르 루주' 정권이 벌였던 피의 학살도 따지고 보면 선입견의 극단적 결과들이다.

결정적 체험이 낳는 선입견

개인에게 선입견을 갖게 만드는 것은 어린 시절이나 어른이 되어 겪은 커다란 사건, 곧 결정적 체험이다. 얇은 얼음판이 깨져 물에 빠진 사람은 스케이트를 탈 엄두를 내지 못한다. 사나운 개에게 물려본 사람은 평생 개만 보면 두려움에 피한다. 물에 빠져본 사람은 일생 동안 수영을 배우지 못하는 경우가 허다하다. 예기치 못한 상황에 너무 놀라고 당황한 나머지 냉철히 판단하지 못하고 쉽사리 굳어진 일반화가 생각 속에 깊은 뿌리를 내린 것이다. 선입견은 언제나 개인적 사건으로 말미암아 빚어진다.

결정적 체험은 이처럼 어떤 사람이나 물건 혹은 상황에 대해 특정한 태도만을 지니도록 만드는 사건이다. 물론 결정적 체험은 항상 또렷하게 의식되며 끊임없이 우리를 따라다니지는 않는다. 자신이나 다른 사람이 보기에 두드러지게 나타나지도 않는다. 또 사실 알고 보면 그리

대단한 의미를 갖는 것도 아니다. 다만 당사자의 뇌가 기억의 창고 속에 결정적 체험을 꼭꼭 숨겨두고 있다는 것, 그래서 비슷한 상황을 만나면 그때의 감정과 경험이 불쑥불쑥 고개를 내미는 것이다.

극적이고 충격적이라고 해서 모두 결정적 체험이 되는 것은 아니다. 주변에서 흔히 보는 지극히 평범한 사건도 얼마든지 결정적 체험이 될 수 있다. 몇 년 혹은 몇 십 년 동안 무의식에 가라앉아 똬리를 틀고 있다가, 돌연 심통을 부리곤 한다. 지금 눈앞에서 벌어지고 있는 상황이 열쇠 역할을 하면서 오랫동안 잠겨 있던 문을 의도하지 않았음에도 갑자기 열어젖히는 것이다.

인생을 살면서 누구나 그런 체험을 한다. 주로 어린 시절과 청소년기에 자주 겪지만, 어른이 되어서도 얼마든지 그런 일을 겪을 수 있다. 그리고 이런 결정적 체험은 좋은 의미로든 나쁜 뜻으로든 당사자의 인생을 바꾸어놓는다. 이렇게 바뀐 태도는 좀체 원상태로 돌려놓기가 힘들다.

어떤 체험이 누구에게 어떻게 작용하는가는 예견하기가 어렵다. 최악의 형태는 이른바 '정신적 외상'이라고 불리는 '트라우마Trauma'다. 심리적 충격과 공황을 겪은 나머지 평생 스트레스에 시달리며 몸과 마음이 망가지게 만드는 것이 트라우마다. 그러나 극적인 사건이라고 해서 모든 사람에게 똑같이 작용하는 것은 아니다. 또 자신이 정작 무엇 때문에 트라우마를 갖게 되었는지 잘 모르는 사람도 많다. 이런 경우에는 따로 조용한 시간을 내어 자신의 영혼과 대화를 나누어보는 게 좋다. 자신의 내면에 어떤 결정적 체험이 도사리고 있어서 불쑥불쑥 장애를 불러일으키는지 알아보는 것이다. 아주 가까운 친구와 흉금을 털어놓고 대화를 나누다가 문득 특정 사건이 떠오르는 경우도 종종 있다. 이런 결정적 체험은 그 정체만 알고 나면 트라우마가 눈 녹듯 사라지기도 한다.

그러나 선입견은 경험 부족으로 생겨나기도 한다. 특히 청소년이 갖는 선입견이 그런 경우에 해당한다. 그저 우연하게 일어난 일을 가지고 무슨 특별한 의미가 있는 것처럼 여기면서 정말 그런지 자세히 확인하지 않기 때문에 빚어지는 선입견이다. 무엇이 결정적 체험인지, 어떤 것이 그저 평범한 경험인지를 구분하는 경계는 유동적이다. 그러나 일반적으로 선입견이 생겨나는 것은 별 것 아닌 일을 그것이 전부인 양 여기는 경험 부족이 결정적 원인이다. 그렇게 굳어진 고정관념이 인생을 쥐고 흔드는 것이다. 알고 보면 아무것도 아닌 선입견에 끌려 다니는 인생을 사는 것은 너무 억울한 일이다.

어떤 상표의 피자가 너무 딱딱해서 그 상표의 피자는 아예 쳐다보지도 않겠다거나, 외국인 이웃은 늘 음악을 시끄럽게 틀어놓고 쓰레기를 분리해서 내놓지 않는다는 푸념도 선입견의 대표적 사례들이다.

경험 부족에 의한 선입견은 격이 낮은 것이 특징이다. 비열하고 야비하며 속물근성이 흘러내린다. 그러한 선입견에는 감정적 뿌리가 깊은 것도 아니며, 남들이 그러니까 따라하는 유치함이 대부분이다.

선입견은 '밈'으로 고착될 수 있다

개인적 경험에 바탕한 지극히 사적인 선입견은 '밈'으로 전파되기 어렵다. "모든 개는 문다!", "스케이트를 타는 것은 위험하다!" 또는 "저 상표의 피자는 맛이 없다!"는 등의 선입견은 그저 개인의 생각일 뿐, 사회 분위기를 좌우할 수 있는 폭발력을 갖지 못한다. 기껏해야 가족이나 친구들 사이에서만 인정받을 따름이다. 이런 선입견이 보편적 호소력을 갖는 '밈'으로 자리 잡으려면 특정 기준을 만족시키는 지속성을 가지면서 일종의 전형으로 굳어져야 한다.

'성공적'인 선입견은 개인은 물론, 거대 집단에 어떤 가치를 공유한다는 동질감을 심어줄 수 있어야 한다. 사회가 나아갈 방향을 제시함으로써 이 선입견에서 벗어나거나 비켜가는 것은 예외이자 별종으로 취급을 받아야만 한다. 그밖에 내용이 선명하고 투명해서는 안 된다. 그저 어느 쪽으로 나아간다는 방향만 제시하며 선동할 뿐, 그 내용은 얼버무리는 식이다. 그런 선입견의 전형적인 예가 바로 '지배 민족'*이다. 다분히 선동적인 이 개념은 해당 집단과 개인의 자존심을 높여주면서 그 소속감을 자랑하게 만들었다. 그러나 그것이 정확히 뭘 의미하는 것인지 말해보라면, 내용이 텅 빈 껍데기 선동 구호에 지나지 않았다.

상투적 구호는 다른 사람들을 들쑤셔 생각을 조작하고 왜곡하는 도

* Herrenrasse: 독일의 나치스가 게르만 민족을 추켜세웠던 구호. 북유럽의 아리아인을 인간의 이상형으로 내세우고 다른 민족을 탄압하려는 꼼수가 빚어낸 엉터리 개념이다.

구로 쓰일 수 있는 불쾌한 속성을 갖는다. 더욱이 이것이 밈으로 자리 잡을 때면, 쉽사리 재생이 되면서 마구 복제가 되어 퍼진다. 사람들의 의식을 왜곡하고 조작하기 위해서 쓰는 방법에는 '점화'* 라는 것과 '프레이밍'이 있다. 특정 정보가 아주 잘 받아들여지는 상황을 만들거나, 지나칠 정도로 주의를 끌게 만드는 주변 분위기를 조성하는 것이다.

점화와 프레이밍이 개인의 생각을 조작하고 특정 사고방식을 고착화하기 위해 외부로부터 시도되는 방법인 반면, 개인은 이른바 '선택적 지각'을 통해 스스로 자신의 선입견을 굳힌다. 현재 자신이 가진 생각과 맞지 않는 모든 정보와 사실을 무시하거나 거부하는 것이다. 반대로 자신의 선입견을 확인해주는 것만 따로 골라 게걸스럽게 집어삼킨다.

선택적 지각에 긍정적인 의미가 없는 것은 아니다. 서로 충돌하는 정보들이 넘쳐나면서 지나친 자극으로부터 자신을 방어하기 위해 작동하는 일종의 보호 장치가 선택적 지각이기도 하다. 물론 그 부정적 효과는 강력하다. 자기 생각만 고집하는 탓에 '나만 옳다!'는 독선에 빠지게 만든다.

---

* Priming: 시간적으로 먼저 제시된 자극이 나중에 제시된 것의 처리에 영향을 주는 현상을 나타내는 심리학 용어. 먼저 제시된 단어를 "점화 단어Prime"이라고 한다. 어떤 판단이나 이해에 도움을 주거나 거꾸로 억제 효과를 일으킬 수도 있어 여론 조작에 흔히 쓰이는 방법이다.

협상 뇌와 설득 뇌

협상은 뇌에 착각이 끼어들어서는 안 될 가장 대표적인 커뮤니케이션이다. 과학의 안목으로 볼 때 협상은 일련의 수많은 개별적 결정들이 이어져 마지막에 가서 하나의 큰 결정으로 집약되는 과정이다. 그렇지만 이런 협상 결과를 얻어내기까지 협상 당사자들은 차근차근 주장과 논박을 펼치며 아주 많은 작은 결정들을 처리해야 한다.

과학의 견지에서 협상은 기본적으로 특정 상황에서 인간이 어떻게 행동하는가의 문제이다. 이게 무슨 말일까 참으로 애매하게 들릴 것이다. 그러나 신경과학이 뜨겁게 관심을 갖는 것은 아주 간단한 물음이다.

"내가 어떤 태도를 취하거나 아주 특별한 자극에 반응할 때, 상대방의 뇌에서는 무슨 일이 일어나는 것일까?"

뇌의 특정 영역이 무엇을 책임지는지 정확하게 알아낼 수 있다면, 실제로 머리 안에서 일어나는 일을 설득력 있게 재구성해볼 수 있지 않겠는가. 지금 내려진 결정이 이성에 따른 것인지 감정에서 비롯된 것인지 구별할 수 있다면 우리는 착각이라는 수수께끼가 갖는 많은 신비를 풀어낼 수 있다.

여기서 보상 체계가 커다란 비중을 차지한다는 것은 분명한 사실이다. 주관적으로 참 좋은 것이라고 여기며 또 성공을 체험할 수 있는 일을 한다는 것은 듣는 것만으로도 가슴 벅찬 보상이기 때문이다.

협상에 참여했던 사람에게 어째서 그런 희한한 결정을 내렸는지 이유를 묻는다면 아마도 당사자는 이러저런 합리적이고 이성적인 논리와 주장을 끌어다 댈 것이다. 정말 그랬을까? 그런 논리와 주장이 진짜 속내를 감추려는 일종의 '소스'는 아닐까? 정확히 말하자면, 당사자 자신조차 그런 결정을 내린 진짜 동기가 무엇인지 정확히 모른다.

인간이 분명하게 의식하고 지각하는 것은 이미 무의식에서 갈고 다듬어진 자료와 근거, 그리고 맥락일 따름이다. 그리고 이런 분명한 의식은 '빙산의 일각'에 지나지 않는다. 무의식 속에는 비교를 허락하지 않을 정도로 커다란 정보 창고가 숨어 있다. 이 가운데 입에 맞게 잘 다듬어진 표현만 골라 의식으로 떠오르게 만들었을 뿐이다. 그리고 협상 당사자는 그런 표현만 입에 올렸다.

뉴로마케팅이 발견한 것은 협상 전략에도 그대로 적용할 수 있다. 협상 장소의 분위기를 어떻게 꾸며야 할지, 상대에게 무엇을 상기하게 만들며 상대방의 신호를 어찌 해석하는 게 최선인지 종합적으로 판단하게 만든다.

협상을 통해 제안이 오가면서 무엇은 받아들이고 어떤 것은 거부하며 밀고 당기기 게임이 벌어지는 동안, 뇌에서 어떤 일이 일어나는지 밝히려 한 실험은 많다. 아무리 복잡한 협상 과정일지라도 하나하나의 단계로 나누어 관찰하면, 그게 어떻게 이루어졌는지 정확히 판단할 수 있다.

흔히 말하는 협상이란 당사자 사이에 몇 단계의 결정 과정을 거쳐 최종 담합을 이루어내는 아주 복잡한 과정이다. 그러나 오늘날 과학은 이미 각 결정이 내려지는 근거를 정확히 설명할 수 있게 되었다. 다시 말해서 특정 결정에 어떤 요소들이 어우러져 영향을 미쳤는지 밝혀낸 것이다. 이렇게 볼 때 이런 요소들을 처음부터 고려한다면, 협상과 결정을 자신이 원하는 쪽으로 유도할 수도 있다.

여기서 독자들은 신경과학이 얻어낸 지식이 현실에 맞아떨어질까 아마도 의문이 일 것이다. 대부분의 과정이 무의식의 차원에서 이루어지는 것을 감안하면 우리가 풀어야 할 핵심 물음은, 무의식을 의식으로 끌어올릴 수 있는가 하는 것이다. 많은 뇌 연구가들은 이런 가능성을 근본적으로 부정한다. 이들은 다른 사람의 생각을 올바르게 해석할 수 있는 사람은 전문적인 훈련을 거친 카운슬러나 의사일 뿐이라고 강조한다.

그러나 다른 견해를 가진 뇌 연구가도 적지 않다. 인간의 전두엽은 자기 자신을 관찰할 충분한 능력을 갖추고 있다는 것이다. 만약 내가 어떤 것을 관찰할 수 있다면, 나는 그것을 해석할 수도 있다. 완전하지는 못할지라도 수정과 교정도 가능하다. 특히 뇌가 전략적 사고를 하도록 충분한 훈련을 받았다면, 얼마든지 자기 분석을 수행하고 철저한 자기비판을 할 수 있다.

독일 본 대학의 뇌 연구가인 크리스티안 엘거* 교수는 상대에게 착각을 일으키지 않는 협상의 일곱 가지 규칙을 다음과 같이 정리했다. 그 각각을 자세히 살펴보기로 하자.

1. 보상 체계가 협상 사령탑이다.

협상 상대방의 보상 체계는 협상 테이블에 올라오는 모든 정보를 자신의 이해관계에 맞춰 저울질한다. 그리고 협상이 끝난 나중에도 정확히 그것만 기억한다. 협상 테이블에 앉는 사람이 최우선으로 생각하는 것은 어디까지나 자기편의 이득이다. 그것이 어떤 것보다도 중요하다. 따라서 당신의 전략은 이타주의가 되어야 한다. 상대방의 이득을 항상 고려하고 있다는 자세를 취하라는 말이다.

2. 최후통첩 게임은 어디서나 적용된다.

협상과 소통에서 경쟁을 의식하기보다는 어떻게 서로 협력할 수 있을까를 먼저 고려하라. 부담을 서로 나눌 수 있는 공동의 해결책이야말로 언제나 최선이다. 그렇다고 양쪽이 물질적 이득을 똑같이 나눠 가져야만 한다는 말은 아니다. 서로 똑같이 상대를 존중하는 공정함을 갖춰야 한다는 뜻이다.

* Christian Elger: 1949년에 출생한 독일의 신경학자. 1990년부터 본 대학병원의 신경정신의학 과장을 맡고 있다.

3. 사전 정보가 기대치와 태도에 영향을 준다.

협상은 대개 이미 주어진 사전 정보에 따라 결정된다. 시작도 하기 전에 결과가 나와 있는 경우도 왕왕 있다. 그럼에도 협상의 이런 전 단계를 지나치게 무시하는 경향은 잘못된 것이다. 어떤 사전 정보를 흘리는가에 따라 상대의 태도가 완전히 달라진다는 것을 명심하라. 이는 협상을 하는 모든 이에게 적용되는 사실이다.

4. 뇌는 저마다 다르다.

사람은 누구나 자신만의 뇌를 가지고 있다. 똑같은 상황에서도 사람은 저마다 다르게 행동한다. 또 표정과 몸짓을 통해 제각각 다른 신호를 무의식적으로 보낸다. 우리 자신도 이 신호에 무의식적으로 반응한다. 그렇지만 다른 사람의 신호를 분명히 의식할 수 있다면, 자신이 보내는 신호를 적어도 일부나마 의식적으로 통제할 수 있다.

협상하는 사람은 대개 자신의 신호를 억제하려고 시도한다. 그렇지만 협상 테이블에 앉아 소통을 하지 않을 수는 없는 노릇이다. 억제된 신호 역시 신호이다. 상대방은 그런 이쪽의 반응을 보며 무슨 이런 자세가 있냐며 불쾌하게 생각할 것이다. 상대는 애써 우리를 배려해주는 제안을 했음에도 기쁜 표정을 보이지 않으려 한다면 분위기는 싸늘하게 식고 만다. 상대가 공정하지 못한 제안을 했다고 해서 그것을 부끄럽게 여기도록 만드는 것 역시 잘못된 반응이다. 차라리 상대의 공정치 못한 점을 분명히 지적하는 게 훨씬 옳은 태도이다.

5. 감정 없는 자료는 없다.

이 원리는 협상과 소통에서 특히 중요하다. 바로 감정 때문에 내용보다 인간관계를 더 중시하는 일이 흔히 벌어진다. 이 문제를 해결하고 싶다면, 서로의 관계 때문에 협상이 발목을 잡혀서는 안 된다는 점을 상대방에게 진지한 태도로 분명히 말해주어라.

6. 경험이 태도를 결정한다.

경험이든 성향이든 조금도 공통점이 없는 상대방과 형상 테이블을 마주한다는 것은 있을 수 없는 일이다. 각자의 경험은 의식되지 못한 채 상대방에게 전해지기 마련이다. 외모나 태도의 유사함은 실제로 비슷한 반응을 이끌어낼 수 있다. 물론 우리 자신도 상대가 비슷한 반응을 보여주기를 기대한다. 그래서 상대에게 동질감을 더 빨리 전달하는 쪽이 협상을 유리하게 이끌 수 있다.

7. 상황은 전혀 예측할 수 없는 방향으로 얼마든지 흘러갈 수 있다.

사람이 많아질수록 상황을 통제하지 못할 위험은 커진다. 그렇다고 상황을 엄격하게 규제하려는 태도로는 성공적인 결과를 이끌어낼 수 없다. 오히려 서로 충분한 정보를 교환하고 협상의 공정한 규칙 합의를 도출하는 것이 더 나은 방법이다.

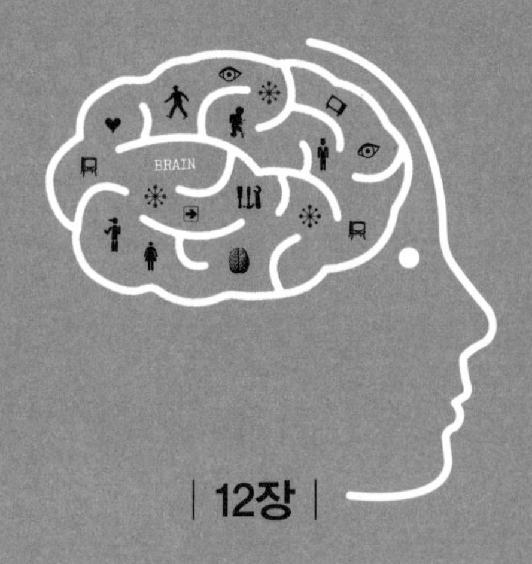

| 12장 |

뇌는 언제 변화되는가

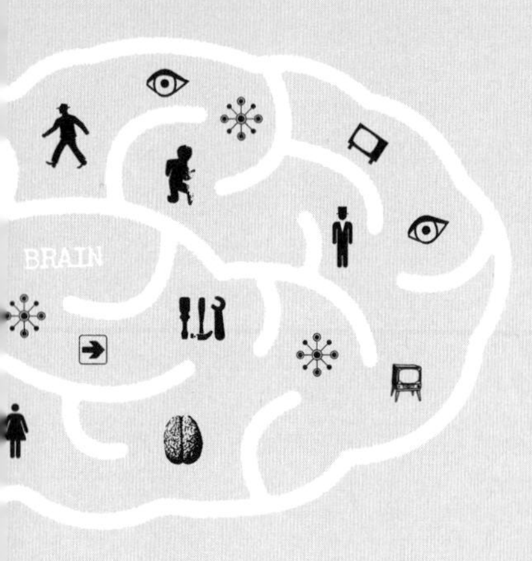

"정말이지 다른 일을 하며 살고 싶어!"

누구든 자신의 입으로 이런 탄식을 한번쯤 해보았으리라. 아니면 가까운 친구에게서 들어보았거나. 그러나 아무리 한숨을 쉬며 탄식한들 바뀌는 것은 별로 없다. 그저 왜 지금 하고 있는 일이 싫은지 장황한 넋두리만 이어질 따름이다. 자신이 '진짜' 원한다는 일도 대개 실현 불가능한 경우가 태반이다.

지각도 훈련할 수 있다

굳은 의지만 있다면 길은 열린다는 말이 있다. 그러나 요즘 세상에서 진정한 변화를 일궈낼 의지는 사라진 것처럼 보인다. 아니, 2005년 초에 독일 경제학자 호르스트 지베르트*가 진단했듯 심지어 새것을 싫어하고 두려워하는 '네오포비아Neophobia'를 앓고 있을 지경이다.

사회라는 집단이 가진 생각의 힘은 결코 과소평가해서는 안 된다. 사회 전반에 퍼진 낙관주의나 비관론, 의지박약의 분위기 등은 무서운 전염병처럼 퍼져나간다. 우리 몸이 보내는 아무리 미약한 신호일지라도 거울 신경세포는 민감하게 포착해낸다는 사실을 이제 누구나 알고 있지 않은가. 바로 그래서 어떤 사람의 말을 들으면서 그게 그 사람의 진짜 생각과 감정이 아니라는 것도 눈치를 채는 것이다.

현대인은 아무래도 커다란 심적 갈등을 겪고 있는 것 같다. 한편으로 인간의 뇌는 그 타고난 본성상 새로운 것을 끊임없이 갈망한다. 그

* Horst Siebert: 1938~2009. 독일 출신의 경제학자. 여러 대학의 교수를 역임했으며 1996년부터 세계경제포럼에 참여했다.

러나 반대로 대다수 현대인의 머리에는 그 어떤 변화도 허용하지 않으려는 현실 안주의 고집이 깊은 뿌리를 내리고 있다. 새로움을 향한 갈망과 현실 안주의 보수적 태도가 충돌하는 전쟁터가 현대인의 뇌인 셈이다.

변화를 꺼려하는 주된 이유 가운데 하나는 '나이'다. 사람은 대개 30대 중반이 넘으면 자신의 생활태도를 깨는 것을 생각조차 하기 힘들어한다. 자신의 인생에 더 이상 기회가 없으리라고 여기는 탓이다. 뇌와 인격의 발달이 사춘기나 30세에 결코 끝나는 게 아니라는 사실을 잘 알고 있으면서도 말이다. 신경세포는 평생에 걸쳐 생성되고 성장한다. 그래서 뇌도 근육처럼 단련시키고 키워주어야 강화된다.

무의식을 의식으로 끌어올리기

원래 무의식에 담긴 생각과 동기 그리고 가치관을 미리 의식할 수 있는 사람은 아무도 없다. 그러니까 인간은 이런 것과 결부된 신호를 통제할 수 없다. 그렇지만 평소 자신의 몸이 보이는 반응을 주시하면서 어떤 상황에 그런 반응을 보이는지 주목해본다면, 자신의 무의식적인 태도를 얼마든지 의식의 차원으로 끌어올릴 수 있다. 적어도 무의식이라는 거대한 빙산의 끄트머리나마 알아보고 이에 반응할 수 있는 것이다.

이런 훈련을 하고 나면 처음에는 무의식적인 반응일지라도 분명한 의지를 가지고 조절하고 통제할 수 있다. 그래서 자기도 모르게 상대에게 보내는 불쾌한 신호를 억제할 수 있는 것이다. 이런 훈련은 예를 들어 시험만 보면 부들부들 떠는 두려움이나 신경질 따위를 조절하는 데 특히 도움을 준다. 전문교육을 받은 관찰자만 그것이 실제로 어떤 감정인지 해독할 수 있다.

물론 감정을 억제하는 게 언제나 좋은 것이라는 뜻은 아니다. 특히 긍정적 감정을 억누르는 것은 결코 바람직하지 않다. 그러나 우리는 유감스럽게도 부정적인 감정은 마음껏 분출하면서도 긍정적 감정을 숨기는 경우가 많다.

감정과 기억을 조절하는 법

'유심有心'(영: Mindfulness, 독: Achtsamkeit)이라는 것은 주로 정신의 능력과 관련해 쓰는 말이다. 불교에서는 특정 화두에 정신을 집중하는 것을 유심이라고 부른다. 현대의학에서 유심은 주로 행동치료에서 쓰는 개념이다. 한편으로 이 개념은 자아를 보다 더 잘 인식하자는 뜻을 갖는 반면, 다른 한편에서 유심은 질병 증세의 완화와 건강의 보존을 의미하기도 한다. 이를테면 유심을 통해 스트레스를 줄여가는 것이다.

미국에서는 이미 '유심의 신경과학'이라 부르는 연구 분야가 따로 있으며, 신경과학의 방법을 동원해 명상을 하는 사람의 뇌에서 무슨 일이 일어나는지 연구한다. 또 이렇게 얻어낸 연구 결과를 일상생활에 응용하기도 한다.

"자기 영혼의 속내를 털어놓는 것"

우리는 누구나 다른 사람과 더불어 화, 슬픔, 두려움 따위의 나를 짓누르는 감정을 솔직하게 이야기할 때 묵은 체증이 풀리는 것 같은 해방감을 맛본다. 이처럼 "자기 영혼의 속내를 털어놓는 것"은 시원한 해방감과 함께 안도감을 선물하는 효과를 가지고 있다. 대체 왜 그런 것일까? 이 물음은 로스앤젤레스의 캘리포니아 대학 신경심리학자 매슈 리버먼Matthew D. Lieberman이 이끄는 연구 팀이 추적해 보았다.

리버먼은 실험 참가자에게 화를 내고 있거나 겁에 질린 얼굴 사진을 보여주고 자기공명영상으로 참가자들의 뇌 활동을 관찰했다. 그 결과 두 경우 모두에서 편도체가 즉각 비상사태에 돌입하는 것으로 확인되었다. 위험한 상황에 빠졌다고 보고 경고를 발령한 셈이다. 사진을 거의 의식하지 못할 정도로 짧게만 보여줬음에도 편도체는 똑같은 반응을 나타냈다.

이제 실험에 변화를 주었다. 얼굴 사진을 보여주며 해리Harry와 샐리Sally라는 이름 가운데 각각 어떤 게 어울리는지 물어보았다. 화가 난 얼굴은 남자 해리의 것이며, 겁에 질린 얼굴은 여자 샐리의 것이라고 그 감정에 이름을 붙여준 것이다. 참가자들의 뇌가 일단 보인 반응은 처음 실험 때와 다르지 않았다. 그러나 감정에 이름이 붙여지자 돌연 편도체의 활동은 현저하게 약해졌다.

동시에 연구자들은 오른쪽의 '외배측전두엽피질Ventrolateral prefrontal cortex'이 활동하는 것을 포착해냈다. 이 영역은 감정을 말로 담아내기 위해 다른 반응을 억제하는 역할을 하는 게 분명했다. 아주 간단하게 핵심만 정리하면 이렇다.

"우리가 느끼는 감정은 겉으로 분명하게 표현될 때 약해지거나 아예 사라진다. 이를 두고 리버먼은 다음과 같은 결론을 내렸다. 원치 않는 감정을 의식적으로 짓누른다고 해서 사라지지 않는다. 또 그런 감정이 생긴 원인을 캐묻는다고 해서 약해지는 것도 아니다. 분노나 슬픔 따위의 감정을 해소할 수 있는 최선의 방법은 입 밖으로 꺼내 표현하는 것이다! 화를 속에 담아두고 삭이지 말라. 왜 화가 나는지 파트너와 차분하게 이야기를 하다보면 저절로 풀린다."

감정 통제도 연습할 수 있다

감정도 연습하면 얼마든지 통제할 수 있다는 점은 신경면역학자 데이비드 크레스웰David Creswell의 실험을 통해 확인되었다. 자신의 감정을 사려 깊게 다루는 사람은 '외배측전두엽피질'을 활성화함으로써 편도체의 반응을 억제한다. 그렇다면 자신의 감정을 주목하면서 말로 표현하거나 글을 써봄으로써 우리는 감정을 통제하는 법을 훈련하고 익힐 수 있지 않을까? 글이든 말이든 자신의 감정을 정확히 표현해본다는 것은 이처럼 아주 큰 도움을 주는 일이다.

그동안 벌써 이런 지식을 토대로 무의식적인 행동을 분명히 의식하며 통제하는 법을 익히는 훈련 프로그램이 나왔다. 미국에서 이른바 '뉴로리더십Neuro-leadership' 강좌를 개설한 학자들은 감정을 표현해보는 방식으로 자기 자신을 훨씬 더 잘 통제할 수 있을 뿐만 아니라, 공감의 능력도 키울 수 있다고 본다. 그 결과 리더는 더욱 훌륭한 결정을 내릴 수 있으며, 스트레스도 피할 수 있게 된다는 것이다.

기억은 끊임없이 변한다

독일의 어린이 놀이 가운데에는 "난 네가 보지 못하는 걸 본다!"는 게 있다. 술래가 어떤 특정한 물체를 주목하면, 나머지 아이들은 돌아가며 물음을 던짐으로써 술래가 보고 있는 게 무엇인지 알아맞히는 놀이이다. 이 게임의 핵심은 선별적인 공간 지각이다.

우리의 눈은 같은 위치에 있는 다른 사람이 보는 것을 원칙적으로 모두 볼 수 있다. 다만 각자 다른 사물을 지각할 따름이다. 그런데 우리의 지각이라는 것은 무의식으로 기억된 것과 의식적으로 기억할 수 있는 것을 함께 결합한 것이다.

기억된 것과 기억할 수 있는 것은 경험하고 체험하며 학습한 것뿐만 아니라, 나 자신이 평가하고 앞으로 계속 다루어갈 것까지 포함하는 아주 복잡한 구조물이다. 다시 말해서 경험과 체험과 학습뿐만 아니라 나의 기대까지 기억은 담고 있는 것이다.

이처럼 기억은 끊임없는 변화를 겪는다. 다만 우리가 그것을 잘 모르고 있을 뿐이다. 물론 어쩌다가 지극히 예외적인 상황에서 우리는 기억이 변했다는 것을 깨닫곤 한다. 기억은 부단히 우리의 생각과 현실 지각, 그리고 경험의 해석을 바꾸어가며 새롭게 정리한다.

정치적 견해와 가치관과 관련해 우리는 기억의 변화를 가장 잘 확인할 수 있다. 특정 시점에서는 너무나도 당연하게 '정상'이었던 것이 다른 시점의 다른 상황에서는 전혀 다르게 보인다. 우리의 기억은 '옳은 것'을 '틀린 것'으로, '중요한 것'을 '시시한 것'으로 바꾸어 놓는다. 물론 거꾸로 바꾸기도 한다.

과거에 사람은 대개 경험한 것과 직접 체험한 것을 가지고 기억을 만들었다. 경험은 우리가 몸소 부대껴가며 혹은 직접 체감해가며 겪은 것이다. 체험은 자신은 직접 참가하지 않았지만, 청중이나 관중으로 함께 겪은 것까지 포함하는 더 넓은 개념이다.

오늘날 체험은 텔레비전이나 라디오 혹은 인터넷 등을 통해 간접적으로 이루어진다. 인쇄 매체인 신문을 읽는 것은 더더욱 간접적이다. 이때 우리가 얻는 정보의 질은 누구라도 쉽게 상상할 수 있듯 현장에서 얻는 그것과 엄청난 차이를 갖는다. 거실의 소파에 누워 텔레비전 뉴스가 중계하는 폭풍우 장면을 보는 것과, 실제 폭우와 강풍이 몰아치는, 심지어 물에 빠져 살려고 몸부림을 치면서 온몸으로 부딪치며 얻는 정보가 같을 수는 없다. 간접 정보는 덜 절박하기 때문이다.

기대는 기억과 가치관으로 빚어진다

다른 사람과의 관계와 현실을 바라보는 태도에서 가장 중요한 역할을 하는 것은 바로 기대다. 기대는 종종 우리가 착각하듯 허공에서 문득 떨어져 내린 게 아니다. 우리는 기억이라는 이름의 샘에서 기대를 길어 올린다. 또 기억과 가치가 반영된 것일 때에만 기대는 의미를 갖는다.

기대는 인생의 도처에 만연해 있다. 정확한 동기를 드러내는 기대가 있는가 하면, 대체 무엇 때문에 그런 것을 바라는지 애매한 기대도 있다. 기대는 평소 짐작도 못 한 힘을 끌어내며 목표에 가까이 가도록 충동을 하면서 성취감을 맛본다. 그러나 처절한 환멸로 끝나고 만 기대는 살고 싶다는 의욕을 꺾는다. 희망이라는 게 얼마나 대단한 힘을 가진 것인지 이른바 '로고테라피'의 창시자 빅터 프랭클Viktor Frankl은 강제 수용소에 갇혀 있던 시절을 회고하며 실감나게 묘사한 바 있다.

1945년 초 연합군이 진격해온다는 소문이 떠돌기 시작하자 수용소에 함께 갇혀 있던 동료 한 명은 곧 해방을 맛볼 것이라는 기쁨으로 특정 날짜까지 지목하며 그 날이 어서 오기만을 손꼽아 기다렸다. 그러나 연합군은 나타나지 않은 채 그 날짜는 지나버렸다. 낙심한 동료는 몸져눕더니 이내 죽고 말았다. 그 뒤로 며칠 뒤에 연합군이 수용소의 문을 열어젖혔다.

희망이 너무 큰 나머지 특정 날짜를 지목하는 바람에 실망으로 돌변했고, 이로써 한 사람이 목숨을 잃은 것이다. 희망은 그게 어떤 종류의 것이든 사실에 뿌리를 둔다. 희망이 아무런 구체적 계기가 없는 순전한 소망과 다른 점은 바로 그것이다. 소망은 현실 감각을 잃어버린 것이라고 할 수 있다.

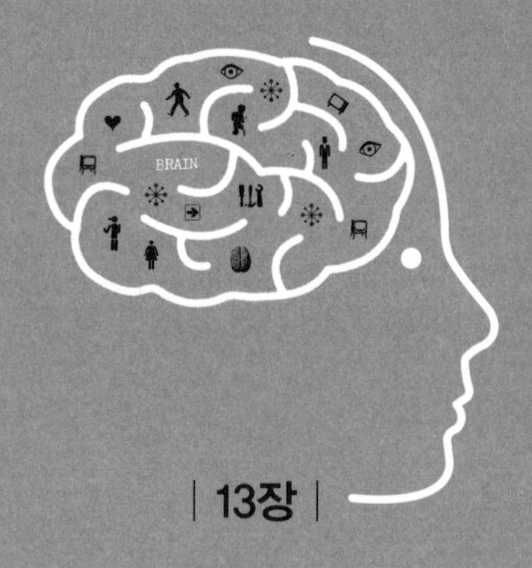

| 13장 |

과학적인 '생각의 틀'

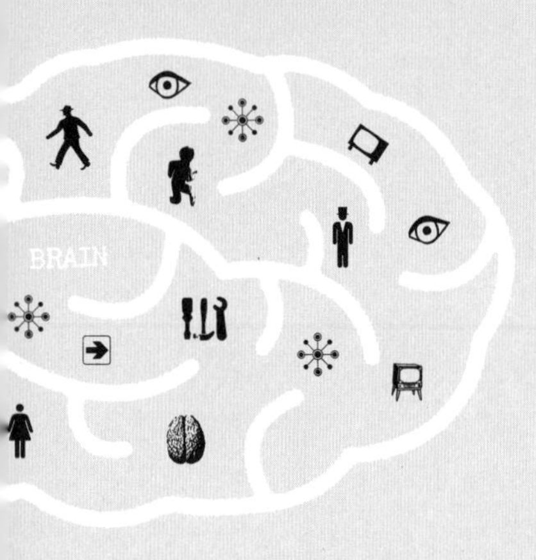

생각의 틀도 변한다. 물론 이런 변화는 전체 인생을 뿌리에서부터 뒤흔드는 결과를 몰고 온다. 자신의 주변 환경에 불만을 갖는 사람은 많다. 자신이 원하는 대로 따라주지 않는 탓이다. 자신의 생각은 조금도 틀린 게 없으며, 원하는 바도 지극히 정당한데 왜 따라주지 않는 것일까, 낙담하며 불평한다. 과연 그럴까? 오히려 당신이야말로 스스로 지어놓은 울타리 안에 자신을 가두어 둔 것은 아닐까? 불평과 불만으로 이 울타리를 박차고 나올 수는 없다. 당신이 가진 생각의 틀을 깨보는 것은 어떨까?

더 나은 결단을 내리고 싶다면, 뇌를 퇴화시키는 사고습관을 버려야 한다. 불평과 불만으로 괴로워하느니 습관적으로 굳어진 생각의 틀을 깨는 쪽이 훨씬 건강하고 생산적이다.

생각에 영향을 주는 것

외적인 요소가 어떤 사람이 가진 생각의 틀에 끼치는 영향을 결코 과소평가해서는 안 된다. 인생의 반려자를 구하는 일이든 직업을 선택하는 문제든 주변 환경을 무시할 수는 없기 때문이다. 일반적으로 우리는 수준이 비슷한 사람을 배우자로 택한다. 상당히 많은 부부가 출신 지역이 같은 것만 봐도 이런 이치를 확인할 수 있다.

청소년이 장래의 직업을 고르는 데 가장 큰 영향을 미치는 것은 이른바 '또래집단', 곧 친구들이다. 청소년은 따돌림을 당하지 않고 무리에 낄 수 있다는 것만으로도 상당한 자부심을 느낀다. 바로 그래서 모든 다른 친구가 하고 싶어 하는 일을 자신도 원하는 것이다. 커서 자동차 수리공이 되겠다며 눈빛을 반짝이는 소년을 보라. 이 직업이 미래 전망도 어둡고 다른 일에 비해 벌이가 시원찮음에도 그런 것에는 아랑곳하지 않는다. 훨씬 더 근사한 직업은 많지만 아이들은 그런 일을 하는 자신을 상상조차 하지 못한다.

첫 직업 교육을 마치고 나서 정말 내가 이런 일이 하고 싶었던가 의문이 드는 것은 조금도 놀라운 일이 아니다. 한두 해 정도 그 일을 하고 나면 심각한 회의가 든다. 자신의 능력이라면 훨씬 더 좋은 직업을 골랐을 수 있지 않나 싶어 한심한 생각이 드는 것이다.

이처럼 우리가 생각하는 많은 것은 익숙한 것, 곧 습관에서 비롯된 것이다. 매일 하는 일은 곧 당연한 것이 된다. 그것을 하지 않는 상황을 상상조차 하기 힘들어 한다. 습관이란 반복되는 행위가 일종의 틀로 굳어지면서 형성된다. 그리고 이 굳어짐은 갈수록 강도를 더한다. 물론 습관에도 좋은 게 없는 것은 아니다. 다만 자신이 가진 것은 좋은 습관이고 남이 가진 것은 나쁜 습관이라는 착각이 문제를 더 심하게 만들 뿐이다.

나쁜 습관의 대표적인 예는 중요한 결정을 자꾸 미루는 것이다. 물론 그때마다 핑계는 차고 넘쳐난다. 갖은 이유를 끌어다대며 적어도 지금은 때가 아니라고 고집한다. 사실 새로운 것을 만나기가 두렵기 때문이다.

핑계를 대는 사람은 인정하고 싶지 않겠지만, 무엇을 하고 싶다는 의지와 이를 실천에 옮기는 행동 사이에 뭔가 불일치가 있음에도 이를 제거하려 들지 않으면 뇌는 몸에 신호를 보낸다. 이처럼 심신이 갈등을 보이며 일으키는 질병의 목록은 수도 없이 많다. 두통, 요통에서부터 묵직한 가슴, 더부룩한 위장, 과민성 대장질환에서 심지어 면역체계의 붕괴에 이르기까지 갖가지 증상과 질병을 몰고 오는 게 불만에 휩싸인 뇌가 보내는 신호이다. 우리의 뇌는 자신의 뜻과 맞지 않는 생활로부터 주인을 빼내려고 하는 것이다.

생각의 80/20 원리

'80/20 원리'는 이탈리아의 경제학자 빌프레도 파레토*가 처음 착안해낸 것으로 이른바 '파레토 법칙'으로 불린다. 이 법칙은 한 사회의 총 재화가 80:20이라는 비율로 나뉜다는 것을 뜻한다. 다시 말해서 20퍼센트의 시민이 그 사회 총 재산의 80퍼센트를 차지한다는 사실을 확인한 게 '파레토 법칙'이다.

실제로 한 기업이 올리는 총 매출의 80퍼센트는 그 고객의 20퍼센트가 올려준다. 그런데 놀랍게도 이 원리는 거의 모든 분야에서 맞아떨어지는 것으로 확인할 수 있다. 심지어 자연에서조차! 보통 20퍼센트만 바꾸면 나머지 80퍼센트는 저절로 변화한다.

다중지능론의 창시자 하워드 가드너는 이 원리를 인간의 생각에도 적용할 수 있다고 주장한다. 사고방식의 틀을 20퍼센트만 바꾸면, 인생의 80퍼센트가 달라진다는 것이다.

* Vilfredo Pareto : 1848~1923. 이탈리아 출신의 정치학자이자 사회학자이며 경제학자.

가드너는 우리가 바꿔야 할 20퍼센트를 두고 일곱 가지 차원으로 세분해 고민해볼 것을 권한다. 일곱 가지 차원이란 근거, 정보 확보, 반응, 재해석, 재원과 보상, 주변의 변화 그리고 저항이다.

1. 근거

자신의 생각을 바꾸거나 남의 생각에 영향을 주고자 한다면, 옳다고 여겨지는 모든 생각에는 그에 합당한 근거가 있음을 항상 의식해야 한다. 물론 이 근거는 '80/20 원리'에 따라 20퍼센트가 핵심이라면, 나머지 80퍼센트는 거기에 덧씌워지고 부풀려진 '소스'이다. 따라서 변화를 불러오려면 핵심이 무엇인지 찾아내야 한다. 걸쭉한 소스를 헤집고 왜 자신이나 다른 사람이 어떤 특정한 것을 원하며 다른 것에는 질색을 하는지, 그 원인을 찾아내야만 하는 것이다.

변화를 거부하는 사람이 흔히 들먹이는 핑계는 이런 것이다.

"변하지 않으면, 잘못될 것도 없어!"

이렇게 생각하는 사람에게 순전히 논리적으로만 "변해야만 발전하는 거야!" 하고 설득한다면, 상대방은 머리로는 수긍을 할 것이다. 그러나 그래도 현재 자신이 서 있는 곳에서 꼼짝도 안 하려 든다. 이처럼 논리와 사실로만 근거를 들이대면 생각의 틀은 좀체 바뀌지 않는다. 중요한 것은 감정이다. 속에서 우러나는 감정이 있어야 뇌는 본격적으로 변화하려는 의욕을 낸다.

낡은 틀을 뒤덮은 소스를 털어버릴 수 있는 절박한 감정의 실마리가 바로 생각을 변화시키는 근거가 된다.

2. 정보 확보

사용할 수 있는 정보에도 '80/20 원리'가 적용된다. 인터넷의 발달로 이른바 '정보의 홍수'라고 하지만, 그 가운데 정작 중요한 것은 20퍼센트에 지나지 않으며, 나머지 80퍼센트는 쓰레기로 불러도 무방할 정도의 짐일 따름이다. 자신이 가진 사고 틀을 고집하는 사람은 이 틀에 유리한 정보만 끌어 모은다. 진정 변화를 원한다면, 항상 반대편 입장이 되어 생각해보는 것을 잊지 말아야 한다. 그리고 이 반대편 입장을 지지하는 정보들을 모아보라.

물론 반대 입장이 되어 지금껏 자신이 가지고 있던 생각을 반박하기란 쉬운 일이 아니다. 그러나 주어진 과제를 성공적으로 수행하는 것을 최상의 가치로 여기는 사람이라면, 그래서 일단 맡은 일은 끝까지 처리해야 직성이 풀린다면, 점차 가열되는 열성으로 정보를 찾을 수 있을 것이다. 변화에 필요한 정보를 확보한다면, 기존 생각의 틀을 바꾸는 것은 시간문제다.

3. 반 응

적절한 근거를 찾아내고 새로운 정보를 확보했다면, 이제 새로운 입장과 새 논거를 다른 사람에게 시험해보는 단계이다. 아주 긍정적인 반응이 돌아오는 것을 보고 깜짝 놀랄 수도 있다. 그러나 최고의 정보와 논거를 찾느라 수고를 한 자신의 노력 때문이니 그리 놀랄 일이 아니다. 완전히 달라진 자신의 모습에 사람들은 환호하며 격려를 하는 것일 뿐이다.

게을러서 운동을 싫어했는데 조깅을 시작한 사람은 왜 조깅을 해야 하는지 설명하는 자신의 주장이 다른 사람들에게 기분 좋은 반응을 불러일으키는 것을 확인할 수 있다. 그리고 말과 행동으로 자신의 주장을 인정해주는 상대의 반응이 몹시 흐뭇하게 다가올 것이다. 덕분에 이제 시작된 자신의 변화는 감정적으로 더욱 확실하게 추진된다.

자신이 가진 생각의 틀을 바꾸기 시작한 사람은 이내 사귀는 상대도 달라진다. 변화에 맞는 모임만 찾아다니기 때문이다. 그리고 이런 사교 모임에서 받아들이는 좋은 피드백은 아무리 많이 받아도 물리지 않는다. 사고 틀의 변화가 부분적으로만 일어나는 게 아니라, 아주 뿌리까지 철저하게 이루어지는 것은 조금도 놀라운 일이 아니다. 예수를 박해하던 사울이 바울로 변했을 때에만 우리는 다른 사람들로부터 긍정적인 반응을 마음껏 누릴 수 있다.

4. 재해석

생각의 틀을 바꿀 또 다른 가능성은 그 틀을 새롭게 해석하는 것이다. 예를 들어 외국인에게 적대감을 느끼는 것은 외국인이 하는 행동 때문이 아니라, 외국인을 보는 나의 두려움이라고 다시금 재해석을 하는 것이다. 이런 점을 분명하게 의식한다면 외국인을 보는 태도가 바뀌며 보다 더 나은 틀을 가질 수 있다. 요는 내가 가진 생각이 선입견이라는 틀에 얽매어 고정관념으로 바뀌면서 오히려 나 자신을 옭아매는 것은 아닌지 늘 염두에 두는 일이다.

5. 재원과 보상

자신이 가진 생각의 틀을 바꾼 사람은 돌연 새로운 재원을 활용할 수 있으며, 완전히 신선한 보람을 느낀다. 이를 거꾸로도 볼 수 있다. 다시 말해서 새 재원과 새로운 보상을 염두에 두고 생각의 틀을 바꾸는 것이다.

자신의 식습관을 바꾸고자 하는 사람이라면, 같은 음식을 덜 먹는 것만으로는 충분치 않다. 가장 좋은 방법은 완전히 새로운 식단을 짜는 것이다. 지금껏 먹던 것과 다른 식품은 새로운 미각의 세계를 열어주며, 이런 신선한 체험은 보상으로 작용할 수 있다.

6. 주변의 변화

주변에서 벌어지는 특정 사건은 개인의 사고 틀은 물론이고 그 사회 전체의 통념까지 송두리째 바꾸어놓는다. 하워드 가드너는 2001년 9월 11일 세계무역센터를 겨냥한 테러가 미국 대통령의 생각은 물론이고 전체 미국인의 사고방식까지 순식간에 뒤바꿔 놓았다고 굳게 확신한다. 돌연 사람들은 세상에 온갖 위험이 만연해 있고, 하루라도 빨리 이를 다스릴 대책을 마련해야 한다고 믿은 것이다. 이후 미국 정치의 핵심 주제는 테러와 그 방지대책이었다.

그러나 개인 혹은 사회 전체의 사고방식을 그처럼 돌연 바꿔놓는 데에 언제나 테러와 전쟁이 필요한 것은 아니다. 여기서 일차적으로 중요한 것은 주변의 사건이 어떤 식으로 처리되며, 그게 사고의 틀 속에 무슨 흔적을 남기는가 하는 물음이다. 평소 가깝게 지내던 사람이 갑

자기 목숨을 잃거나 배우자와 사별하는 사건 따위도 개인에게 큰 폭의 변화를 불러온다. 일자리를 잃는 것 역시 개인에게는 감당하기 어려운 충격이다.

그러나 인생을 변화시키는 데 외부의 사건이 일어나기만 기다려서는 안 될 것이다. 이사를 가거나 새 가구를 장만해보는 것도 좋은 방법이라고 심리학자들은 조언한다. 텔레비전이라는 바보상자를 거실에서 아예 들어내거나 환경 파괴의 주범인 자가용을 팔아버리면 어떨까? 극단적일 수도 있지만 이런 모든 변화는 새로운 사고 틀을 만들어 주며 세상을 완전히 다른 시각에서 보게 만든다.

7. 저 항

하워드 가드너는 유아기 때 생각의 틀이 가장 유연하며, 나이를 먹을수록 굳어지기 때문에 바꾸기 힘들어진다고 강조한다. 늙을수록 고정관념이 늘어나는 탓이다. 말하자면 기존의 경험이 굳은 뿌리를 내리고 새 경험이 들어오는 것에 한사코 저항을 하는 것이다. 이런 저항을 가장 손쉽게 이겨낼 수 있는 방법은 위에서 언급한 여섯 개 차원의 변화 시도를 충실히 하는 것이다. 물론 가장 중요한 20퍼센트에 집중을 해야 한다.

여기서 커다란 도움을 주는 것은 이른바 '마인드맵'이다. 우리는 세운 새로운 목표를 이루기 위해 중요해 보이는 일에 더 많은 시간을 할애하고 싶다. 종이 한 장만 있으면 내가 지금까지 어디에 가장 많은 시간을 투자해왔는지 한눈에 알아볼 수 있다. 지금껏 대부분의 시간을 텔레비전 앞에서 보냈다면, 종이에 '텔레비전'이라고 써본다. 그런 다음 텔레비전에서 본 것들을 떠올려 가며 차례로 적는다. 그리고 그게 꼭 시청을 해야 하는 중요한 것이었는지 판단을 해서 표시한다.

돌연 이제껏 아무것도 아닌 일에 엄청난 시간을 허비해왔다는 사실을 보고 깜짝 놀랄 것이다. 그럼 이제 꼭 보고 싶은 중요한 방송 프로그램만 시청할 수 있다. 그런데 며칠 지나지 않아 다시금 왜 저런 방송을 내가 중요하다고 생각했을까 하는 의문이 자연스레 고개를 든다. 이렇게 해서 나날이 자신의 정말 중요한 일에 더 많은 시간을 집중할 수 있다.

뇌의 변화는 여섯 단계를 거친다

뇌의 변화는 보통 여섯 단계를 거치며 이루어진다.

1. 첫 번째 단계에서는 자신의 현재 상황에 여전히 만족하는 탓에 생각의 틀에 일어나는 변화를 뇌는 혼란스럽게 여긴다.

2. 두 번째 단계에서는 기존의 사고 틀에 불만스럽지만, 여전히 새로운 게 두렵다.

3. 세 번째 단계는 가드너가 말한 일곱 차원을 차례로 검토한다.

4. 넷째 단계에 이르러서야 비로소 변화의 효과가 보이기 시작한다. 서로 다른 생각의 틀 사이를 오가며 방황하는 시간은 대략 반년이 넘는다.

5. 다섯째 단계에서는 새로운 생각의 틀이 점차 안정되기 시작한다.

이 안정 국면은 새로운 생각의 틀에 의해 행동이 자동으로 조종되기까지 대략 5년 정도 이어진다.

6. 여섯째 단계에 이르러서야 비로소 뇌의 변화가 온전히 이루어진다. 이제 후퇴란 없으며 오로지 전진이 있을 뿐이다. 그러나 아마도 새로운 변화가 고개를 들 수 있다.

올바르게 결정하는 법을 배우자

결정을 회피하거나 잘못된 선입견이나 가치관으로 엉뚱한 결정을 내리는 사고의 틀이 심각한 문제를 야기한다는 점은 앞서 이미 충분히 다루었다. 그런데 대체 올바른 결정은 어떻게 내릴 수 있을까?

이 물음은 이미 오래전부터 사회학뿐만 아니라 경제학도 집중적으로 연구해온 주제이다. 현대의 잘 정비된 네트워크를 갖춘 금융시장에서 자칫 잘못된 결정으로 수십 억 혹은 심지어 수백 억 달러라는 막대한 돈을 순식간에 허공에 날려버릴 위험이 커졌기 때문이다. 물론 정확한 판단과 결정으로 수 초 안에 또 그만한 돈을 벌어들일 기회도 늘어났다.

미국의 사회학자 게리 클라인*은 2십 년이 넘게 세계 각지를 돌며 인간이 결정을 내리는 과정을 연구했다. 클라인은 대기업뿐만 아니라 세계 각국의 군대, 의사, 응급 구조대, 소방서까지 다양한 고객을 자랑

* Gary Klein: 1944년에 출생한 미국의 사회학자이자 심리학자. 이른바 "자연적 결정 형성naturalistic decision making"이라는 분야를 창조해낸 선구자로 유명하다.

한다. 이들은 모두 촌각을 다투는 빠른 결정을 내려야만 하는 분야에 종사한다는 것을 공통적 특징으로 갖는다. 클라인이 자신의 첫 연구 작업을 소방서에서 시작했던 것도 바로 그 때문이다.

그런데 놀랍게도 소방대장은 클라인에게 자신은 단 한 번도 결정을 내려 본 적이 없다고 말했다고 한다. 이른바 '합리적 선택 전략Rational choice strategy'을 응용해본 적이 없다는 실토였다.

합리적으로 결정을 내린다는 것은 우선 어떤 선택지가 있는지 확인하는 일이다. 사과와 배 가운데 어느 하나를 골라야 하는가, 아니면 고를 수 있는 종류가 더 많은가?

두 번째로 여러 가지 다양한 선택지를 평가해보고 적절한 기준이 무엇인지 찾아야 한다. 사과와 배 가운데 어느 하나를 골라야 한다면 그 기준은 맛인가, 크기인가? 아니면 얼마나 잘 익었는가에 따라 골라야 할까?

세 번째로 고려해야 할 물음은 평가 기준이 서로 어떤 관계를 갖는가 하는 것이다. 취향, 크기, 성숙도라는 세 가지 기준에서 나라면 틀림없이 성숙도를 최우선의 기준으로 꼽을 것이다. 두 과일이 똑같이 성숙했다면, 이제 맛이나 크기 가운데 무엇을 우선해야 할지 선택해야 한다. 사과든 배든 똑같이 좋아한다면, 마지막 기준은 크기가 될 것이다. 배가 고프면 더 큰 놈을 먹어야 하니 말이다.

네 번째로 이제 앞서 살펴본 틀에 따라 평가를 시작한다.

다섯 번째, 평가를 마무리했으면 손을 뻗어 어느 하나를 고른다.

합리적 결정이라는 전략은 매우 이성적으로 들린다. 그러나 이런 결정은 상아탑에서나 볼 수 있는 학구적 모델에 지나지 않는다. 현실은 전혀 다르다. 여러 가지 설문조사를 통해 대학생들에게 다음 학기 어떤 세미나와 강의를 들을 것인지 물었다. 그런 다음 얼마 뒤에 '합리적 선택 전략'이 무엇인지 자세히 알려주었다. 그리고 이 방법을 써서 앞서 설명한 다섯 가지 단계를 밟아 무슨 강의와 세미나를 들을 것인지 결정하게 했다.

놀랍게도 그 결과는 앞서 실시한 설문조사의 그것과 똑같았다. 그러니까 처음에 그저 막연하게 선택했던 것이 '합리적 선택 전략'이라는 복잡한 과정을 거친 것과 다를 바가 하나도 없었던 것이다.

다시 말해서 '합리적 선택 전략'이라는 것은 20이 아니라 80에 해당하는 소스에 불과했던 것이다. 이미 내려진 결정에 합리성이라는 소스만 잔뜩 발라댄 셈이다. 소방대원이 이 방법을 사용하지 않는 것은 놀라울 게 전혀 없는 이야기이다. 무엇보다도 시간이 너무 오래 걸리며, 또 소방대원은 자신이 무슨 일을 해야 하는지 정확히 알고 있기 때문에 소스를 뿌리는 따위의 시간 낭비를 하지 않았다.

이제 게리 클라인이 추적한 물음은 다음과 같은 것이었다. 소방대원은 구체적인 상황에서 자신이 어떤 결정을 내려야 할지 어떻게 알았을까? 불을 끄고 이로 말미암아 생겨날 수 있는 위험을 알아내려면 소방대원에게 가장 중요한 것은 경험이다. 현재 직면한 상황을 예전에 성공적으로 장악했던 상황과 비교하면서 그때 취했던 행동을 떠올리는 것이다. 동시에 이미 겪었던 상황과 어떤 차이가 있는지 확인하기도 한다.

이때 소방대원은 가장 중요한 문제에 집중하면서 모든 것을 한꺼번에 해결하지 않으려고 한다. 의식하지는 못하고 있지만 '80/20 원리'를 정확히 따르고 있는 것이다. 경험과 지식을 결합함으로써 소방대원은 어떤 위험 요소가 있는지 직관적으로 알아내고 그에 적절하게 반응한다. 이런 게 바로 소방대원 같이 위급한 상황에서 빠르게 결정을 내리는 방식이다. 그러나 우리 모두가 소방대원이 되어야 하는 것은 아니다. 다시 말해서 결정을 내려야 하는 상황에는 화재처럼 긴급하고 위급한 것만 있는 게 아니다. 인생 목표를 설정하는 문제에서는 좀 더 차분하게 충분한 시간을 들여 결정을 하는 게 마땅하다.

참 좋은 사람인데도 엉뚱하고 잘못된 결정을 내리는 경우를 종종 볼 수 있다. 게리 클라인은 그 원인이 주로 선입견에 있다고 진단한다. 부족한 지식과 경험에도 성급하게 판단을 내리기 때문이라는 것이다. 이런 사람일수록 직관적으로 상황을 파악하고 전체를 아우르며 빠른 상황 판단을 내리는 훈련을 하는 게 중요하다.

핵심을 정리하자면 다음과 같다.

- 어떤 목표를 추구해야 하는지 판단하라.
- 상황에 맞는 행동은 무엇인지 알아내라.
- 문제의 해결책을 평가하라.
- 비정상적인 것이 무엇인지 알아내라.
- 문제가 얼마나 절박한 것인지 파악하라.
- 문제의 해결 가능성을 따져보라.

- 섬세한 차이에 주목하라.
- 실천 계획에 모순은 없는지 확인하라.
- 실천을 방해하는 장애물이 무엇인지 알아내라.

이 사항들이 너무 추상적으로 들려 고개를 갸웃하는 사람들도 있을 것이다. 그저 자신의 직관력이나 창의력 혹은 오랜 전통을 믿는 게 낫다고 여길 사람도 적지 않을 것이다. 그러나 위와 같은 체계적인 접근이 낯설다고 해서 꺼리는 것은 어리석은 일이다. 처음에는 생경하겠지만 쪽지 같은 것에 적어놓고 틈이 날 때마다 읽어보라. 중요한 것은 이런 행동 지침이 무의식에 자리를 잡게 만드는 것이다.

종교 체험은 생각의 틀을 바꾼다

지극히 험난한 인생을 살면서도 아주 강한 종교적 믿음을 가지는 사람이 있는가 하면, 남부러울 게 없는 풍족한 삶을 누리면서도 신이라면 고개를 절레절레 젓기만 하는 사람도 있다. 대체 종교적 확신은 어디서 오는 것일까? 사회학과 심리학 그리고 신경과학이 대단히 흥미롭게 여기면서 그 답을 찾으려 고민해온 문제이다.

미국의 분자 생물학자 딘 해머*는 의식의 여러 가지 차원과 형태를 발달하게 만드는 뇌의 능력에 영향을 주는 특정 신경 전달 물질을 조

* Dean Hamer: 1951년생으로 미국의 유전학자이자 분자 생물학자. 미국 국립 암 센터에서 유전자의 구조를 연구하는 책임을 맡고 있다.

종하는 유전자를 발견했다고 굳게 믿고 있다.

이 유전자의 특정 부위는 사람마다 다른 것으로 나타났다. 아마도 바로 그래서 사람은 저마다 다른 종교 체험을 하는지도 모른다. 초월적인 신을 사람마다 다르게 믿으려는 경향은 그래서 생겨나는 게 틀림없다. 물론 이런 성향은 종교 체험 일반과 관련한 것일 뿐, 종교의 구체적인 내용까지 관여하는 것은 아니다. 유전자의 이런 측면은 미국과 영국에서 실시된 쌍둥이 연구의 결과로도 확인되었다.

일란성 쌍둥이는 종교 신앙의 특성과 그 강한 정도가 이란성 쌍둥이에 비해 훨씬 더 비슷했다. 물론 어린 시절의 종교 생활은 주변, 그러니까 부모의 그것에 의해 좌우되기 마련이다. 그러나 성장하는 과정에서 나타나는 일란성 쌍둥이의 종교 정서는 이란성 쌍둥이의 그것과는 비교도 안 될 정도로 똑같았다. 여기서 학자들은 유전자의 영향이 환경의 영향보다 훨씬 더 크다는 결론을 이끌어냈다. 그러나 이는 종교 체험에만 국한된 사실이다.

오늘날 우리는 명상을 할 때 활발한 혈류가 일어나면서 상당히 활성화하는 뇌 영역이 따로 있다는 사실을 알아냈다. 이는 불교 승려는 물론이고 프란체스코 수도회의 수녀에게서도 똑같이 볼 수 있는 현상이다. 그러니까 부처를 믿든 예수를 믿든, 신앙의 내용은 문제가 되지 않는 것이다. 이 뇌 영역의 활동에 따라 감각 지각이 영향을 받았으며, 개인이 시간과 공간을 바라보는 느낌도 달라졌다.

여기서도 상호작용이 일어나는 것으로 확인되었다. 영성 체험이 뇌의 활동에 영향을 미치며, 뇌가 영성 체험을 자극하기도 한다. 자기공명영상으로 확인한 결과, 신앙심을 갖지 않는 사람도 초월적인 체험은 하는 것으로 나타났다. 그동안 이 문제를 보다 집중적으로 연구하기 위한 새로운 학문 분과도 생겨났다. 이른바 '신경신학Neurotheology'이 그것으로, 뇌 연구와 신학을 결합한 것이다.

그러나 이런 연구 결과는 신중하게 다뤄야 할 필요가 있다. 유전자와 뇌 연구가 발견해낸 모든 것은 단지 체험과 느낌에만 국한된 것이기 때문이다. 종교라는 문제를 체험과 느낌만으로 설명할 수는 없지 않은가? 바로 그래서 문제는 더욱 까다로워진다. 신앙이란 무언가 특별한 것을 체험하고 느껴야만 생겨날까? 시간과 공간이 해체되는 극단적 체험 혹은 성령의 출현 같은 기이한 현상을 겪어야만 믿음이 가능할까?

아무래도 좀 더 자세한 답을 찾기 위해서는 시간이 더 걸려야 할 것 같다. 극도의 황홀감에 빠지는 엑스터시 체험과 물신숭배와 샤머니즘에서 나타나는 접신 현상에서부터 불교의 명상과 아미시*라는 종파에서 볼 수 있는 기독교의 확고한 가치 체계에 이르기까지 연구하고 고려해야 할 대상은 너무나 많다. 미국의 연구가들은 명상이라는 게 긴장을 풀고 편안한 마음을 갖는 데 큰 도움이 되는 것은 사실이지만, 명상을 하면서 신을 생각하면 그 효과는 더욱 커진다는 사실을 입증했다고 믿고 있다.

* Amish: 개신교의 재세례파에서 갈라져 나온 종파. 17세기 이후 탄압을 피해 스위스와 독일에서 미국으로 건너간 이주민이 세운 종파이다. 현대문명을 거부해 자동차, 전화, 전기 따위를 일체 쓰지 않으며, 외부와 격리된 자기네만의 공동체를 이루고 산다.

자신의 굳어진 사고 습관을 깨고 싶어 하는 사람은 종교 사상과 그 실천을 살펴볼 것을 권한다. 종교에는 삶에 신선한 활력을 불어넣어주는 요소가 의외로 많은 것을 보고 깜짝 놀랄 것이다. 물론 신경과학의 관점에서 보면 이러저런 신앙을 강요해야 할 이유는 전혀 없다.

영성의 스승, 이를테면 에크하르트 톨레*가 거둔 눈부신 성공에는 다 그만한 이유가 있다. 도르트문트 출신으로 오늘날 캐나다에 거주하는 톨레는 심오한 영적 체험을 한 것으로 유명하며, 갈수록 더 많은 사람들이 그의 강연을 들으려고 줄을 선다고 한다. 이는 무엇보다도 낡은 사고 습관을 깨고 인생을 신선하게 살아갈 활력을 찾는 사람들이 그만큼 많다는 반증이다.

톨레의 가르침은 아주 간단 명쾌하다. 바로 "지금 여기에서 살라!"가 그의 메시지다. 대단한 카리스마를 자랑한다고 하는데, 이는 어느 모로 보나 톨레가 카리스마를 전혀 갖지 않았고 또 갖지도 않으려 하기 때문에 저절로 우러나는 것일 터이다.

영성 체험이라고 하는 것은 다른 사람들과 함께 모여 명상을 하면서 낡은 생각의 틀을 깨고 새롭고 보다 높은 차원의 사고방식을 얻어내는 게 핵심이다. 분명 여기에는 거울 신경세포가 큰 역할을 한다. 이로 미루어볼 때 다른 사람과 공동체를 이루고 함께 새로운 길을 찾는 것이 생각의 틀을 바꾸는 첫 걸음이다. 그 방법으로 동양의 선사를 찾든 아

---

*Eckhart Tolle: 1948년 독일 도르트문트에서 출생한 영적 스승. 젊은 시절의 방황 끝에 불교 철학과 명상법 등을 배우고 익혀 열정적 내면 체험을 했다고 한다. "지금 여기에서 충만하게 사는 법"을 가르치는 톨레의 설법을 듣기 위해 하루에도 수많은 사람들이 찾고 있다고 한다. 현재 캐나다 밴쿠버에 거주한다.

니면 가톨릭 세계 대회를 선택하든, 그것은 개인이 결정할 문제이다.

자기실현 – 의미를 찾아서

이른바 '웰빙Wellbeing'이라는 트렌드를 벌써부터 해체하기 시작한 '자기실현Selfness' 운동의 기원은 신경과학의 연구에 있다. '자기실현'은 흔히 '새로운 자기 책임 의식'으로 정의된다. 이미 가지고 있지만 잠자고 있는 힘을 일깨우는 것이 '자기실현'이다. 이기적으로 행동하라는 게 아니라, 자기 자신이 누구인지, 자신이 가진 강점에는 어떤 게 있는지, 무슨 희망과 어떤 가치관을 가지고 있는지, 정확하게 알아볼 것을 요구하는 게 '자기실현'이다. 그러니까 원래 갖지 않은 힘을 배우고 익히는 자기 계발이 아니라, 자신이 본래 가진 잠재력을 일깨워내는 게 '자기실현'이다.

여기서 요구되는 것은 개인이 소중히 여기는 가치관을 바탕으로 다른 누구도 아닌 바로 자기 자신이 책임지는 인생을 사는 것이다. 다른 사람이 다 그렇게 한다고 막연히 따르는 게 아니라, 자신이 스스로 찾아낸 자기만의 길을 가야 한다. 글로벌화를 통해 지식을 공유하는 사회가 형성되면서 '자기실현'을 감당하는 인생을 살아갈 경제적 토대가 마련되었다. 이제 신경과학은 개인이 더욱 도약할 수 있도록 도울 것이다. 우리의 생각이 어떻게 이루어지는 것인지 안다면, 계속 지금까지와 같이 생각할지 아니면 다른 방식으로 생각할지 선택하고 결정할 수 있다. 그런 뜻에서 '자기실현' 운동은 이제까지 물질적 행복을 찾기에만 급급했던 사람들의 인생을, 의미를 모색하고 채워가는 삶으로 바꾸어줄 것이다.